智能网联汽车研究与开发丛书

计算机视觉的对象级场景理解及其应用

李　青　著

机　械　工　业　出　版　社

本书围绕图像场景内容理解这个核心，从图像场景的语义理解、图像空间的几何理解、对象级场景解析三个方面进行详细阐述。从章节结构来说，第 1 章绪论部分概述了图像场景内容理解的背景与意义以及发展历程；第 2 章、第 3 章的内容分别对应场景语义和场景几何的理解，是从场景级图像内容理解入手；在第 4 章转入对象级图像内容理解；第 5 章概述了对象级场景理解在人工智能中的应用。

本书适合人工智能、智能车辆、视觉处理等领域的专业技术人员阅读使用。

图书在版编目(CIP)数据

计算机视觉的对象级场景理解及其应用/李青著. —北京：机械工业出版社，2022.7

（智能网联汽车研究与开发丛书）

ISBN 978-7-111-71517-7

Ⅰ.①计…　Ⅱ.①李…　Ⅲ.①计算机视觉－研究　Ⅳ.①TP302.7

中国版本图书馆 CIP 数据核字（2022）第 158968 号

机械工业出版社（北京市百万庄大街 22 号　邮政编码 100037）

策划编辑：孙　鹏　　　责任编辑：孙　鹏　徐　霆

责任校对：肖　琳　王明欣　封面设计：鞠　杨

责任印制：单爱军

北京虎彩文化传播有限公司印刷

2023 年 3 月第 1 版第 1 次印刷

169mm×239mm · 9.25 印张 · 19 插页 · 214 千字

标准书号：ISBN 978-7-111-71517-7

定价：99.00 元

电话服务　　　　　　　　网络服务

客服电话：010－88361066　　机　工　官　网：www.cmpbook.com

　　　　　010－88379833　　机　工　官　博：weibo.com/cmp1952

　　　　　010－68326294　　金　书　网：www.golden－book.com

机工教育服务网：www.cmpedu.com

前　言

计算机视觉是研究如何让计算机像人一样“看”并“理解”世界的科学，所处理的多为图像、视频或三维信息等数据类型，所涵盖的研究点涉及很多方面，例如物体检测与识别、语义分割、运动检测与跟踪、三维重建等。随着技术的发展，计算机视觉与人工智能、医学影像、公共安全、数字媒体等领域实现多学科交叉融合，衍生出了很多新的研究热点和技术应用。在这些行业快速发展的大背景下，计算机视觉相关领域的科研和技术也取得了较大的进步，并在这些行业应用中发挥了重要的作用。尤其是在图像、视频采集设备（如照相机、摄像机、手机等）较为普及的情况下，图像、视频数据越来越容易获得，计算机视觉相关的应用也逐渐进入到社会生活的方方面面。

在计算机视觉领域众多的研究热点中，图像场景内容理解是基础且重要的研究问题。场景的内容包含场景的环境、物体、人物等，场景的理解不仅包括对场景内容的识别和理解，还包括对场景内容所蕴含的更深层次信息的理解，例如场景的三维信息、物体或对象的属性信息等。这些更深层次信息的理解，可以为计算机视觉的其他研究热点或者是多学科的交叉应用提供更多的技术支撑。

作者多年从事图像场景内容理解方面的研究工作，总结自己多年科研工作的成果撰写此书。本书围绕图像场景内容理解这个核心，从图像场景的语义理解、图像空间的几何理解、对象级场景解析三个方面详细阐述。从章节结构来说，第1章绪论部分概述了图像场景内容理解的背景与意义以及发展历程；第2章、第3章的内容分别对应场景语义和场景几何的理解，是从场景级图像内容理解入手；在第4章转入对象级图像内容理解；第5章概述了对象级场景理解在人工智能中的应用。在一定程度上来说，场景级图像内容理解是基础，对象级图像内容理解是提升。因此，本书从场景级图像内容理解入手，分析了难点与存在的问题，并给出了自己的解决方法；其后，转为对象级图像内容理解，并分析了场景级与对象级图像内容理解的不同。

本书所介绍的工作得到了国家自然科学基金青年科学基金项目（61502036）、北京市教委科技计划一般项目（KM201611417015）以及北京联合大学科研项目（ZK50202002）的资助。在本书的撰写过程中，作者得到了一些专家的支持，他们对本书提出了宝贵意见，在此表示感谢！本书涉及相关专业背景知识，对于一些专业术语也给出了相应解释。由于水平有限，书中难免存在差错或疏漏，欢迎广大读者批评指正。

作者

2022年1月

目 录

第1章　绪　　论

1.1　图像场景内容理解的背景与意义

随着照相机、摄像机、深度摄像机等设备及其技术的快速发展与应用普及，广泛存在的图像、视频等数据，越来越影响人们的生产和生活。在行业需求的牵引和科技发展的推动下，人们越来越需要理解、处理、加工和利用各种图像场景内容。例如，在航空航天领域，图像场景内容理解可以应用于飞行器导航和空间目标探测等；在公共安全领域，图像场景内容理解可以应用于目标识别、安全监控、事件推演和应急处理等；在文化传媒领域，图像场景内容理解可以应用于影视后期制作、场景编辑合成与数字媒体内容处理等；在旅游服务行业，图像场景内容理解可以应用于景区数字化内容处理与服务推送等。总之，在社会经济生活的各行各业，图像场景内容理解均具有广泛的应用，带来了巨大的经济效益。

事实上，图像场景内容理解已经成为计算机视觉、模式识别、计算摄像学、虚拟现实、计算机图形学、人工智能等科学研究领域及其交叉方向的国际前沿研究热点。从相关科学技术研究的国际发展趋势来看，图像场景理解不仅包括图像场景的区域语义理解和划分，还包括图像场景的空间结构或者几何信息估计，以及与此紧密相关的图像场景内容约束、辅助和驱动下的三维场景模型构建和应用。

如图1-1所示英格兰著名画家乔治·斯塔布斯（George Stubbs，1724—1806）的名作《大橡树下的母马和马驹》，人眼看到这幅油画时，可以识别出马、树、地面以及远处的房屋，并分辨出马的属性，如马的颜色、大小、位置、方向等；进一步，人类视觉可以感知这幅油画所描绘的不同对象在场景中的前后远近关系，即空间几何结构关系，如小马驹站在母马的前面、母马站在一棵橡树的前面。图像场景内容理解要达到的目标，是让计算机具有理解图像场景的能力，能够像人类一样理解图像场景中的内容，包括让计算机识别出马、树、地面以及远处的房屋，理解马、树、地面、房屋的属性以及它们之间的空间几何结构关系，这涉及图像场景语义分割与标记、图像场景几何结构估计、对象属性解析等多方面的研究工作。

图像场景语义分割与标记是图像场景内容理解的基础问题，它的难点在于：如何使计算机识别出不同语义类别的对象，并且准确分割出对象的轮廓区域。由于图像特征变化多样，同一种语义类别的对象有可能表现出不相似的外观特征，不同语义类别的对象也有可能表现出相似的外观特征。如图 1-1 所示，同样是马这种语义类别，五匹马的颜色不一、体态各异；树与草地是不同的语义类别，但是它们呈现出相似的颜色特征。人类视觉系统可以容易地分辨出不同颜色的马匹都是马这种语义类别，也可以分辨出哪些绿色区域是树、哪些绿色区域是草地，但是对计算机来说这并不是一件容易的事情。

图 1-1 《大橡树下的母马和马驹》(乔治·斯塔布斯)[1]

图像场景几何结构估计是图像场景内容理解的重点问题。图像是真实世界在二维平面的投影，而这种投影损失了真实世界中对象或物体之间的空间结构信息。由于人体的生理构造，人类视觉系统能够感知图像平面内蕴含的空间结构，包括图像中对象区域之间的遮挡关系、前后关系以及相对深度关系。但是对计算机来说图像是一堆二维数字，不具有真实的空间结构信息。因此，如何使计算机通过二维信息恢复出图像场景中对象或区域之间的空间结构关系，是图像场景几何结构估计的难点所在。

对象属性解析是图像场景内容理解的难点问题，它与图像场景语义分割与标记、图像场景几何结构估计之间相互促进、优化。所谓对象属性，是指一类事物区别于其他事物的根本特征。通常这些特征与语义是关联的，是带有语义的高层特征。对象属性的研究工作不只局限于对象的识别、场景的分类，还包括利用属性信息辅助场景内容的分割、解析、生成，是对图像场景更深层次的理解，具有重要意义。在场景级理解的基础上，结合更多自然特征和先验约束，实现对象级图像内容理解是图像场景理解下一步发展的趋势。

针对上述几个关键问题，本书将在后续章节中重点围绕图像场景的语义理解、图像空间的几何理解、对象级场景解析三个方面详细阐述，并对相关技术在人工智能领域中的应用进行相应介绍。

1.2 图像场景理解的发展历程

1.2.1 图像场景语义分割与标记

语义是图像场景理解的重要因素，它从不同角度连接起了图像场景理解的多个研究方向，是图像、语音、文字等多模态信息应用的纽带。

语义分割，又称为语义标记，是计算机视觉、图像处理、场景理解领域的基础性问题，许多学者致力于该方向的研究并取得了一定的进展。它的目标是对图像中的每一个像素赋予唯一的语义类别标记。图 1-2 所示为图像场景语义分割的目标，图 1-2a 为输入图像，图 1-2b 为输入图像对应的语义分割结果的可视化，其中不同的颜色代表不同的语义类别，如绿色代表草地，蓝色代表羊。

a) b)

图 1-2 图像场景语义分割目标

早期，学术界较多关注于底层图像分割，例如，美国加利福尼亚大学伯克利分校的计算机视觉研究小组一直关注于底层图像分割，并从 2000 年开始，取得了一系列的研究成果[2-6]。底层图像分割的目标是把图像划分成不同区域，虽然每个区域不具有对象和语义的信息，一个对象有可能被划分为多个区域，但是至少划分得到的每个区域内的像素属于同一个对象。以文献［3］为例，2003 年，该研究小组的成员提出了一种基于分类模型的图像区域分割方法，该方法适用于二分类的问题。该研究小组成员认为：对于一张图像，人手标注的分割结果是这张图像分割结果的正样本，而另一张不相同的甚至差别很大的图像的人手标注分割结果对这张图像分割结果来说是负样本。基于这种假设，该方法根据信息学理论，分析轮廓、纹理、亮度等格式塔经典特征的作用。最后利用这些特征训练逻辑回归分类器，通过分类器求解图像的分割结果，部分结果如图 1-3 所示。可以看到，这种底层分割是区域的划分，不具有高层的语义信息和对象信息。

同时期，交互式的对象提取与分割成为一种热门的研究方法，有些学者在这方面进行了很多研究工作，得到的成果包括 GrabCut[7]、Lazy Snapping[8]、Geodesic Matting[9]等。2004 年，英国微软剑桥研究院的 Rother 等提出了 GrabCut 算法。用

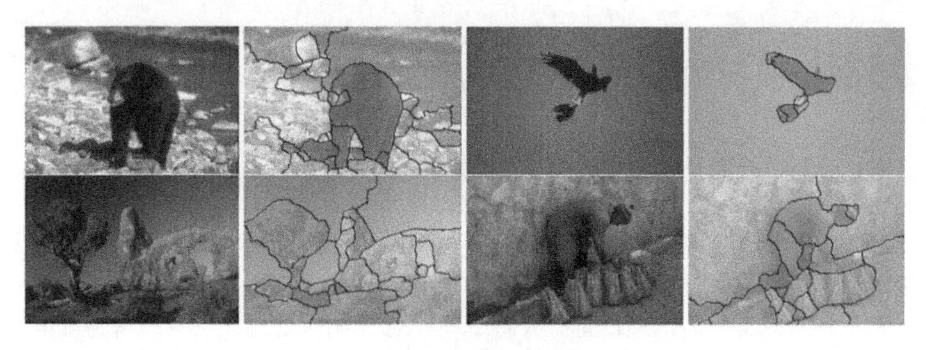

图 1-3 底层图像分割结果[3]

户只需用方框将前景对象框出，在方框以外的像素被默认为是背景区域，前景对象框即是用户给出的先验知识。该算法通过构建前景对象和背景区域的 GMM 模型，自动地将这个方框中的前景对象的区域分割出来，如图 1-4 中第一行所示。同年，微软剑桥研究院的 Li 等提出 Lazy Snapping，即“懒汉抠图”方法[8]。如图 1-4 中第二行所示，在前景和背景上各自标记划线，这些划线离真正的边界有一定的距离。Lazy Snapping 算法取样划线上的特征，构建前景/背景模型，自动求解前景/背景区域。用户还可以在此结果上增加交互，对区域边界进行细微调整，完善分割结果，甚至合成新的场景。类似的方法还有 2007 年美国明尼苏达大学 Bai 和 Sapiro 提出的基于测地线框架的前景对象提取方法[9]。另外，还有一些交互式的前/背景分割方法[10-12]，也取得了较为快速、鲁棒的底层图像分割结果。

图 1-4 交互式对象提取与区域分割[7-9]

虽然底层图像分割没有识别出每个区域的语义信息，只是将具有某种共同属性的像素划分为同一个区域，但这为图像语义分割提供了基础。随着底层图像分割和模式识别技术的发展，这两者的结合成为一种趋势。图像场景语义分割和标记，即同时得到对象的语义和区域轮廓信息，成为计算机视觉热门的研究方向，并取得了广泛的关注。

2006 年，英国微软剑桥研究院的 Shotton 等在 ECCV 会议（欧洲计算机视觉会议）上提出了一种自动识别并分割对象的方法[13]。该方法作为图像场景语义分割和标记的经典代表，为该研究方向的发展奠定了基础。该方法继承了传统模式识别的特点，开创性地提出了一种新颖的特征基元 texton，并且提出了一种基于特征基元的滤波器 texture－layout。特征基元 texton 包含了图像中的纹理特征和形状特征，滤波器 texture－layout 则隐性地构建了各特征基元 texton 之间的布局关系 layout。利用模式识别的学习算法，分段学习每一部分特征所构建的模型，从而快速学习出每一种语义类别的判别式模型。该方法在训练的过程中能够随机选择合适的特征，并且分段学习快速得到模型，使得在类别繁多的数据集中求解场景对象分割和标记成为可能。部分结果如图 1-5 所示，其中第一行和第三行是输入图像，第二行和第四行是对应的语义分割和标记结果，不同颜色对应的语义信息显示在图中最下方的条形表中。

图 1-5　Textonboost 图像场景语义分割和标记[13,14]

随后有学者将这种基于模式识别的思路应用于街景图像的语义分割。2009 年，香港科技大学的 Jianxiong Xiao 和 Long Quan 在 ICCV 会议（国际计算机视觉会议）上提出了一种简单有效的多视角下街景图像的语义分割方法[15]。该方法获取数据的方式是：将数据采集设备固定在汽车上，在汽车沿街行驶时采集街景的 2D 图像信息和3D深度信息。为了加速训练过程和提高识别的准确率，该方法自适应地为输入图像选择相似的街景图像序列作为训练数据集，这种提高准确率的训练方式具有一定的启发意义（图1-6）。另外，这种工作框架还能用于实现大数量级3D信息的语义标记。

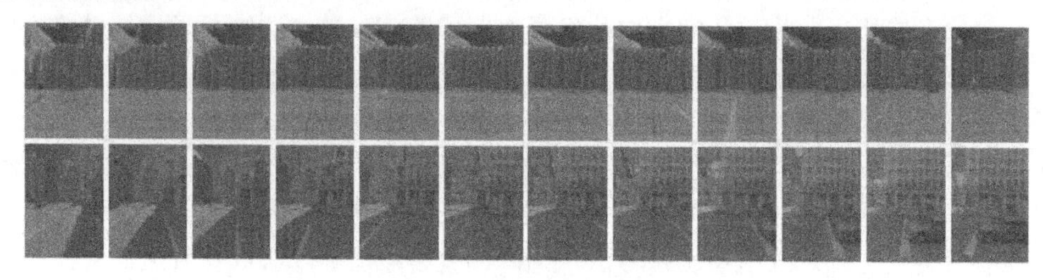

图1-6 多视角下街景图像的语义分割[15]

随着互联网技术的发展，网络逐渐成为一种有效的沟通交流渠道。用户通过互联网可以在线共享海量的图像数据，例如在线下载LabelMe数据集[6]中的图像。大规模数据的获得越来越方便，为数据驱动下的非参数模型方法提供了可能性。这种非参数模型方法被应用到图像场景语义分割和标记中。

2009年，美国麻省理工学院的Liu等在CVPR会议（计算机视觉与图像识别会议）上提出了一种非参数的场景解析方法（Label Transfer）[17]，用于处理场景对象语义识别，并第一次将这种非参数的语义分割方法定义为语义迁移方法。给定一幅输入图像，该方法首先利用GIST匹配算法从海量数据集里搜索得到输入图像的最相似图像，称之为最近邻图像；然后利用一种改进的、由粗到细的SIFT流匹配算法对这些最近邻图像进行匹配、评分，并根据分值重排序。选择重排序后的相似图像作为备选图像集合。这种SIFT流匹配算法能够实现两幅图像的结构对齐并建立对应关系。基于这种对应关系，将备选图像集合中相似图像的语义标记映射到给定的输入图像上并进行优化，得到图像场景语义标记迁移的最终解，即实现了输入图像的语义分割和标记。其过程如图1-7所示，图1-7a为输入图像，图1-7b为通过SIFT流匹配后的备选图像集合，图1-7c为相似图像的语义标记图，图1-7d为求解得到的语义标记结果，图1-7e为语义标记的groundtruth。Liu等开创性地提出了语义迁移的概念，为后来学者开辟了一条崭新的路径，后续有很多该领域的研究工作[18-20]。

2010年，美国麻省理工学院的Xiao和香港科技大学的Zhang等在ECCV会议上提出了一种针对街景图像的有监督的场景语义迁移方法[19]。该方法认为，对于一张输入图像，它不一定与数据集中的某一张图像非常相似，可能只是局部的相似。也就是说，输入图像的某些区域分别与数据集中不同图像的某些区域相似。基于这种假设，该方法认为应该根据数据集中多张不同的图像来进行语义迁移，而不是仅根据一张最相似的图像来进行语义迁移，这是该方法与Label Transfer的区别

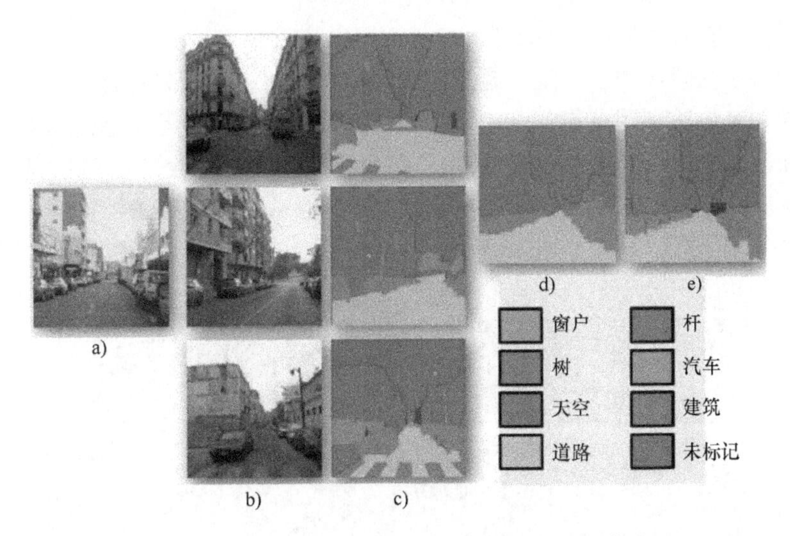

图 1-7　Label Transfer 图像场景语义迁移结果[17]

所在。如图 1-8 所示，给定一幅输入的街景图像，该方法首先从已经手动标好语义标记的数据集中搜索得到多个小型数据集，并且每个小型数据集中都涵盖了输入图像所包含的语义类别。利用该方法提出的 KNN－MRF 匹配机制，建立输入图像和每个小型数据集的对应关系。利用训练好的分类器对这些对应关系进行分类，舍弃不正确的对应关系。在对应关系分类之后，通过 MRF 模型优化得到输入图像的最终语义标记结果。该方法将监督学习机制和非参数的语义迁移方法相结合，具有一定的借鉴意义。

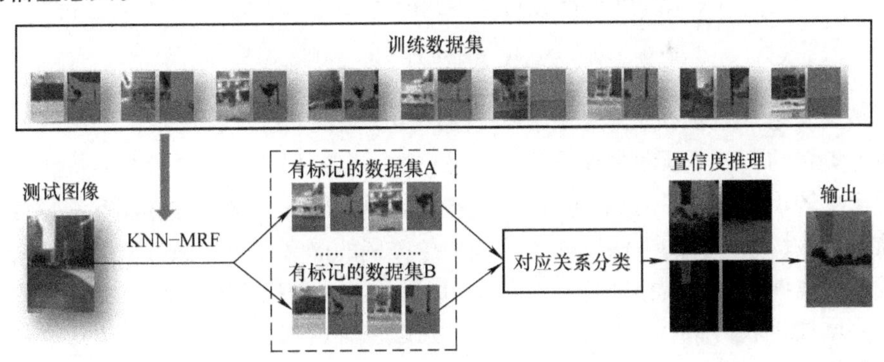

图 1-8　街景图像的语义迁移结果[19]

当一些图像场景中存在相似的或相同的对象时，将多张图像中的相似对象同时分割出来成为一种需求和趋势。微软剑桥研究院的 Rother 等提出了对象共分割的概念[21]，认为多张图像相似对象同时分割比单独一张图像对象分割时能够提高分割准确率。此后，许多学者在对象共分割的方向上进行了探索[22－24]。2012 年，卡内基梅隆大学的 Kim 和 Xing 在 CVPR 大会上，提出一种多张图像前景对象共分割方法[25]。该方法针对的情况是，在一个图像集合中有一些重复多次出现的前景对象，但每一张图像中不一定包含所有这些前景对象，可能只包含一部分，甚至视角也不同。该方法利用图像集合中多个前景对象共存在的先验，通过交互在前景对象模型和区域分配模型之间灵活变化，在公共数据集上取得了不错的效果，如图1-9所示。虽然对象共分割取得了一定的发展，但是共分割方法还没有应用于图像对象语义分割。

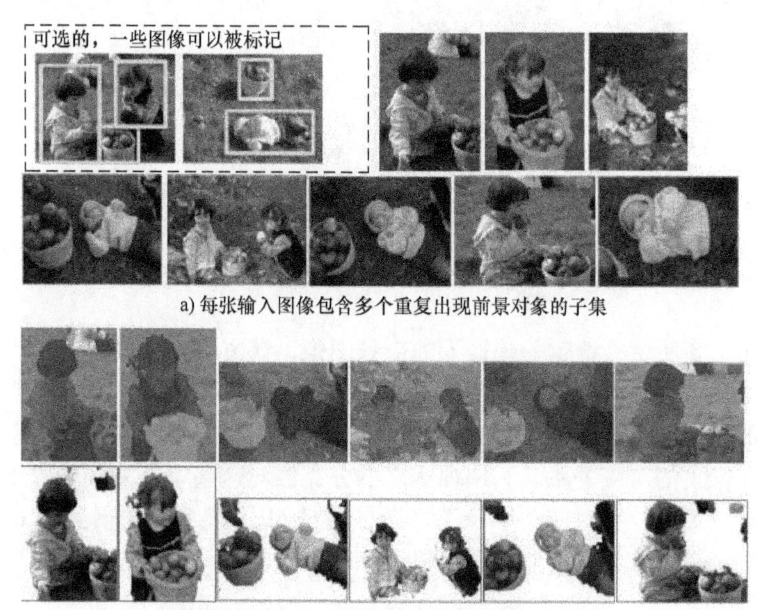

a) 每张输入图像包含多个重复出现前景对象的子集

b) 输出共分割结果，不同的颜色代表不同的前景对象

图1-9　多张图像前景对象共分割结果[25]

2014年，美国加州大学默塞德分校的Yang等在CVPR会议上，提出一种关注于稀少类别的上下文驱动的场景解析方法[26]。场景中的稀少类别大多是在场景中所占比例较小或者较少的类别，同时这些稀少类别对场景理解的作用非常重要，而目前大多数场景解析的方法忽略了这些稀少类别的语义标记。该方法将语义迁移的方式和增强训练的方式相结合，如图1-10所示，根据检索得到输入图像的相似图像，并增加相似图像中稀少类别的样本。在超像素级别的匹配上，该方法利用上下文信息反馈机制增加匹配的准确度，构建MRF模型并求解最终语义标记结果。

卷积神经网络（Convolutional Neural Networks，CNN）是深度学习的代表算法，近年来广泛应用于目标检测、识别、图像分类方面，取得了突破性的进展，效果显著提升。卷积神经网络除了输入输出外通常包含卷积层（Convolutional layer）、线性整流层（ReLU layer）、池化层（Pooling layer）和全连接层（Fully－Connected layer）。卷积层的功能是对输入数据进行特征提取，在感受野区域利用卷积核操作提取局部特征。池化层通过降采样（downsamples）对卷积层的输出特征进行选择，

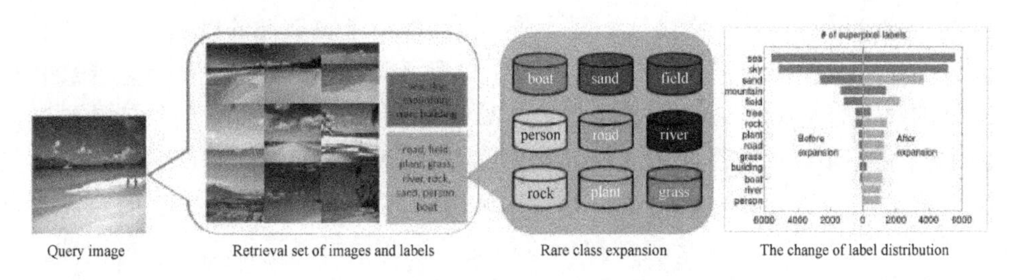

图 1-10 关注于稀少类别的上下文驱动的场景解析方法[26]，蓝色矩形中为普通类别，黄色矩形中为稀少类别，在右边的条形类别分布图中可看到，增强后的稀少类别样本（黄色）比增强前（蓝色）分布更均衡

减少模型参数训练的复杂度，提高所提取特征的鲁棒性。全连接层对提取的特征进行非线性组合，以得到回归分类输出。

卷积神经网络的第一个成功应用是由 Yann LeCun 提出的 LeNet 结构[27]，应用在手写字体识别上。此后，卷积神经网络的特征学习能力得到了关注，并伴随着庞大的标注数据集的出现以及计算机硬件性能的提高（如 GPU），推动了深度学习的发展。ILSVRC（ImageNet Large Scale Visual Recognition Challenge）是近年来视觉领域权威学术竞赛之一，竞赛使用的数据集 ImageNet 是由斯坦福大学李飞飞教授等人于 2009 年提出的，随后从 2010 年开始每年举办一届比赛，直到 2017 年。历年来的 ILSVRC 挑战赛上，不断涌现出优秀的算法和模型，例如 2012 年的 AlexNet[28]、2013 年的 ZF Net[29]、2014 年的 GoogLeNet[30] 和 VGGNet[31]、2015 年的 ResNet[32]（残差神经网络）。

首次在计算机视觉中普及深层卷积网络的是 AlexNet，该网络的基本架构与 LeNet 类似，但其网络结构更深、更大，并成功应用了 ReLU、Dropout，取得了远超第二名的结果。ZF Net 是对 AlexNet 的改进，它调整了结构的参数，通过可视化技术揭示了各层的作用，从而能够帮助选择好的网络结构，并迁移到其他数据集。GoogLeNet 是 2014 年 ILSVRC 的冠军，它的主要贡献是提出了 Inception 架构，使用已有的稠密组件来近似卷积网络中的最优局部稀疏结构，大大减少了网络中的参数数量，更高效地利用计算资源。此外，架构在顶部使用平均池（average pooling）来代替全连接层，消除了大量似乎无关紧要的参数。VGGNet 是 2014 年 ILSVRC 的亚军，它证明了通过增加网络的深度可实现对现有技术性能的显著改进。该网络包含 16 ~ 19 层，并且整个网络都使用了同样大小的 3×3 卷积核和 2×2 池化核。VGGNet 迁移到其他数据上的泛化性也比较好，是当前提取图像特征常用的网络模型，并且在 Caffe 中可以下载使用预训练模型。它的缺点是参数量较多，需要较大的存储空间（140M）。由微软研究院 Kaiming He 等人开发的残差网络 ResNet 是 ILSVRC 2015 的获胜者，它的提出是为了简化深度模型的训练。它在架构上使用残差学习，使得网络深度增加时没有出现退化问题，让深度发挥出作用。

卷积神经网络在目标检测、识别、分类方面取得了突破性的进展，而语义分割可以认为是一种稠密的分类，即实现每一个像素所属类别的分类，因此基于卷积神经网络的语义分割成为自然而然的趋势。2015 年，加州大学伯克利分校的研究人员将卷积神经网络引入语义分割的领域内，首次提出全卷积网络（FCN）[33]，是语义分割进入深度学习时代的里程碑。FCN 网络结构是不含全连接层的全卷积网络，把 CNN 网络中的全连接层都换成卷积层，这样就可以获得二维的特征图，再利用反卷积层对特征图进行上采样，使它恢复到与原图相同的尺寸进行分类，输出与原图大小相同的像素级分类结果，即 dense prediction，如图 1-11 所示。FCN 可以接受输入任意大小的图片，不再受限于 CNN 的区域输入。

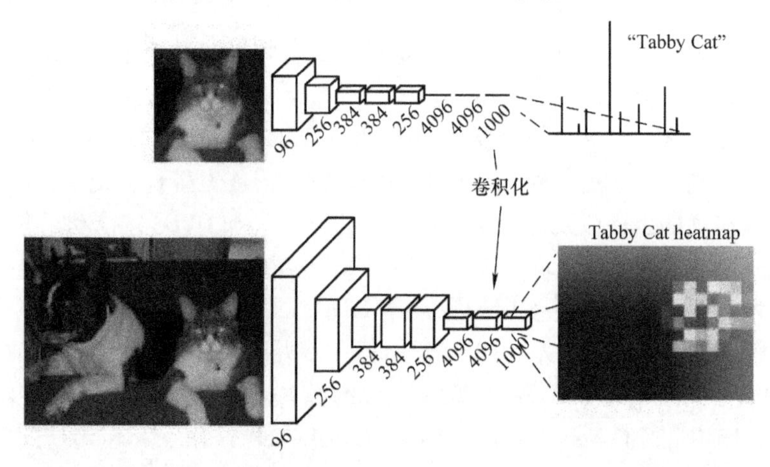

图 1-11　场景语义分割的全卷积网络 FCN[33]，将全连接层转换为卷积层使得分类网络能够输出与图像相同尺寸的热图

虽然 FCN 实现了基于卷积网络像素级语义分割的稠密预测，但得到的结果还不够精细，图像中的边缘细节部分比较模糊和平滑，缺少了空间关系的考虑。许多研究人员在 CNN 和 FCN 网络模型的基础上进行改进，陆续提出了一系列的基于卷积网络的语义分割算法。

例如，剑桥大学的 SegNet 网络[34]，由编码器网络、相应的解码器网络以及像素级分类层组成。其编码器网络的结构与 VGG16 网络的 13 个卷积层相同，解码器网络的作用是将低分辨率的编码器特征映射到与输入相同分辨率的特征图，以便进行像素级分类，这种映射需要有助于精确边界定位的特征。SegNet 的新颖之处在于，在编码时为最大池化计算池索引（pooling indices），在对应的解码时使用池索引来执行非线性上采样，这样就不需要训练学习上采样，同时改进了边界划分。韩国科研人员认为 FCN 网络中固定大小的感受野可能引起错误的标记，过大的对象可能会标记为不同类别，或者过小的对象被忽略或记为背景。再者，由于输入到反卷积层的标签图过于粗糙、反卷积过程过于简单，常常会丢失或平滑掉对象的结构细节。因此，他们提出一种多层的反卷积网络 DeconvNet[35]。DeconvNet 网络由卷积网络部分和反卷积网络部分组成，卷积网络部分使用了 VGG16，反卷积网络部分由反卷积（deconvolution）层、上池化（unpooling）层和激活函数（rectifiedlinear unit，ReLU）层组成。训练好的网络可以得到实例级的分割结果，然后将这些分割结果进行合并，得到最终的语义分割结果。

DilatedNet[36]是在不丢失分辨率的情况下聚合多尺度上下文信息的卷积网络模块，由普林斯顿大学和英特尔实验室专门为稠密预测而设计。它是一个卷积层的矩形棱镜，没有池化或子采样。该模块基于扩展卷积，支持感受野的指数扩展，而不损失分辨率或覆盖范围，可以以任何分辨率插入现有网络体系结构。Deeplab[37]是谷歌团队结合了深度卷积神经网络（DCNNs）和概率图模型（DenseCRFs）两类方法而得到的系列网络模型，目前已更新 4 个版本。其主要创新之处在于：①对不同尺度大小的对象，提出多孔空间金字塔池化（ASPP）模块，在卷积之前以多种采样率在给定的特征层上进行重采样；②使用全连接条件随机场（CRF）来恢复局部结构的细节，将每个像素视为 CRF 节点，使用 CRF 推理优化，得到边缘轮廓更清晰的分割结果。

RefineNet[38]是由澳大利亚阿德莱德大学研究人员提出的一种基于 FCN 的多路径优化网络，他们认为各层的特征都有助于语义分析分割，高层的语义特征有助于图像区域的类别识别，而低层的视觉特征有助于生成清晰、细致的边界。因此，RefineNet 利用了下采样过程中的所有可用信息，使用远程残差连接实现高分辨率预测，浅层卷积层获得的细颗粒度特征可以直接以递归的方式优化深层获得的高层语义特征。RefineNet 中的所有组件都使用恒等映射的残差连接，这样梯度能够通过短距离和长距离的残差连接传播，从而实现高效的端到端训练。同时还提出了链式残差池化模块，使用多个窗口尺寸获得有效的池化特征，并使用残差连接和学习到的权重融合到一起，从而在较大的图像区域获得背景上下文。

通过分析国内外研究现状发现，在深度学习时代之前，图像场景语义分割的方法主要分为有参数解析方法和非参数解析方法，这两类方法基本上都是手工设定所需特征并进行处理，通过构建 CRF 或者 MRF 模型来进行优化求解。而前/背景分割方法一般不需要构建 CRF 或者 MRF 模型，因此能够快速得到分割结果，但是这类方法只能处理二类对象的分割问题。因此如何将前两类方法与后一类方法的优势相结合，应用到图像场景语义分割上，成为一个值得考虑的问题。在深度学习时代，卷积神经网络在特征提取和计算能力上具有显著的优势，包括上述典型网络模型在内的许多基于卷积神经网络的方法，基本处理方式都是前端使用 CNN/FCN 进行特征粗提取，后端使用 CRF/MRF 场结构模型优化前端的输出，改善前端边缘细节的划分，最后得到分割图。

1.2.2 图像场景几何结构估计

图像是三维客观世界在二维平面的投影，对图像场景的全面理解不仅包含理解场景对象，还应包含理解场景对象之间的空间结构关系。图像场景几何结构估计是为了理解图像场景对象的空间关系，包括对象之间的遮挡关系、对象之间的相对位置关系、对象区域深度信息粗略估计等，它建立在对图像场景对象区域理解的基础上。

国内外在图像场景几何结构估计方面的研究主要集中在遮挡边界估计[39-41]、图像深度信息估计[42-44]、三维空间结构估计[45-47]等方面。处理遮挡边界估计的方法，需要根据底层图像分割方法得到图像中的边界，在此基础上，估计边界左右区域的遮挡关系。处理图像深度信息估计的方法，早期通过建立图像特征与深度的关联关系来估计图像深度信息，后来有学者将图像场景语义信息用来辅助指导深度信息估计。进入深度学习时代以来，鉴于 FCN 网络在场景语义分割方面的优秀表现，FCN 也被广泛应用于其他密集预测任务，例如深度估计。在三维空间结构估计方面，三维空间关系的估计通常伴随着图像区域划分，两者相辅相成，其中图像特征起到了约束和指导的作用。

1. 图像场景遮挡边界估计方面

二维图像平面是真实三维世界的投影，由于投影视角原因，三维世界中的物体投影到二维平面时经常会出现遮挡现象。根据心理学理论，遮挡关系会引起人类感知系统对图像内容产生多种不同的理解。因此，理解图像场景的层次关系和遮挡关系有助于理解图像场景背后隐含的三维空间关系。图像遮挡边界估计是该领域最早关注的焦点，主要研究工作是对检测到的边界进行遮挡关系判定。

1990 年，美国哈佛大学的 Nitzberg 和 Mumford 在 ICCV 会议上提出了 2.1D sketch 概念[39]，即将图像域根据遮挡关系的秩序划分成不同区域，在分割图像的同时能够恢复出基于底层视觉感知的粗略图像深度信息。2006 年，美国加利福尼亚大学伯克利分校的 Ren 等在 ECCV 会议上提出一种自然图像前/背景区域划分的方法[40]，通过一种集成了凸状和平行特征的局部形状模式表达方式，在一定程度上恢复出区域的遮挡层次关系。2007 年，美国卡内基梅隆大学的 Hoiem 等在 ICCV 会议上提出了基于单幅图像的遮挡边界恢复方法[41]，从人类感知的角度出发，来恢复图像中的遮挡边界和垂直无依附物体的粗略深度信息。该方法利用了传统的边特征、区域特征，同时还利用了 3D 平面特征和深度特征，将这些特征用来推理遮挡边界，同时也能预测出平面的类别，最终将场景中的遮挡边界以及遮挡边界两边区域的遮挡关系恢复出来。部分结果如图 1-12 所示，左列为遮挡边界恢复结果，右列为深度信息恢复结果。蓝色线条代表遮挡边界，黑色线条代表与地面有接触的区域边界。在这种遮挡边界表示方式中，遮挡边界上的箭头代表了遮挡边界的方向，遮挡边界左边的区域遮挡了右边的区域。在深度图中，红色代表像素深度小，蓝色代表像素深度大。2009 年，卡内基梅隆大学的 Stein 和 Hebert 在计算机视觉领域顶级国际期刊 IJCV 上发表了一种从运动视频中恢复遮挡边界的方法[48]。该方法认为，遮挡边界中包含了丰富的 3D 结构信息和物体形状信息，遮挡边界的准确识别有助于很多计算机视觉领域问题的解决，包括底层图像处理方面的问题到高层图像理解方面的问题。2011 年，美国加州大学伯克利分校的 Sundberg 等在 CVPR 会议上提出一种基于光流的遮挡边界检测和前/后景划分的方法[49]。该方法针对视频数据，利用了动作线索和光流特征，检测识别遮挡边界，并且根据遮挡关系划分相邻区域的深度序列，如图 1-13 所示。

图 1-12 基于单幅图像的遮挡边界恢复[41]

图 1-13 基于光流的遮挡边界检测和前/后景划分的方法[49]，左图为输入图像，右图为该方法遮挡边界检测结果，绿色边界表示前景区域，红色边界表示后景区域

2. 图像场景深度信息估计方面

图像场景几何结构估计的第二个方向是从单幅图像恢复出每一个像素点的深度信息。2005 年，美国斯坦福大学的 Saxena 等在 NIPS 会议上提出一种基于监督学习的方法来估计单幅图像场景的深度信息[42]。该方法主要针对室外场景图像，场景中有树木、建筑，草地等语义类别，将扫描得到的深度信息作为训练数据。利用了 MRF 场结构模型，结合多尺度特征、领域特征，求解得到每点像素的深度信息。如图 1-14 所示，该方法采用了三个尺度上的四邻域特征，通过训练 MRF 场结构模

型，建立了特征和深度信息的映射关系。2008 年，Saxena 等将此方法进一步推进，在领域内的国际顶级期刊 PAMI 上发表了由单幅图像直接恢复三维场景信息的方法[43]，如图 1-15 所示，实验结果与基准深度数据比较接近。

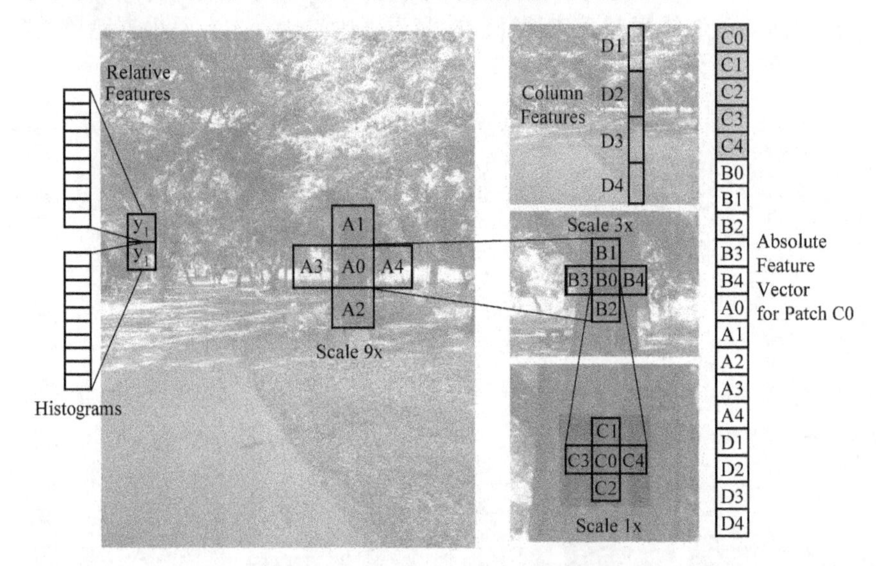

图 1-14　单幅图像场景深度信息估计方法[42]的四邻域特征

图 1-15　单幅图像场景深度信息估计方法结果[43]

2010 年，美国斯坦福大学的 Liu 等在 CVPR 会议上提出一种基于语义标记预测的单幅图像深度信息估计方法[44]。他们认为，语义信息对深度估计有重要的指导意义，因此该方法没有沿用之前由图像特征直接映射到深度信息的传统思路，而是首先预测图像场景每一个像素点的语义标记，然后用语义标记来指导图像场景三维重建，估计每一个像素点的深度值。在得到每一个像素点的语义标记后，利用该语义类别的深度和几何信息作为先验来约束这一类别对应区域像素点的深度估计。举例来说，天空非常远，因此天空区域像素的深度值较大。同时，在语义信息的指导下，深度信息可以很容易地通过对象区域外观特征的度量估计出来。例如，通常情况下，一棵树的外观特征在远处观察时比较均匀一致，而在近处观察时会表现出较大的纹理梯度变化。结合像素点之间的邻居关系、几何关系、深度先验、每个点的图像特征、语义信息和初始深度值，利用 MRF 模型求解出全局最优解作为图像最终深度解。该方法取得了很好的深度估计结果，如图 1-16 所示，左侧为输入图像，中间为语义标记结果，右侧为深度信息估计结果，其中由红至蓝代表深度由远及近。

图 1-16 基于语义标记预测的单幅图像深度信息估计[44]

还有学者提出深度迁移的非参数方法，类似于语义迁移方法。其通常在给定 RGB 图像和 RGB－D 存储库的图像之间执行基于特征的匹配，以便找到最近邻，然后对检索到的深度对应图像进行变形以产生最终深度图。例如，2014 年，澳大利亚国立大学的 Liu 等在 CVPR 会议上提出一种离散－连续式单幅图像深度信息估计方法[50]，该方法将场景深度信息估计形式化为离散－连续式的 CRF 优化问题，以超像素为基本单元，每个超像素内的深度是连续的，超像素之间的深度是离散的，如图 1-17 所示。利用检索的相似图像的深度构造模型中连续变量的数据项，即单一项；使用离散变量来表达相邻超像素之间的遮挡关系。然后在这个高阶、离散－连续的图模型上使用粒子置信度传播（particle belief propagation）来进行推理。

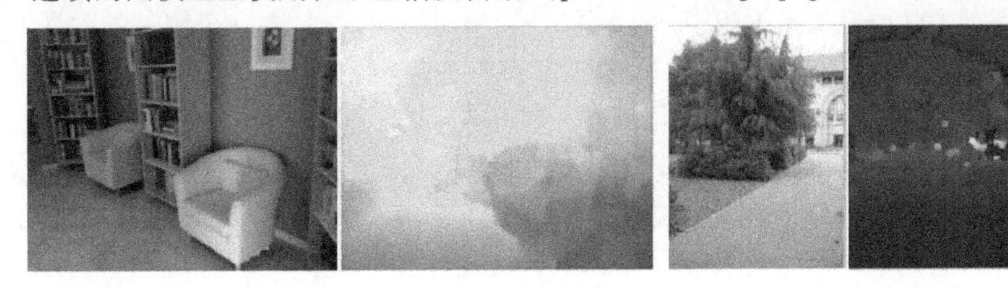

图 1-17 离散－连续式单幅图像深度信息估计方法[50]，左图为输入图像，右图为对应的离散－连续的深度信息估计结果

近年来，深度学习领域的进步推动了 CNN 网络应用于深度估计的研究。2014

年，纽约大学的 Eigen 等人首先提出将 CNN 应用在单幅图像稠密深度估计[51]。他们认为场景以及场景中的对象存在尺度上的变化，因此提出一种利用多尺度深度网络来估计单幅图像深度信息的方法。具体来说，通过使用两个深度网络堆栈来解决该任务：一个是基于整个图像进行粗略的全局预测，另一个用来局部地改进这种预测，如图 1-18 所示。他们的工作后来被扩展到通过用一个更深度、更具辨别力的网络模型（基于 VGG）预测法向量和标签，然后用一个三尺度体系结构来进一步细化[52]。德国慕尼黑工业大学的 Laina 等人提出一种包含残差学习的全卷积结构[53]，用于模拟单幅图像与深度信息之间的模糊映射。为了提高输出分辨率，该结构使用了一种在网络中有效学习特征映射上采样的新方法，另外，通过基于反向 Huber 函数的损耗优化来训练网络，并从理论和实验两方面论证了它的有益性。

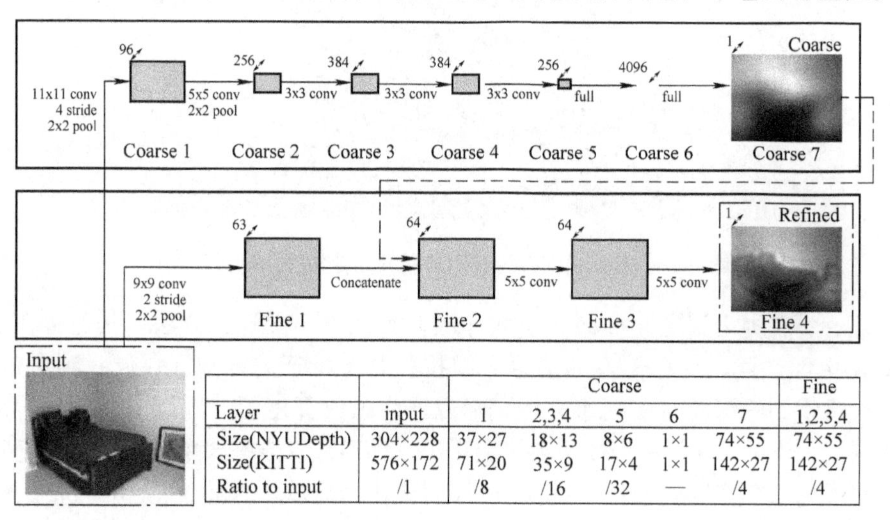

		Coarse					Fine
Layer	input	1	2,3,4	5	6	7	1,2,3,4
Size(NYUDepth)	304×228	37×27	18×13	8×6	1×1	74×55	74×55
Size(KITTI)	576×172	71×20	35×9	17×4	1×1	142×27	142×27
Ratio to input	/1	/8	/16	/32	—	/4	/4

图 1-18　基于多尺度深度网络的单幅图像深度信息估计方法[51]，全局粗略尺度网络包含五个由卷积和最大池化构成的特征提取层以及两个全连接层，局部细化尺度网络则由卷积层构成

提高预测深度质量的另一个方向是联合使用 CNN 和图模型。例如，澳大利亚阿德莱德大学研究人员提出了一个深层结构学习机制[54]，在一个统一的深层 CNN 框架下学习连续 CRF 结构的单一项和二元项势能（图 1-19）。整个网络由单一项部分、二元项部分和 CRF 损失层组成。单一项部分的网络由 5 个卷积层和 4 个完全连通层组成，输出一个包含 n 个超像素深度回归值的 n 维向量，n 为输入图像在预处理时得到的超像素数量。二元项部分以所有相邻超像素对的相似向量作为输入，并将它们馈送到全连接层（参数在不同的对之间共享），然后输出包含所有相邻超像素对的一维相似度向量。CRF 损失层将单一项和二元项部分的输出作为输入，以求解最优值。在此基础上，他们进一步提出了一种基于全卷积网络的快速等效模型和一种新的超像素池化方法[55]，该方法在获得相似预测精度的同时，加速了 10 倍左右。有了这个更有效的模型，能够设计非常深入的网络，以便获得更好

的性能。

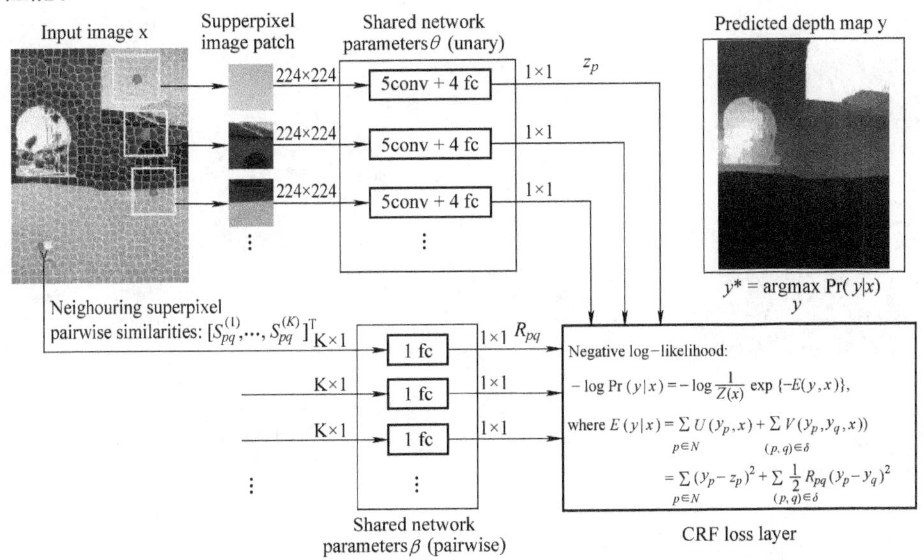

图 1-19 基于 CNN 框架和连续 CRF 结构的深度估计卷积神经场模型[54]

3. 图像场景空间结构估计方面

图像场景几何结构估计的第三个方向是三维空间结构估计，这种空间结构并非把整个场景完全建模出来，而是将对象或区域之间的空间关系表示出来，形成一种粗略的“场景建模”。有些学者认为，图像场景三维空间结构估计与图像分割和区域划分有着密不可分的关系，两者具有相辅相成的作用。因此，他们在求解图像场景三维空间结构的同时，会自动求解出图像场景的语义分割或者区域划分。

2010 年，美国卡内基梅隆大学的 Gupta 等在 ECCV 会议上提出一种物理规则指导下的单幅图像积木世界搭建方法[45]，称之为“3D 解析图”。该方法基于 1960 年“积木世界”的思想，以真实世界的物理规律作为约束，以定性的物理单元块来表达室外图像场景的三维结构关系，包括对象的质量、体积以及对象之间的物理支撑关系。该方法提出的 8 个物理单元块符合全局几何约束和定性方式的静力物理学。从一个空的地平面开始，该方法交互地逐步添加物理单元块来拟合图像场景中的对象区域，判断场景几何和物理属性的稳定性，直到迭代收敛，最终生成输入图像场景的三维结构关系图，即“3D 解析图”。该方法除了在表面支撑关系估计方面取得了较好的实验结果，更重要的是，从几何关系和物理关系的角度诠释了图像场景中对象的属性和关系。如图 1-20 所示，左边为输入图像、该图像的积木模型以及渲染后的结果，右边展示了输入图像的三维结构关系，包括各个物体的体积、质量、视角以及物体之间的几何关系。该方法所构建的图像场景“积木世界”，是图像区域划分和空间结构估计的联合表达，为该领域的研究提供了一种新的思路。

另一种思路是利用图像场景对象的层次结构来指导场景的语义分割和标记。

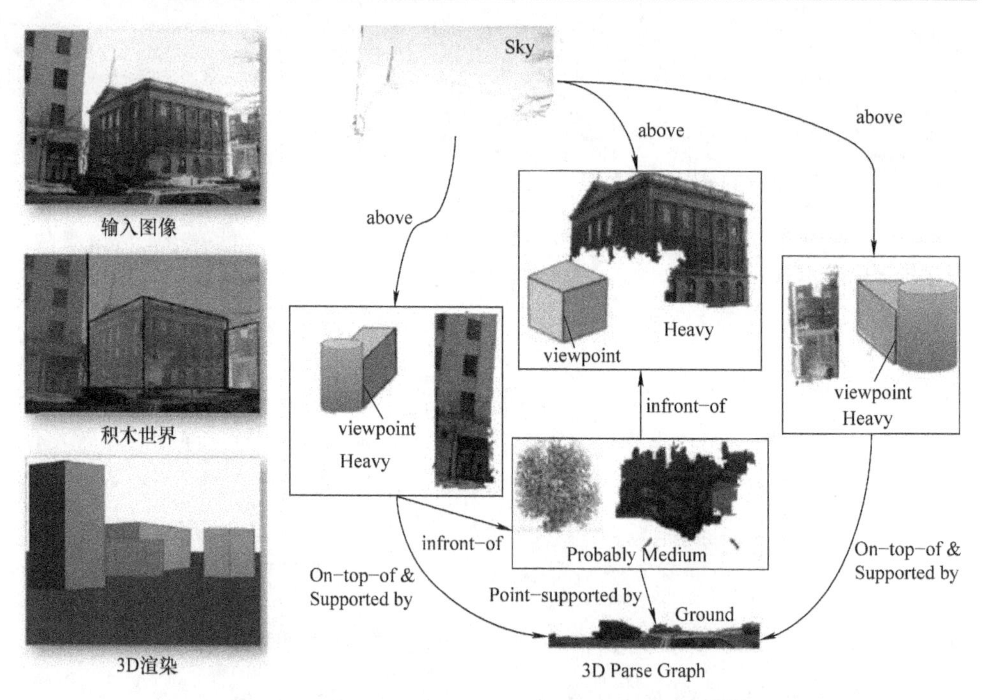

图 1-20　物理规则指导下的单幅图像 3D 解析图[45]

2010 年，美国加州大学欧文分校的 Yang 等在 CVPR 会议上提出了一种利用层次结构检测器来指导图像对象分割的方法[46]。他们首先对输入图像做检测识别，得到若干检测框，并利用基于局部检测器响应值的可变形状模板来估计对象形状，然后将检测框的形状、纹理、深度序列等特征集成在一个简单的概率模型里。由于图像自身具有纹理特征，当两个检测器有交叠的时候，不同的层次结构会产生不同的语义分割结果。因此，该方法通过迭代地估计对象形状信息、对象区域纹理特征信息，最终得到对象的语义标记，同时也得到了在该语义标记下，每一类对象所在的层次结构。如图 1-21 所示，可视化结果显示了不同对象所在的层次。该方法的创新点在于将图像场景对象的层次结构用来指导场景的语义分割和标记。

图 1-21　面向图像分割的层次结构估计[46]

2010年，美国加州理工学院的Maire在ECCV会议上提出一种基于嵌入角的图像分割和遮挡边界估计同时求解方法[47]。Maire认为，根据人类感知的规律，可以将图像分割和遮挡边界估计联合起来求解。该方法提出一种底层图像特征驱动下的单一框架，通过一种通用表达方式将相似性和序列偏好嵌入到该框架下，由此将问题转化为角嵌入问题。利用分割线索来推导图像边界的前/背景划分，反过来利用前/背景划分的线索来推导图像分割。实验结果如图1-22所示，该方法不仅能划分出对象区域，还能估计出区域边界的遮挡关系。中间一列显示了边界的遮挡关系，绿色线段指向的一端表示前景区域，绿色线段的长度表示遮挡关系的可信度。右边一列显示了层次关系，由红色到蓝色表示层次由前到后。

图1-22　基于嵌入角的图像分割和遮挡边界同时求解结果[47]

伊利诺伊大学香槟分校的Hoiem等首次提出布局估计的概念，并在场景结构布局估计上进行了大量的研究，提出从单幅图像中恢复室内场景空间布局的方法[56,57]。在很多室内场景中，由于物体摆放和视角等原因，场景结构的边界线经常存在被遮挡的现象，恢复室内场景空间布局即恢复场景结构的地-墙边界线，通过用参数化的三维“盒子”来建模全局房间空间，为了调整盒子以适应实际场景，引入了一种基于全局透视线索的结构化学习算法选择最优的三维“盒子”参数[57]。该方法从3D盒子空间布局和像素的表面法向量估计两个方面，对场景进行联合建模。3D盒子空间布局粗略地模拟了室内的空间，像素表面法向量标记提供了可视对象、墙、地板和天花板表面的精确定位，两者相辅相成。表面法向量标记帮助区分位于对象上的线和位于墙上的线，而3D盒子估计为法向量标记提供了强大的约束。通过将这两个模型结合起来，可以得到更完整的空间布局估计。更进一步，他们结合卷积神经网络模型将单幅图像场景空间布局估计推广到全景图、透视图、矩形布局及非矩形的其他布局，提出LayoutNet算法[58]，通过具有编码-解码结构和跳跃连接的CNN网络来预测全景图像交界点和边界线的概率图。在预处理时进行边缘的对齐步骤，确保墙边界是垂直线，并大大减少预测误差。在训练过程中，用回归的方式优化三维布局损失参数来拟合所预测的交界点和边界线。LayoutNet 取得了优异的效果，同时表明了深度网络方法仍然受益于显式的几何线索和约束，例如消失点、几何约束等。与 LayoutNet 类似的工作还有 PanoContext[59]、RoomNet[60]、HorizonNet[61]和 DuLa－Net[62]。

除了 Hoiem 及其团队之外，卡内基梅隆大学机器人研究所团队多年从事场景物体表面法向量估计方面的研究工作。例如，2014 年他们在 ECCV 会议上提出一种新颖的室内折纸世界的展开方法[65]。该方法认为目前的室内场景三维解析多使用底层和高层特征来推理，忽略了中层特征。三维场景解析需要多颗粒度的特征。对于真实世界中的杂乱场景，三维场景解析在检测出对象三维立方块之前，首先应该检测出场景的表面法向和边界。因此，该方法针对单幅图像的三维表面信息估计，利用凸边和凹边作为中层约束特征，提出一种通用的模型，能够将这些约束和其他约束嵌入，以线标记和布局参数化的形式来表示室内场景的表面几何和表面之间边的相互关系，以此构成一个类似折纸展开的三维世界，如图 1-23 所示。随着卷积神经网络在计算机视觉理解方面的应用与发展，该团队研究人员为了探索深度网络在法向量估计方面的有效性，提出一种单幅图像曲面法向量估计的深度网络设计方法[63]，将传统 3D 场景理解方面多年的工作经验引入 CNN 网络的结构设计，分别学习自上而下和自下而上的过程，得到粗略的全局理解和局部标记，然后使用融合网络将两者整合预测，输出更合理的结果。该网络能够提供有关曲面法向量、室内布局和边标记的连贯及更深入的理解。该团队还提出一种基于预训练 Oxford－VGG 卷积神经网络（CNN）的跳跃网络模型[64]，在 NYUv2 的 RGB－D 数据集上实现了最先进的表面法线预测精度，并且恢复了精细的物体细节。他们认为，表面法向量、深度信息、空间布局结构都属于 2.5D 范畴，利用这些 2.5D 范畴的信息可以帮助恢复 3D 信息。因此，他们在输入图像和预测曲面法线上建立了一个双流网络，用于联合学习物体的姿势和样式，以便进行 CAD 模型检索。

分析以上研究现状发现，不论是遮挡边界估计、图像深度信息估计，还是三维空间结构估计方面的研究工作，都认为图像特征与图像场景的几何结构有密切的关系，并且都利用图像特征从二维信息推理出三维空间结构信息。因此，在图像场景几何结构估计中，合理地分析图像特征所起的作用非常重要。

1.2.3　图像场景对象理解与解析

随着图像场景理解相关领域研究工作的发展，对场景中个体对象的理解与解析在图像场景理解中的重要性逐渐凸显，行业发展对此提出了新的需求，实现对象级甚至部件级的更精细尺度上的场景理解成为新的趋势。对象的理解与解析是场景级理解的深化，主要包括对象语义实例分割、对象属性分析、对象空间布局结构估计等。对象语义实例分割是指对图像中同一语义类别的多个对象或物体赋予唯一的对

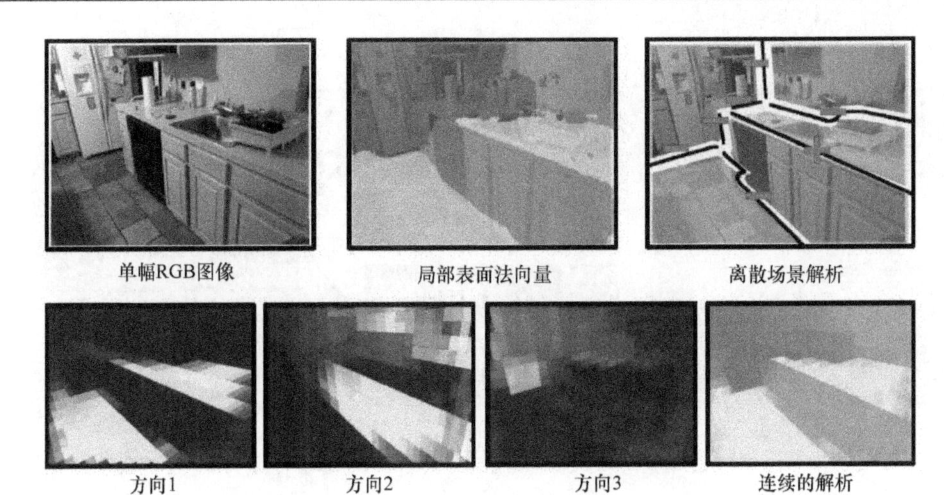

图1-23 室内折纸世界的展开方法，对于输入图像（第一行左图），该方法估计出每个平面的朝向（第一行中图）以及平面之间边界的凹凸性（第一行右图），“+”表示凸，“-”表示凹

象标记，从而在场景语义分割与标记的基础上，能够得到更细致的划分。对象属性分析包括多种属性，与对象的语义类别具有密切的关系，例如物理属性、几何属性、材质属性、光照属性等，属性的分析能够有效地帮助理解对象。对象空间布局结构估计是将对象的三维信息与场景的三维信息相结合，推理出场景的空间布局结构，可以更进一步地生成更多符合空间约束的三维场景。

1. 对象语义实例分割方面

对象实例分割是在对象识别的基础上更进一步地分析对象，不仅识别对象的位置和类别语义，更是将场景中属于对象的像素实现一一标记，达到准确分割每个对象的效果。

近年来，基于样例的图像语义分割和实例对象分割方法逐渐兴起。2013年，美国北卡罗来纳大学教堂山分校的Tighe和Lazebnik在CVPR会议上，提出一种基于样例检测的区域级图像解析方法[66]。该方法利用区域级特征识别图像中的“材料”类别，如天空、地面、树木，利用样例对象训练SVM分类器识别“东西”类别，如车辆、行人等，并将这两者相结合得到最终的图像解析结果，如图1-24所示。美国加州大学默塞德分校的Yang等在2013年的ICCV会议上，提出一种基于样例的图像对象分割方法[67]。该方法将参数化的和非参数化的对象分割结合起来，产生多种对象分割假设，通过Graph Cut算法求解得到不同的对象分割结果。输入样例不同，则对象分割结果不尽相同。2014年，澳大利亚国立大学的He和Gould在CVPR会议上，提出一种基于样例CRF模型的图像多对象分割方法[68]。该方法不需要大量的训练，而且对不同对象的不同姿势都能达到较稳定的识别效果。同年的ECCV会议上，美国纽约大学的Silberman等提出一种基于高阶损失函数的室内场景语义标记和多实例对象分割的方法[69]。

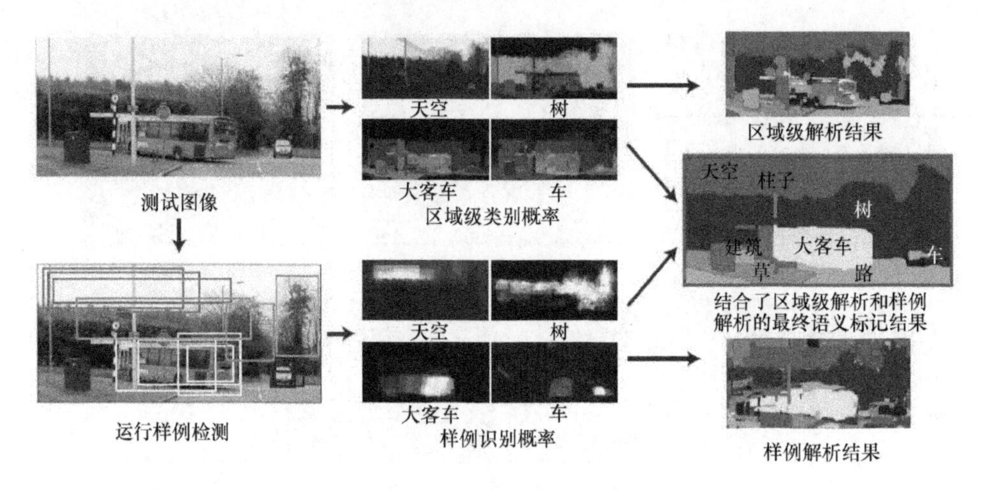

图 1-24　基于样例检测的区域级图像解析方法[66]

在场景级语义识别的基础上进行对象实例分割标记成为另一种趋势，其特点是结合了全局语义识别辅助对象实例分割。例如，2016 年，加拿大多伦多大学的 Zhang 等人提出了一种自主驾驶环境下基于密集连接 MRF 模型的单张图像实例级标记方法[70]（图 1-25）。同年，中山大学的 Liang 等人提出一种可逆递归的实例级对象分割方法[71]，微软研究院的 Dai 等人提出一种基于多任务网络级联的实例感知语义分割方法[72]，该团队人员后续提出基于全卷积的实例感知语义分割方法[73]。2017 年，牛津大学的 Arnab 等人提出基于动态实例化网络的像素级对象分割方法[74]，在语义分割的基础上结合对象检测线索，然后用端到端 CRF 模型自动预测实例数量并分割。同年，德国马克斯普朗克信息学研究所的 Khoreva 等人提出一种基于弱监督的语义标记和实例分割方法[75]，利用对象包围盒作为训练数据，达到接近全监督方法的效果。2018 年，谷歌和德国亚琛工业大学的研究人员提出一种基于语义和方向特征的目标检测细化实例分割方法[76]，在识别的基础上增加了方向特征的约束。同年，中国科技大学的研究人员提出基于类别峰值响应的弱监督对象分割方法[77]，是目前较为先进、常用的图像级弱监督对象实例分割方法。该方法使用伪标签为训练数据扩容，利用类别预测响应值的局部峰值来确定实例数量，然后将实例标记传播至整个图像域。加州大学欧文分校的 Kong 等人提出一种循环像素嵌入的对象分割方法[78]，将对象像素映射到超球面空间，然后利用反复 mean - shift 算法动态聚类对象。

由于卷积神经网络在特征提取方面具有独特优势，自然被引入对象实例分割的工作中。目前用于对象实例分割的主要方法是基于“检测 - 分割”的两阶段方法，即使用边界框检测方法检测对象，确定一组分割区域候选目标，然后进一步通过分类/优化生成每个对象的分割区域，这些方法被称为基于候选目标的方法（proposal - based），通常受到对象检测效率的限制。其典型代表工作是 Mask R - CNN[79]，它

图1-25 自主驾驶环境下基于密集连接 MRF 模型的单张图像实例级标记方法[70]

建立在 Faster R-CNN[80] 的基础上，除了进行边界框识别之外，还预测对象的掩码区域。实例分割方法的另一个流行分支是无候选目标方法（proposal-free），这类方法通常依赖于密度预测网络，在没有明确候选目标的情况下分割场景中的实例。无候选目标的方法通常比基于候选目标的方法运行时间上具有优势，但它们的性能不如基于候选目标的方法。不管是哪一类方法[81]，卷积神经网络都在其中发挥了重要的作用。

在基于候选目标的方法方面，2019 年，中科院研究人员提出一种基于实例激活图的弱监督实例分割方法[81]，根据已有技术获得分割候选目标，在这些候选目标中有选择地收集伪标记。伪标记用于学习可微填充模块，在根据 PRM[77] 算法得到不完整的区域响应后，该模块预测每个实例的类不可知激活图。2020 年，天津大学的研究人员提出了一种两阶段检测方法 D2Det[82]，同时解决了精确定位和精确分类问题。为了精确定位，在全卷积网络中引入了稠密局部回归，该回归预测对象候选目标的多个稠密框偏移。为了准确分类，引入了一种区分性 RoI 池化机制，从候选目标的各个子区域进行采样，并执行自适应加权以获得区分性特征。华南理工大学的研究人员提出了用于小样本实例分割的全引导网络（FGN）[83]，FGN 在 Mask R-CNN 的各个关键组成部分中引入了不同的引导机制，包括注意力引导的 RPN、关系引导的检测器和注意力引导的 FCN，以便充分利用支持集的引导作用，更好地适应类间泛化。中国科学院大学的研究人员提出基于学习显著性传播的半监督实例分割 ShapeProp[84]，该方法从丰富的检测框标记和有限的实例分割标记两方面来提取形状表达，进而提供形状信息作为先验来优化分割准确率。美国 Uber 公司和加拿大多伦多大学提出基于深度多边形变换的对象实例分割方法[85]，首先利用分割网络生成实例掩码，然后将这些掩码转换为一组多边形，这种多边形体现了对象的形状先验信息。将这些多边形馈送到变形网络，该变形网络对多边形进行变换，使其更好地适合对象边界。

在无候选目标的方法方面，2019 年，比利时鲁汶大学提出了一个新的聚类损失函数[86]，用于无候选目标的实例分割。该方法基于这样一个原理，即像素可以通过指向对象的中心与该对象相关联。通过使用这个聚类损失函数，使像素指向对象中心周围的最佳、特定对象的区域，在保持高精度的同时实时运行。中科院研究人员认为有些无候选目标的对象实例分割工作将语义标记和对象相关特征提取分为两个模块分别进行，这种方式降低了推广应用的可能性，并且这两个模块之间的互利性也没有得到很好的探索。因此，他们提出一种单程无候选目标的对象实例分割方法[87]，该方法通过单过程的全卷积网络得到每个像素语义类别和像素对亲和度，基于像素对的亲和度（Affinity）金字塔计算两个像素属于同一实例的概率，然后利用一种新的级联图划分模块以从粗到细的顺序生成实例。清华大学的研究人员提出一种基于姿态的人物对象实例分割方法[88]，将对象的姿态信息作为约束条件，能够很好地处理多个对象具有遮挡现象的情况。有学者认为手动标注实例分割基准信息非常耗时，这导致现有数据集在类别多样性和标注数据量方面受到限制。因此，他们期望以弱监督学习方式来实现实例分割，即给定图像级别标签，用类别注意力图（Class Attention Maps）生成训练图像的伪实例分割标记[89]，用伪标记训练 CNN 网络模型。这种方式同样也不需要预先产生候选目标。阿联酋人工智能研究院的学者提出一种基于弱监督学习的对象计数与实例分割方法[90]，该方法的网络结构是基于 ResNet50 构建的，有一个图像分类分支和一个密度预测分支，使用图像级别少量标签进行训练。图像分类分支预测对象的存在与否，用于生成用于训练密度分支的伪标记；密度分支通过构造密度图来预测全局对象计数和对象实例的空间分布。该方法改进了文献［77］的评分标准，以此标准根据峰值对候选目标进行排序，预测对象分割结果。2020 年，美团公司提出一种基于点表达的单程对象实例分割方法 CenterMask[91]。该方法包括局部形状预测和全局显著性生成两个并行部分，不需要产生候选目标，从对象中心的点表示中提取局部形状信息，形成将对象与接近对象区分开的粗略掩码。另一方面全卷积主干网络生成整个图像的全局显著性图，在像素级上将前景与背景分离，两部分共同作用形成最终实例分割结果。中山大学和暗物智能科技公司合作提出面向全景分割的双向图推理网络[92]。它将图形结构融入传统的全景分割网络中，以挖掘前景对象和背景对象之间的模块内和模块间关系。上下文信息对于识别和定位对象至关重要，且包含的对象细节对于解析背景场景非常重要，研究明确建模对象和背景之间的相关性，以实现全景分割任务中图像的整体理解。

除了在图像场景上实现对象语义多实例分割，对于在视频场景上的对象多实例分割也有相应的研究工作，其主要分为无监督的和半监督的两个技术路线，即是否提供视频第一帧中对象实例的标注信息。视频场景对象多实例分割面临对象的遮挡、变形、运动变化等问题，其期望是产生时间上连贯和稳定的预测结果。因此，视频场景对象多实例分割所面临的挑战不同于图像场景对象多实例分割，本书不再过多介绍视频场景对象多实例分割的研究工作。

可以看到，对象实例分割在场景级语义识别的基础上，开始从更多其他自然特征和约束方面来帮助提高方法的准确率，例如对象形状、姿态、显著性、上下文信息等。

2. 对象属性分析方面

美国伊利诺伊大学 Hoiem 教授的团队是对象属性识别研究工作的先驱者，2009年，其团队人员在 CVPR 会议上提出一种属性描述对象方法[93]。该方法将对象识别的重点从标记转移到描述，其结果是：对于熟悉的事物，不仅能获得对象的类别，更可以得到对象的属性；对于不熟悉的事物，能够知道该对象的某些属性，而不是仅仅得到“未知类别”的结果，并且能够扩展到对新事物的识别。该方法定义的属性包括语义信息、判别信息，并提出一种特征选择算法，使得属性学习不局限于同类，而是在多类之间泛化。该团队人员将对象属性研究工作进一步深入，提出一种以属性为识别中心的跨类对象识别泛化方法[94]。

2011 年，芝加哥丰田技术研究院的 Parikh 和得克萨斯大学奥斯汀分校的 Grauman 在 ICCV 会议上提出了相对属性的概念[95]。该方法认为，以往对象属性理解只关注绝对属性，即具有或不具有某种属性，这种描述方式是一种人为的限制，实际中更多是相对具有某种属性，即相对属性关系，如图 1-26 所示。该方法利用大量标定了对象与属性相对关系的数据集，对每种属性学习出一个适用的排序算法，预测一张图像中该属性的强弱程度；然后在所有预测属性空间中，构建一个产生式模型，通过属性建立未知对象和已知对象的关系，解决零样本分类的问题。该方法指出，这种相对属性能够更好地描述对象的语义，更符合人脑对图像的理解。以 Grauman 为核心的团队后续继续从事对象相对属性描述的研究，并发表了一系列的研究成果[96-98]。

关于对象属性的研究工作不只局限于对象的识别、分类，科研人员还利用属性信息辅助场景内容的分割、解析[99-102]。2014 年，荷兰阿姆斯特丹大学的 Li 等在 ECCV 会议上提出一种属性辅助对象分割的方法[99]。该方法认为属性对于对象分割和提取能起到重要的作用，常规方法是在图像全局上对属性进行定位和描述，而当图像中存在对象遮挡、对象尺度过小或对象视角偏差时，常规方法不能准确地描述对象属性，如图 1-27 所示。因此，该方法提出一种对象级的属性定位描述算法，在对象分割块上提取属性描述符，进行联合学习，对输入测试图像的对象进行分类、分割，并对对象分割块进行排序。同年，英国伦敦大学玛丽女王学院的 Shi 等提出一种对象和属性之间关联关系的弱监督学习方法[100]。该方法认为人脑通常会将名词和形容词联合起来对场景进行描述，因此，需要将对象和它的属性进行关

图 1-26 相对属性的研究[95]：相对属性比绝对属性能够更好地描述图像内容。绝对属性可以描述是微笑的还是没有微笑的，但是对于 b）就难以描述；相对属性能够描述 b）比 c）微笑多，但是比 a）微笑少。对自然场景的理解同样如此

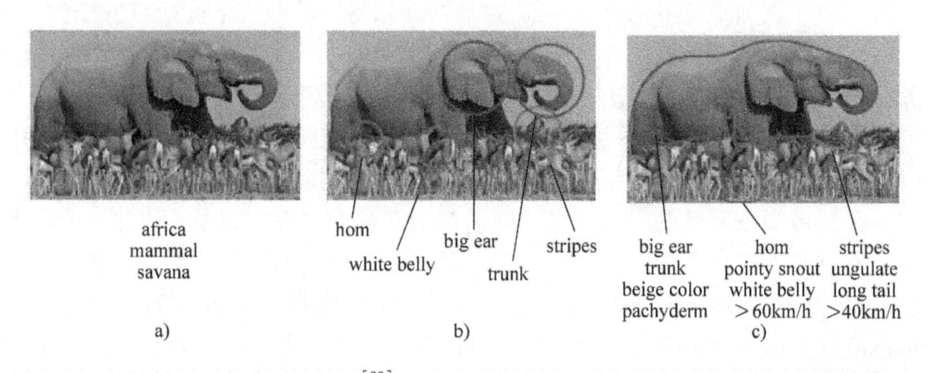

图 1-27 属性辅助对象分割的方法[99]，由于对象遮挡、对象尺度过小或对象视角的影响，以类别为中心的方法较难描述对象属性，而以对象为中心的该方法可以较好地描述对象属性

联。常规方法需要强监督学习，需要标注大量属性数据，缺少灵活性。因此，该方法提出利用弱标记的数据学习对象和属性的关联关系，构建一种新颖的非参数的贝叶斯模型。对于输入的新图像，该模型能够描述对象、属性以及它们之间的关联关系，还能将对象定位并分割出来。英国牛津大学的 Zheng 等提出一种图像对象和属性的稠密语义分割方法[102]。该方法认为对象及其属性对于描述、理解图像非常重要，语言表述场景时经常包括形容词和名词。因此，该方法将对象分割和属性描述建模为多类别标记问题，解决对象分割和属性标记的同时求解，如图 1-28 所示。

另外，对象属性的准确理解有助于场景对象三维模型的构建。2014 年，美国加州大学洛杉矶分校的 Liu 等在 CVPR 会议上提出一种基于属性语法的单视角图像

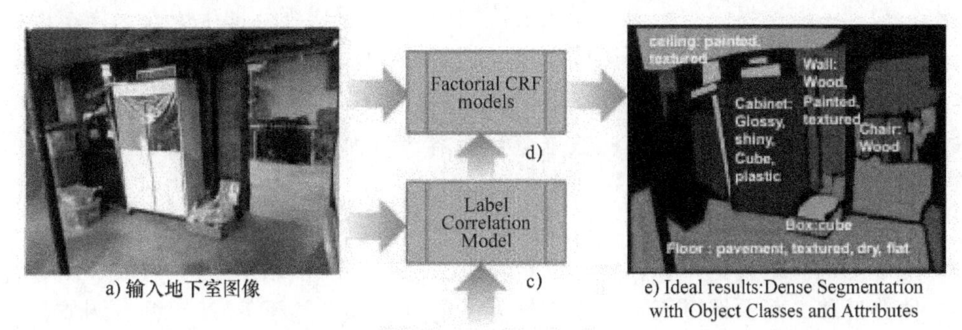

a) 输入地下室图像

e) Ideal results:Dense Segmentation with Object Classes and Attributes

	对象	属性
区域级	Things(e.g.Chair,TV monitor,Box,etc.)	Shape(e.g.Cube),Material, Surface...
像素级	Things and stuff(e.g.Chair,TV monitor,Box, Wall,ceiling,floor,etc.)	Material(e.g.plastic,wood), Surface(e.g.glossy),...

b) 语义空间

图 1-28 一种图像对象和属性的稠密语义分割方法[102]

三维解析方法[101]。该方法针对室外人造场景的三维表面几何估计和重建，以超像素为基本单元，使用五个产生规则将图像场景分解为多尺度解析图结构；每个图节点代表了一个表面，每个产生规则用来约束父节点与子节点之间的关系；采用了自顶向下/自底向上的采样过程；给定一张输入图像，该方法通过迭代的运用产生规则和属性约束，将场景分解为多尺度解析图。2019 年，加州大学伯克利分校的 Fouhey 等人提出一种基于属性的形状生成方法[103]，该方法从单张图像推理 3D 形状属性，在此基础上推理 3D 形状的低维向量表示，3D 形状属性是通过卷积神经网络学习得到的。

卷积神经网络的发展为对象属性分析工作带来了新的方向，除了在传统的基于属性的对象识别、分类方面带来了新发展，甚至将属性分析应用到部件级识别中。例如，引入约束的属性识别[104,111]，基于属性的纹理识别[108]，用于零样本学习的对象识别或分类[105,109,110]，基于属性分析的对象部件级识别[106,107]以及行人重识别[105,106]。基于上下文和相关性联合循环学习模型的属性识别[104]，探索属性上下文和相关性，可以在小规模训练数据和低质量图像的情况下提高属性识别准确率。基于可转移联合属性识别的学习模型[105]，无需目标域的标记训练数据，即可实现无监督的行人重识别。基于属性注意力网络的行人重识别[106]，利用部件级属性信息形成属性注意力图。基于概念共享网络的部件属性识别[107]，优势在于识别训练数据不足的部件属性。基于深度多属性感知网络的真实世界纹理识别[108]，基于假设即纹理图像的多个视觉属性对应的空间上下文之间存在内在的相关性。

除此之外，卷积神经网络的发展促使基于属性的内容生成成为一个新颖的研究热点，包括数据增强[112,113]和场景生成[114-116]。数据增强，即生成人工样本以扩展给定的训练数据集，有基于属性引导的数据增强方法[112]，通过学习一种映射，实现所需属性的样本数据的合成；还有通过主动学习（active learning）的模式进行训练图像生成[113]，对相对属性数据进行扩容，从而能够完成细粒度相对属性任务，即给定两幅图像，推断出哪一幅更明显地显示了一个属性。因为对于相对属性来说，在传统图像来源中具有相对差异的训练样本是比较少的。

生成对抗网络（GAN）[117]是一种生成式模型，常用来处理图像生成、图像转换、风格迁移、图像编辑等，很多场景生成的方法都是基于GAN模型。例如，有根据指定的对象属性和关系进行交互式的图像场景生成的方法[115]，根据输入场景图结构，从布局嵌入和外观嵌入两个部分进行生成，以更好地匹配场景。每个图结构有多个不同的输出图像，如图1-29所示，用户可以进一步控制这些图像。对每一个对象具有两种控制模式：从其他图像导入对象元素；通过外观原型在对象数据集中选择。此外，还有用于任意图像属性编辑的统一选择性迁移网络[114]，可以生成不同的编辑效果。在选择性方面，只考虑要改变的属性，以及选择性地在属性编辑无关区域将编码器特征与解码器特征连接；在迁移方面，自适应地修改编码器特征，以满足不同编辑任务的要求，从而为处理局部和全局属性提供统一的模型。还有基于属性分解GAN网络的人物图像可控合成[116]，可以在任意姿势下自动合成具有所需组件属性的高质量人物图像，不仅可以应用于姿态迁移和行人重识别，还可以应用于服装迁移和属性特定的数据增强。

可以看到，对象属性分析可以广泛应用于场景内容的识别、分类、解析、生成等研究热点。同时，对象属性通常与对象的部件级区域相关联，因此对属性的理解往往与部件级内容的解析相关联，使得场景理解能够达到更细的层次，这也为场景理解的推广应用提供了技术支持。

3. 对象空间布局结构估计方面

随着图像场景空间结构估计研究工作的发展，空间结构与语义信息的相互关系逐渐引起了科研人员的重视，一种普遍的认识是语义标记与空间结构估计具有相辅相成的作用。

例如，斯坦福大学的Liu等在CVPR会议上提出一种基于语义标记的单幅图像深度信息估计方法[118]。该方法首先预测图像每一个像素点的语义标记，然后用语义标记来指导图像场景三维重建，估计每一个像素点的深度值。2013年，美国密歇根大学的Kim等人提出一种基于Voxel单元的图像场景三维结构理解方法[119]。该方法认为深度信息能够帮助更好的理解和分割场景对象，但是深度信息自身带来的噪声会影响分割的准确程度。该方法提出一种新颖的Voxel-CRF模型来求解场景的三维结构及语义标记，如图1-30所示。每个Voxel是立方体结构，包含若干个深度点。

对象级场景空间布局结构估计不仅仅是恢复场景的深度信息，还包括利用对象

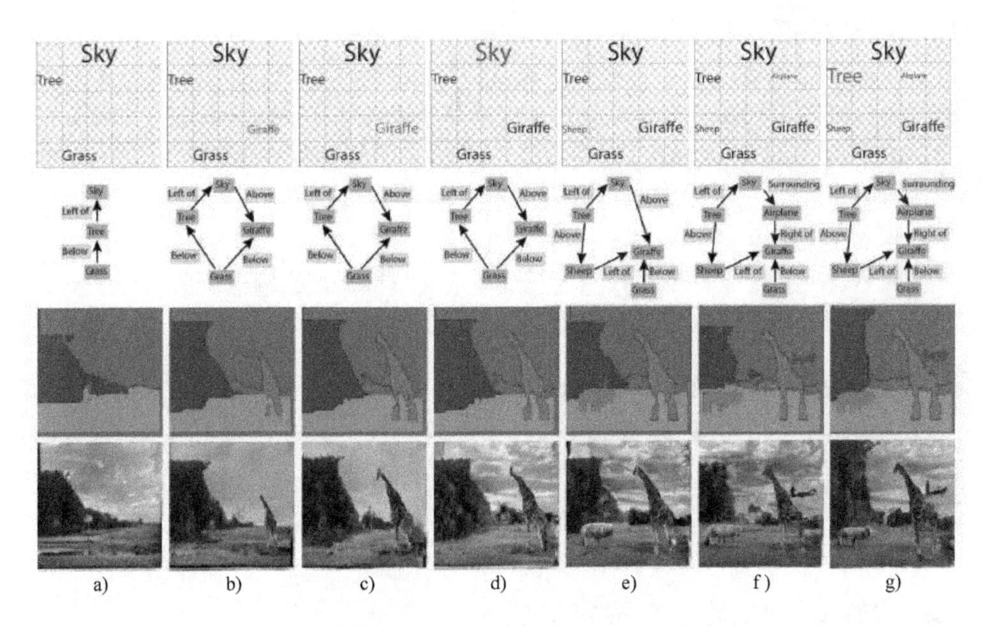

图1-29 交互式场景生成过程示例[115]：第一行，用户界面的示意图面板，用户在其中排列所需对象，不同颜色代表对象的增加或调整；第二行，根据用户提供的布局自动推断的场景图结构；第三行及第四行，根据图结构生成的场景语义图及场景最终图像

图1-30 基于Voxel单元的图像场景三维结构理解方法[119]，左图显示了该方法利用Voxel-CRF模型重建的场景三维结构以及每个Voxel的语义标记，右侧图中显示了深度信息的不足和缺失，例如电视机后面墙面的深度信息缺失

的信息来优化场景空间的全面解析。对象存在于场景空间中，对象的准确理解（如对象的朝向、空间位置、与其他对象之间的关系等）对于场景空间布局结构估计具有重要的作用。科研人员在这方面取得了一定的进展。2013年，麻省理工学院的学者提出利用CAD模型定位和估计图像中物体精准姿态的方法[120]，包括使用局部关键点检测器查找候选姿势，并对每个候选姿势与图像的全局对齐进行评分。同年，芝加哥丰田技术研究院的Lin等人提出了一种基于RGBD信息的图像场景全局解析方法[121]。该方法结合了二维图像特征、三维几何信息以及场景和对象

之间的上下文关系，首先将在二维空间的 CPMC 算法扩展到三维空间，产生多个对象立方块的候选集合，然后对这些对象立方块进行分类和标记。如图 1-31 所示，该方法不仅能够识别场景三维对象，还能够简单地理解场景和对象之间、对象和对象之间的上下文关系、空间位置关系。2014 年，美国普林斯顿大学的 Zhang 等人提出一种基于三维上下文模型的全景理解方法[122]。该方法认为相机视野是有限的，这影响了上下文模型在对象检测识别上的作用。因此，该方法使用了 360°全视野的场景，并提出了一种全景室内三维上下文模型，最终输出全景场景以及主要对象的三维包围盒表达形式，并识别出这些对象的语义类别。

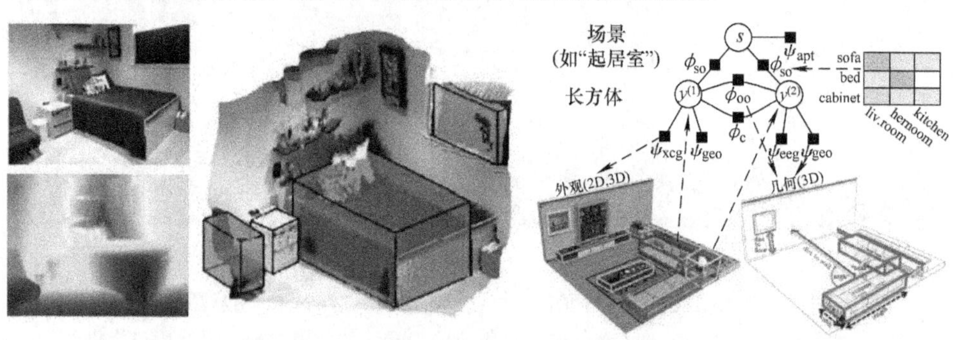

图 1-31　基于 RGBD 信息的图像场景全局解析方法[121]，左边为输入图像和对应的深度信息，中间为对象的三维检测识别结果，用带有朝向的立方块来表示，右边为嵌入了场景和对象之间上下文关系的 CRF 模型

还有一些研究工作是利用交界点、纹理、深度、形状等特征来实现场景空间布局估计，这是传统场景空间布局估计中常用的特征。例如，2013 年，美国三菱电机研究实验室提出一种面向室内场景空间布局估计的曼哈顿交界点检测方法[123]。如图 1-32 所示，该方法认为交界点特征对于空间布局估计非常重要，并通过检测交界点来估计室内场景的空间布局。同年，清华大学提出一种基于深度传感器数据的场景三维空间布局估计方法[124]。该方法的关注点在于检测和解析场景的布局结构和场景中的杂乱物体，利用纹理和深度这两种互补的特征，构建挖掘布局结构和杂乱物体之间依赖性的联合模型。瑞士苏黎世联邦理工学院提出一种单幅图像的空间布局估计和对象推理方法[125]。该方法使用了一种新颖的分解方法，将积分几何的概念推广到了三角形形状。这些工作侧重点在室内场景，在室外场景布局结构估计方面，也有相应的研究工作。2013 年，芝加哥丰田技术研究院的 Lin 和普林斯顿大学的 Xiao 在 ICCV 会议上提出一种基于空间主题处理的室外场景布局结构估计方法[126]。该方法将室外场景的空间布局定义为室外场景不同语义区域之间的组合形式，并提出一种产生式模型，在不同布局结构下，分析出语义区域特征及其位置之间的相互关系。该方法可根据场景布局结构推理场景视野之外的布局结构。

卷积神经网络的发展有效地提升了场景空间布局结构估计的效率，在前文所提

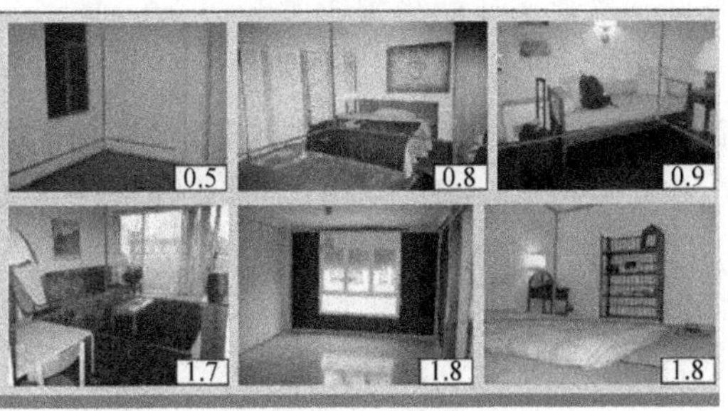

图1-32 面向室内场景空间布局估计的曼哈顿交界点检测方法[123]，图中显示了Y、W、T、L、X几种类型的交界点以及图像场景空间布局估计结果

及的几个研究热点方向上，近年来不断涌现出不俗的工作进展，包括场景布局估计[127-131]、深度或距离估计[132,133]、三维语义分割与重建[134-140]等几个方面。

在布局结构估计方面，有通过语义迁移特征的物理优化实现杂乱室内场景的布局估计[128]。这里的室内场景布局以场景结构的地-墙边界线来表达。所谓的语义迁移特征是指将场景杂物与房间布局之间的关系集成到卷积神经网络中，实现端到端的训练，在各种情况下都可以提取鲁棒的特征；再将特征现象表述为力学概念，利用物理启发优化推理，实现从语义特征到布局估计的迁移。针对室外场景也有相应的场景语义结构线检测估计[129]，基于卷积神经网络和多任务学习的语义线检测器，将线检测视为分类和回归任务的组合，可应用于地平线估计、合成增强和图像简化。3D-RelNet[130]通过推理对象之间的关系来研究三维布局估计问题，首先预测每个对象的三维姿势（平移、旋转、缩放）以及每对对象之间的相对姿势；结合这些预测及对象之间的一致关系，以预测每个对象的最终3D姿势，生成三维布局。而对象之间的关系，被证明可以帮助改进对象级别的估计。基于对象驱动的多层场景分解方法[131]旨在根据输入的单幅RGB图像建立分层深度图像，分层深度图像是一种有效的表示方法，可以将对象区域分层排列，包括原始遮挡区域，从而实现场景布局估计。可以看到，语义信息和对象信息可以有效地帮助场景的布局估计。

同样，在深度或距离估计方面，语义信息和对象信息也起到了巨大的作用。例如，SIGNet[132]是语义实例辅助的无监督三维几何感知模型，集成了语义信息，使深度和光流预测与对象信息保持一致，并对低光照条件具有鲁棒性，也表明语义信息对于提高动态对象类别的几何感知性能非常有效。纽约大学的学者从单目图像输入中学习特定于对象的距离[133]，通过基于端到端学习的模型来直接预测图像中给定对象的距离（以米为单位）和类别标签。特别是物体位于弯曲道路的情况下，该模型适用于自主驾驶的环境感知、目标检测和距离估计。

在三维语义分割与重建方面，有的根据场景部分视角恢复全景的三维结构，也有根据RGB-D扫描数据实现场景三维语义实例分割。例如，Im2Pano3D[134]网络模型在给定场景部分观察视角（≤50%）的 RGB－D 数据的情况下，可生成室内场景 360°全景的三维结构稠密预测和语义标记概率分布。这不仅需要扩展部分观察到的房间结构，还需要预测输入中未直接观察到的对象（床、窗和橱柜）的存在和位置。RevealNet 将场景部分视角下的 RGB－D 扫描数据作为输入，检测场景中的对象并推测其完整的三维几何。另一种全局 3D 解析模型[140]从单个图像中同时预测房间布局、相机姿势和三维对象边界框，并重建对象网格，在整体场景上下文的基础上，实现从场景理解到对象重建。这些模型都是有效地依靠上下文先验与几何先验来实现目标。基于 RGB－D 扫描数据的三维语义实例分割网络模型也有很多，例如 3D－SIS[135]、Scan2CAD[136]、3D－MPA[137]等。3D－SIS 是将二维图像输入特征与三维扫描几何特征联合融合，对 RGB－D 扫描数据执行三维对象实例的识别与分割。Scan2CAD 将 RGB－D 扫描数据和一组 CAD 模型作为输入，然后预测扫描数据和 CAD 模型之间的对应关系，根据这些对应关系，找到 CAD 模型与扫描数据的最佳 9 自由度对象姿势对齐，从而实现场景三维重建。3D－MPA 根据输入三维点云数据，多候选目标聚合网络（3D－MPA）预测精确的三维语义实例分割。

可以看到，在图像场景空间结构估计的工作中，语义及对象信息具有重要的作用，以对象为主的布局估计可以有效地指导图像场景三维重建。随着技术的发展，尤其是卷积神经网络的普遍应用，数据集的获取及生成、模型运算效率等方面都取得了有效的进展，为图像场景空间结构方面的研究工作带来了新的发展空间。

1.3 小结

本章从图像场景语义分割与标记、图像场景几何结构估计、图像场景对象理解与解析几个方面介绍了图像场景理解的背景及意义，并通过典型代表工作实例概述了图像场景理解的发展历程及研究现状。

语义是图像场景理解的重要因素，它从不同角度连接起图像场景理解的多个研究方向，是图像、视频、语音、文字等多模态信息应用的纽带。同时，语义在图像场景的几何结构估计、对象理解与解析等多个方面都起到了显著的作用。例如，语义信息对深度估计的指导意义、语义及对象信息在空间结构估计中的重要作用。因此，语义分割，又称为语义标记，是图像场景理解的基础性问题。另外，对象的理解与解析是图像场景级理解的深化，包括对象语义实例分割、对象属性分析、对象空间布局结构估计等。语义及对象信息具有重要的作用，可以辅助场景内容的分割与解析、场景对象三维模型的构建，可以有效地指导场景的三维重建，使得场景理解能够达到更细的层次。

通过分析国内外研究现状发现，在深度学习时代之前，以上图像场景理解的几个方向主要使用的技术方法或方式包括基于参数的模型、基于概率的模型以及多维度特征相结合等。在深度学习时代，卷积神经网络在特征提取和计算能力上相对于传统模型来说具有显著的优势，目前大多数方法的基本处理方式都是前端使用CNN/FCN进行特征粗提取，后端使用CRF/MRF场结构模型或者其他优化模型来优化前端的输出结果。针对以上图像场景理解的几个方向，本章分别介绍了相应的传统方法或算法，以及卷积神经网络在这些领域的经典应用模型，感兴趣的读者可以进一步研究。

参考文献

[1] STUBBS G. Mares and Foals in a Wooded Landscape [Z/OL]. 1762 [2022-01-01]. http://www.abcgallery.com.

[2] SHI J B, MALIK J. Normalized Cuts and Image Segmentation [J]. IEEE Transactions on Pattern Analysis and Machine Intelligence (PAMI), 2000, 22 (8): 888-905.

[3] REN X F, MALIK J. Learning a Classification Model for Segmentation [C] //In Proceedings of the IEEE International Conference on Computer Vision (ICCV), Nice, France, October 14-17, 2003. Los Alamitos: IEEE Computer Society, 2003: 10-17.

[4] REN X F, FOWLKES C C, MALIK J. Figure/Ground Assignment in Natural Images [C] //In Proceedings of the European Conference on Computer Vision (ECCV), Graz, Austria, May 7-13, 2006. Berlin: Springer, 2006: 614-627.

[5] ARBELAEZ P, MAIRE M, FOWLKES C C, et al. From Contours to Regions: An Empirical Evaluation [C] //In Proceedings of the IEEE Conference on Computer Vision and Pattern Recognition (CVPR), Miami, USA, June 20-25, 2009. Los Alamitos: IEEE Computer Society, 2009: 2294-2301.

[6] ARBELAEZ P, MAIRE M, FOWLKES C C, et al. Contour Detection and Hierarchical Image Segmentation [J]. IEEE Transactions on Pattern Analysis and Machine Intelligence (PAMI), 2011, 33 (5): 898-916.

[7] ROTHER C, KOLMOGOROV V, BLAKE A. "GrabCut": Interactive Foreground Extraction using Iterated Graph Cuts [J]. ACM Transactions on Graphics (TOG), 2004, 23 (3): 309-314.

[8] LI Y, SUN J, TANG CK, et al. Lazy Snapping [J]. ACM Transactions on Graphics (TOG), 2004, 23 (3): 303-308.

[9] BAI X, SAPIRO G. A Geodesic Framework for Fast Interactive Image and Video Segmentation and Matting [C] //In Proceedings of the IEEE International Conference on Computer Vision (ICCV), Rio de Janeiro, Brazil, October 14-21, 2007. Los Alamitos: IEEE Computer Society, 2007: 1-8.

[10] BAI X, SAPIRO G. Geodesic Matting: A Framework for Fast Interactive Image and Video Segmentation and Matting [J]. International Journal of Computer Vision (IJCV), 2009, 82 (2): 113-132.

[11] PRICE B L, MOESE B S, COHEN S. Geodesic Graph Cut for Interactive Image Segmentation [C] //In Proceedings of the IEEE Conference on Computer Vision and Pattern Recognition (CVPR), San Francisco, USA, June 13-18, 2010. Los Alamitos: IEEE Computer Society, 2010: 3161-3168.

[12] GULSHAN V, ROTHER C, CRIMINISI A, et al. Geodesic Star Convexity for Interactive Image Segmentation [C] //In Proceedings of the IEEE Conference on Computer Vision and Pattern Recognition (CVPR), San Francisco, USA, June 13 - 18, 2010. Los Alamitos: IEEE Computer Society, 2010: 3129 - 3136.

[13] SHOTTON J, WINN J M, ROTHER C, et al. Textonboost: Joint Appearance, Shape and Context Modeling for Multi - class Object Recognition and Segmentation [C] //In Proceedings of European Conference on Computer Vision (ECCV), Graz, Austria, May 7 - 13, 2006. Berlin, Springer, 2006: 1 - 15.

[14] SHOTTON J, WINN J M, ROTHER C, et al. TextonBoost for image understanding: Multi - class object recognition and segmentation by jointly modeling texture, layout, and context [J]. International Journal of Computer Vision (IJCV), 2009, 81 (1): 2 - 23.

[15] XIAO J X, QUAN L. Multiple View Semantic Segmentation for Street View Images [C] //In Proceedings of the IEEE International Conference on Computer Vision (ICCV), Kyoto, Japan, September 29 - October 2, 2009. Los Alamitos: IEEE Computer Society, 2009: 686 - 693.

[16] RUSSELL B C, TORRALBA A, MURPHY K P, et al. Labelme: A Database and Web - based Tool for Image Annotation [J]. International Journal of Computer Vision (IJCV), 2008, 77 (1 - 3): 157 - 173.

[17] LIU C, YUEN J, TORRALBA A. Nonparametric Scene Parsing: Label Transfer via Dense Scene Alignment [C] //In Proceedings of the IEEE Conference on Computer Vision and Pattern Recognition (CVPR), Miami, USA, June 20 - 25, 2009. Los Alamitos: IEEE Computer Society, 2009: 1972 - 1979.

[18] TIGHE J, LAZEBNIK S. Superparsing: Scalable Nonparametric Image Parsing with Superpixels [C] //In Proceedings of European Conference on Computer Vision (ECCV), Crete, Greece, September 5 - 11, 2010. Berlin: Springer, 2010: 352 - 365.

[19] ZHANG H H, XIAO J X, QUAN L. Supervised Label Transfer for Semantic Segmentation of Street Scenes [C] //In Proceedings of European conference on Computer Vision (ECCV), Crete, Greece, September 5 - 11, 2010. Berlin: Springer, 2010: 561 - 574.

[20] ZHANG H H, FANG T, CHEN X W, et al. Partial Similarity based Nonparametric Scene Parsing in Certain Environment [C] //In Proceedings of the IEEE Conference on Computer Vision and Pattern Recognition (CVPR), Colorado Springs, USA, June 20 - 25, 2011. Los Alamitos: IEEE Computer Society, 2011: 2241 - 2248.

[21] ROTHER C, MINKA T P, BLAKE A, et al. Cosegmentation of Image Pairs by Histogram MatchingIncorporating a Global Constraint into MRFs [C] //In Proceedingsof the IEEE Conference on Computer Vision and Pattern Recognition (CVPR), New York, USA, June 17 - 22, 2006. Los Alamitos: IEEE Computer Society, 2006: 993 - 1000.

[22] VICENTE S, KOLMOGOROV V, ROTHER C. Cosegmentation Revisited: Models and Optimization [C] //In Proceedings of European Conference on Computer Vision (ECCV), Crete, Greece, September 5 - 11, 2010. Berlin: Springer, 2010: 465 - 479.

[23] VICENTE S, ROTHER C, KOLMOGOROV V. Object Cosegmentation [C] //In Proceedings of

the IEEE Conference on Computer Vision and Pattern Recognition (CVPR), Colorado Springs, USA, June20 -25, 2011. Los Alamitos: IEEE Computer Society, 2011: 2217 -2224.

[24] BATRA D, KOWDLE A, PARIKH D, et al. Interactively Co - segmentating Topically Related Images with Intelligent Scribble Guidance [J]. International Journal of Computer Vision (IJCV), 2011 (93): 273 -292.

[25] KIM G H, XING E P. On Multiple Foreground Cosegmentation [C] //In Proceedings of the IEEE Conference on Computer Vision and Pattern Recognition (CVPR), Providence, USA, June 16 -21, 2012. Los Alamitos: IEEE Computer Society, 2012: 837 -844.

[26] YANG J M, PRICE B L, COHEN S, et al. Context Driven Scene Parsing with Attention to Rare Classes [C] //In Proceedings of the IEEE Conference on Computer Vision and Pattern Recognition (CVPR), Columbus, USA, June 23 -28, 2014. Los Alamitos: IEEE Computer Society, 2014: 3294 -3301.

[27] LECUN Y, BOTTOU L, BENGIO Y, et al. Gradient - based learning applied to document recognition [J]. Proceedings of the IEEE, 1998, 86 (11): 2278 -2324.

[28] KRIZHEVSKY A, SUTSKEVER I, HINTON G E. ImageNet Classification with Deep Convolutional Neural Networks [C] //Annual Conference on Neural Information Processing Systems (NIPS), Nevada, USA, December 3 - 6, 2012. Cambridge: The MIT Press, 2012: 1106 -1114.

[29] ZEILER M D, FERGUS R. Visualizing and Understanding Convolutional Networks [C] //European Conference onComputer Vision (ECCV), Zurich, Switzerland, September 6 -12, 2014. Cham: Springer, 2014: 818 -833.

[30] SZEGEDY C, LIU W, JIA Y Q, et al. Going deeper with convolutions [C] //IEEE Conference on Computer Vision and Pattern Recognition (CVPR), Boston, MA, USA, June 7 -12, 2015. Los Alamitos: IEEE Computer Society, 2015: 1 -9.

[31] SIMONYAN K, ZISSERMAN A. Very Deep Convolutional Networks for Large - Scale Image Recognition [C] //International Conference on Learning Representations (ICLR), San Diego, CA, USA, May 7 -9, 2015 [S. l.: s. n.], 2015.

[32] HE K M, ZHANG X Y, REN S Q, et al. Deep Residual Learning for Image Recognition [C] //IEEE Conference on Computer Vision and Pattern Recognition (CVPR), Las Vegas, NV, USA, June 27 -30, 2016. Los Alamitos: IEEE Computer Society, 2016: 770 -778.

[33] LONG J, SHELHAMER E, DARRELL T. Fully convolutional networks for semantic segmentation [C] //IEEE Conference on Computer Vision and Pattern Recognition (CVPR), Boston, MA, USA, June 7 -12, 2015. Los Alamitos: IEEE Computer Society, 2015: 3431 -3440.

[34] BADRINARAYANAN V, KENDALL A, CIPOLLA R. Segnet: A deep convolutional encoder - decoder architecture for image segmentation [J]. IEEE Transactions on Pattern Analysis and Machine Intelligence (PAMI), 2017, 39 (12): 2481 -2495.

[35] NOH H W, HONG S H, HAN B H. Learning deconvolution network for semantic segmentation [C] //In Proceedings of the IEEE International Conference on Computer Vision (ICCV), Santiago, Chile, December 7 -13, 2015. Los Alamitos: IEEE Computer Society, 2015: 1520 -1528.

[36] YU F, KOLTUN V. Multi - scale context aggregation by dilated convolutions [C] //International Conference on Learning Representations (ICLR), San Juan, Puerto Rico, May 2 - 4, 2016. [S. l.: s. n.], 2016.

[37] CHEN L C, PAPANDREOU G, KOKKINOS I, et al. Deeplab: Semantic image segmentation with deep convolutional nets, atrous convolution, and fully connected crfs [J]. IEEE Transactions on Pattern Analysis and Machine Intelligence (PAMI), 2018, 40 (4): 834 - 848.

[38] LIN G S, MILAN A, SHEN C H, et al. Refinenet: Multi - path refinement networks for high - resolution semantic segmentation [C] //IEEE Conference on Computer Vision and Pattern Recognition (CVPR), Honolulu, USA, July 21 - 26, 2017. Los Alamitos: IEEE Computer Society, 2017: 5168 - 5177.

[39] NITZBERG M, MUMFORD D. The 2. 1 - D Sketch [C] //In Proceedings of the IEEE International Conference on Computer Vision (ICCV), Osaka, Japan, December 4 - 7, 1990. Los Alamitos: IEEE Computer Society, 1990: 138 - 144.

[40] REN X F, FOWLKES C C, MALIK J. Figure/Ground Assignment in Natural Images [C] //In Proceedings of the European Conference on Computer Vision (ECCV), Graz, Austria, May 7 - 13, 2006. Berlin: Springer, 2006: 614 - 627.

[41] HOIEM D, STEIN A N, EFROS A A, et al. Recovering Occlusion Boundaries From A Single Image [C] //In Proceedings of the IEEE International Conference on Computer Vision (ICCV), Rio de Janeiro, Brazil, October 14 - 21, 2007. Los Alamitos: IEEE Computer Society, 2007: 1 - 8.

[42] SAXENA A, CHUNG S H, NG A Y. Learning Depth from Single Monocular Images [C]//Proceedings of the Conference Advances in Neural Information Processing Systems (NIPS), Vancouver, Canada, December 5 - 8, 2005. Cambridge: The MIT Press, 2005: 1161 - 1168.

[43] SAXENA A, SUN M, NG A Y. Make3D: Learning 3D Scene Structure from A Single Still Image [J]. IEEE Transactions on Pattern Analysis and Machine Intelligence (PAMI), 2009, 31 (5): 824 - 840.

[44] LIU B Y, GOULD S, KOLLER D. Single Image Depth Estimation From Predicted Semantic Labels [C]//In Proceedings of the IEEE Conference on Computer Vision and Pattern Recognition (CVPR), San Francisco, USA, June 13 - 18, 2010. Los Alamitos: IEEE Computer Society, 2010: 1253 - 1260.

[45] GUPTA A, EFROS A A, HEBERT M. Blocks World Revisited: Image Understanding using Qualitative Geometry and Mechanics [C]//In Proceedings of European Conference on Computer Vision (ECCV), Crete, Greece, September 5 - 11, 2010. Berlin: Springer, 2010: 482 - 496.

[46] YANG Y, HALLMAN S, RAMANAN D, et al. Layered Object Detection for Multi - class Segmentation [C]//In Proceedings of the IEEE Conference on Computer Vision and Pattern Recognition (CVPR), San Francisco, USA, June 13 - 18, 2010. Los Alamitos: IEEE Computer Society, 2010: 3113 - 3120.

[47] MAIRE M. Simultaneous Segmentation and Figure/Ground Organization using Angular Embedding [C]//In Proceedings of European Conference on Computer Vision (ECCV), Crete, Greece, September 5 - 11, 2010. Berlin: Springer, 2010: 450 - 464.

[48] STEIN A N, HEBERT M. Occlusion Boundaries from Motion: Low - level Detection and Mid - level Reasoning [J]. International Journal of Computer Vision (IJCV), 2009, 82 (3): 325 - 357.

[49] SUNDBERG P, BROX T, MAIRE M, et al. Occlusion Boundary Detection and Figure/Ground Assignment from Optical Flow [C]//In Proceedings of the IEEE Conference on Computer Vision and Pattern Recognition (CVPR), Colorado Springs, USA, June20 - 25, 2011. Los Alamitos: IEEE Computer Society, 2011: 2233 - 2240.

[50] LIU M M, SALZMANN M, HE X M. Discrete - Continuous Depth Estimation from a Single Image [C]//In Proceedings of the IEEE Conference on Computer Vision and Pattern Recognition (CVPR), Columbus, USA, June 23 - 28, 2014. Los Alamitos: IEEE Computer Society, 2014: 716 - 723.

[51] EIGEN D, PUHRSCH C, FERGUS R. Depth Map Prediction from a Single Image using a Multi - Scale Deep Network [C]//In Proc. Conf. Neural Information Processing Systems (NIPS), 2014. Cambridge: The MIT Press, 2014: 2366 - 2374.

[52] EIGEN D, FERGUS R. Predicting Depth, Surface Normals and Semantic Labels with a Common Multi - scale Convolutional Architecture [C]//In Proceedings of the IEEE International Conference on Computer Vision (ICCV), Santiago, Chile, December 7 - 13, 2015. Los Alamitos: IEEE Computer Society, 2015: 2650 - 2658.

[53] LAINA I, RUPPRECHT C, BELAGIANNIS V, et al. Deeper Depth Prediction with Fully Convolutional Residual Networks [C]//Fourth International Conference on 3D Vision (3DV), Stanford, CA, USA, October 25 - 28, 2016. Los Alamitos: IEEE Computer Society, 2016: 239 - 248.

[54] LIU F Y, SHEN C H, LIN G S. Deep Convolutional Neural Fields for Depth Estimation from a Single Image [C]//IEEE Conference on Computer Vision and Pattern Recognition (CVPR), Boston, MA, USA, June 7 - 12, 2015. Los Alamitos: IEEE Computer Society, 2015: 5162 - 5170.

[55] LIU F Y, SHEN C H, LIN G S, et al. Learning depth from single monocular images using deep convolutional neural fields [J]. IEEE Transactions on Pattern Analysis and Machine Intelligence (PAMI), 2016, 38 (10): 2024 - 2039.

[56] HOIEM D, EFROS A A, HEBERT M. Recovering Surface Layout from an Image [J]. International Journal of Computer Vision (IJCV), 2007, 75 (1): 151 - 172.

[57] HEDAU V, HOIEM D, FORSYTH D A. Recovering the spatial layout of cluttered rooms [C]// International Conference on Computer Vision (ICCV), Kyoto, Japan, September 27 - October 4, 2009. Los Alamitos: IEEE Computer Society, 2009: 1849 - 1856.

[58] ZOU C H, COLBURN A, SHAN Q, et al. LayoutNet: Reconstructing the 3D Room Layout from a Single RGB Image [C]//IEEE Conference on Computer Vision and Pattern Recognition (CVPR), Salt Lake City, UT, USA, June 18 - 22, 2018. Los Alamitos: IEEE Computer Society, 2018: 2051 - 2059.

[59] ZHANG Y D, SONG S R, TAN P, et al. PanoContext: A Whole - room 3D Context Model for Panoramic Scene Understanding [C]//European Conference on Computer Vision (ECCV), Zur-

ich, Switzerland, September 6 – 12, 2014. Cham: Springer, 2014: 668 – 686.

[60] LEE C Y, BADRINARAYANAN V, MALISIEWICZ T, et al. RoomNet: End – to – End Room Layout Estimation [C]//International Conference on Computer Vision (ICCV), Venice, Italy, October 22 – 29, 2017. Los Alamitos: IEEE Computer Society, 2017: 4875 – 4884.

[61] SUN C, HSIAO C W, SUN M, et al. HorizonNet: Learning Room Layout with 1D Representation and Pano Stretch Data Augmentation [C]//IEEE Conference on Computer Vision and Pattern Recognition (CVPR), Long Beach, CA, USA, June 16 – 20, 2019. Los Alamitos: IEEE Computer Society, 2019: 1047 – 1056.

[62] YANG S T, WANG F E, PENG C H, et al. DuLa – Net: A Dual – Projection Network for Estimating Room Layouts from a Single RGB Panorama [C]//IEEE Conference on Computer Vision and Pattern Recognition (CVPR), Long Beach, CA, USA, June 16 – 20, 2019. Los Alamitos: IEEE Computer Society, 2019: 3363 – 3372.

[63] WANG X L, FOUHEY D F, GUPTA A. Designing Deep Networks for Surface Normal Estimation [C]//IEEE Conference on Computer Vision and Pattern Recognition (CVPR), Boston, MA, USA, June 7 – 12, 2015. Los Alamitos: IEEE Computer Society, 2015: 539 – 547.

[64] BANSAL A, RUSSELL B C, GUPTA A. Marr Revisited: 2D – 3D Alignment via Surface Normal Prediction [C]//IEEE Conference on Computer Vision and Pattern Recognition (CVPR), Las Vegas, NV, USA, June 27 – 30, 2016. Los Alamitos: IEEE Computer Society, 2016: 5965 – 5974.

[65] FOUHEY D F, GUPTA A, HEBERT M. Unfolding an Indoor Origami World [C]//European Conference on Computer Vision (ECCV), Zurich, Switzerland, September 6 – 12, 2014. Cham: Springer, 2014: 687 – 702.

[66] TIGHE J, LAZEBNIK S. Finding Things: Image Parsing with Regions and Per – Exemplar Detectors [C]//In Proceedings of the IEEE Conference on Computer Vision and Pattern Recognition (CVPR), Portland, USA, June 23 – 28, 2013. Los Alamitos: IEEE Computer Society, 2013: 3001 – 3008.

[67] YANG J M, TSAI Y H, YANG M H. Exemplar Cut [C]//In Proceedings of the IEEE International Conference on Computer Vision (ICCV), Sydney, Australia, December 1 – 8, 2013. Los Alamitos: IEEE Computer Society, 2013: 857 – 864.

[68] HE X M, GOULD S. An Exemplar – based CRF for Multi – instance Object Segmentation [C]//In Proceedings of the IEEE Conference on Computer Vision and Pattern Recognition (CVPR), Columbus, USA, June 23 – 28, 2014. Los Alamitos: IEEE Computer Society, 2014: 296 – 303.

[69] SILBERMAN N, SONTAG D A, FERGUS R. Instance Segmentation of Indoor Scenes Using a Coverage Loss [C]//In Proceedings of European Conference on Computer Vision (ECCV), Zurich, Switzerland, September 6 – 12, 2014. Cham: Springer, 2014: 616 – 631.

[70] ZHANG Z Y, FIDLER S, URTASUN R. Instance – Level Segmentation for Autonomous Driving with Deep Densely Connected MRFs [C]//In Proceedingsof the IEEE Conference on Computer Vision and Pattern Recognition (CVPR), Las Vegas, USA, June 27 – 30, 2016. Los Alamitos: IEEE Computer Society, 2016: 669 – 677.

[71] LIANG X D, WEI Y C, SHEN X H, et al. Reversible Recursive Instance – level Object Segmentation [C]//In Proceedingsof the IEEE Conference on Computer Vision and Pattern Recognition (CVPR), Las Vegas, USA, June 27 – 30, 2016. Los Alamitos, CA, USA: IEEE Computer Society, 2016: 633 – 641.

[72] DAI J F, HE K M, SUN J. Instance – aware Semantic Segmentation via Multi – task Network Cascades [C]//In Proceedingsof the IEEE Conference on Computer Vision and Pattern Recognition (CVPR), Las Vegas, USA, June 27 – 30, 2016. Los Alamitos: IEEE Computer Society, 2016: 3150 – 3158.

[73] LI Y, QI H Z, DAI J F, et al. Fully Convolutional Instance – aware Semantic Segmentation [C]//In Proceedings of the IEEE Conference on Computer Vision and Pattern Recognition (CVPR), Honolulu, USA, July 21 – 26, 2017. Los Alamitos: IEEE Computer Society, 2017: 4438 – 4446.

[74] ARNAB A, TORR P H S. Pixelwise Instance Segmentation with a Dynamically Instantiated Network [C]//In Proceedings of the IEEE Conference on Computer Vision and Pattern Recognition (CVPR), Honolulu, USA, July 21 – 26, 2017. Los Alamitos: IEEE Computer Society, 2017: 879 – 888.

[75] KHOREVA A, BENENSON R, HOSANG J H, et al. Simple Does It: Weakly Supervised Instance and Semantic Segmentation [C]//In Proceedings of the IEEE Conference on Computer Vision and PatternRecognition (CVPR), Honolulu, USA, July 21 – 26, 2017. Los Alamitos: IEEE Computer Society, 2017: 1665 – 1674.

[76] CHEN L C, HERMANS A, PAPANDREOU G, et al. MaskLab: Instance Segmentation by Refining Object Detection with Semantic and Direction Features [C]//In Proceedings of the IEEE Conference on Computer Vision and PatternRecognition (CVPR), Salt Lake City, UT, USA, June 18 – 22, 2018. Los Alamitos: IEEE Computer Society, 2018: 4013 – 4022.

[77] ZHOU Y Z, ZHU Y, YE Q X, et al. Weakly Supervised Instance Segmentation using Class Peak Response [C]//In Proceedings of the IEEE Conference on Computer Vision and Pattern Recognition (CVPR), Salt Lake City, UT, USA, June 18 – 22, 2018. Los Alamitos: IEEE Computer Society, 2018: 3791 – 3800.

[78] KONG S, FOWLKES C C. Recurrent Pixel Embedding for Instance Grouping [C]//In Proceedings of the IEEE Conference on Computer Vision and PatternRecognition (CVPR), Salt Lake City, UT, USA, June 18 – 22, 2018. Los Alamitos: IEEE Computer Society, 2018: 9018 – 9028.

[79] HE K M, GKIOXARI G, DOLLÁR P, et al. Mask R – CNN [C]//IEEE International Conference on Computer Vision (ICCV), Venice, Italy, October 22 – 29, 2017. Los Alamitos: IEEE Computer Society, 2017: 2980 – 2988.

[80] REN S Q, HE K M, GIRSHICK R B, et al. Faster R – CNN: Towards real – time object detection with region proposal networks [C]//Annual Conference on Neural Information Processing Systems (NIPS), Montreal, Quebec, Canada, December 7 – 12, 2015. Cambridge: The MIT Press, 2015: 91 – 99.

[81] ZHU Y, ZHOU Y Z, XU H J, et al. Learning Instance Activation Maps for Weakly Supervised In-

stance Segmentation [C]//IEEE Conference on Computer Vision and Pattern Recognition (CVPR), Long Beach, CA, USA, June 16 – 20, 2019. Los Alamitos: IEEE Computer Society, 2019: 3116 – 3125.

[82] CAO J L, CHOLAKKAL H, ANWER R M, et al. D2Det: Towards High Quality Object Detection and Instance Segmentation [C]//IEEE Conference on Computer Vision and Pattern Recognition (CVPR), Seattle, WA, USA, June 13 – 19, 2020. Los Alamitos: IEEE Computer Society, 2020: 11482 – 11491.

[83] FAN Z B, YU J G, LIANG Z H, et al. FGN: Fully Guided Network for Few – Shot Instance Segmentation [C]//IEEE Conference on Computer Vision and Pattern Recognition (CVPR), Seattle, WA, USA, June 13 – 19, 2020. Los Alamitos: IEEE Computer Society, 2020: 9169 – 9178.

[84] ZHOU Y Z, WANG X, JIAO J B, et al. Learning Saliency Propagation for Semi – Supervised Instance Segmentation [C]//IEEE Conference on Computer Vision and Pattern Recognition (CVPR), Seattle, WA, USA, June 13 – 19, 2020. Los Alamitos: IEEE Computer Society, 2020: 10304 – 10313.

[85] LIANG J, HOMAYOUNFAR N, MA W C, et al. PolyTransform: Deep Polygon Transformer for Instance Segmentation [C]//IEEE Conference on Computer Vision and Pattern Recognition (CVPR), Seattle, WA, USA, June 13 – 19, 2020. Los Alamitos: IEEE Computer Society, 2020: 9128 – 9137.

[86] NEVEN D, BRABANDERE B D, PROESMANS M, et al. Instance Segmentation by Jointly Optimizing Spatial Embeddings and Clustering Bandwidth [C]//IEEE Conference on Computer Vision and Pattern Recognition (CVPR), Long Beach, CA, USA, June 16 – 20, 2019. Los Alamitos: IEEE Computer Society, 2019: 8837 – 8845.

[87] GAO N Y, SHAN Y H, WANG Y P, et al. SSAP: Single – Shot Instance Segmentation With Affinity Pyramid [C]//IEEE International Conference on Computer Vision (ICCV), Seoul, Korea, October 27 – November 2, 2019. Los Alamitos: IEEE Computer Society, 2019: 642 – 651.

[88] ZHANG S H, LI R L, DONG X, et al. Pose2Seg: Detection Free Human Instance Segmentation [C]//IEEE Conference on Computer Vision and Pattern Recognition (CVPR), Long Beach, CA, USA, June 16 – 20, 2019. Los Alamitos: IEEE Computer Society, 2019: 889 – 898.

[89] AHN J W, CHO S H, KWAK S H. Weakly Supervised Learning of Instance Segmentation with Inter – pixel Relations [C]//IEEE Conference on Computer Vision and Pattern Recognition (CVPR), Long Beach, CA, USA, June 16 – 20, 2019. Los Alamitos: IEEE Computer Society, 2019: 2209 – 2218.

[90] CHOLAKKAL H, SUN G L, KHAN F S, et al. Object Counting and Instance Segmentation with Image – level Supervision [C]//IEEE Conference on Computer Vision and Pattern Recognition (CVPR), Long Beach, CA, USA, June 16 – 20, 2019. Los Alamitos: IEEE Computer Society, 2019: 12397 – 12405.

[91] WANG Y Q, XU Z L, SHEN H, et al. CenterMask: single shot instance segmentation with point representation [C]//IEEE Conference on Computer Vision and Pattern Recognition (CVPR), Seattle, WA, USA, June 13 – 19, 2020. Los Alamitos: IEEE Computer Society, 2020:

9310 – 9318.

[92] WU Y X, ZHANG G W, GAO Y M, et al. Bidirectional Graph Reasoning Network for Panoptic Segmentation [C]//IEEE Conference on Computer Vision and Pattern Recognition (CVPR), Seattle, WA, USA, June 13 – 19, 2020. Los Alamitos: IEEE Computer Society, 2020: 9077 – 9086.

[93] FARHADI A, ENDRES I, HOIEM D, et al. Describing Objects by their Attributes [C]//In Proceedings of the IEEE Conference on Computer Vision and Pattern Recognition (CVPR), Miami, USA, June 20 – 25, 2009. Los Alamitos: IEEE Computer Society, 2009: 1778 – 1785.

[94] FARHADI A, ENDRES I, HOIEM D. Attribute – Centric Recognition for Cross – category Generalization [C]//In Proceedings of the IEEE Conference on Computer Vision and Pattern Recognition (CVPR), San Francisco, USA, June13 – 18, 2010. Los Alamitos: IEEE Computer Society, 2010: 2352 – 2359.

[95] PARIKH D, GRAUMAN K. Relative Attributes [C]//In Proceedings of the IEEE International Conference on Computer Vision (ICCV), Barcelona, Spain, November 6 – 13, 2011. Los Alamitos: IEEE Computer Society, 2011: 503 – 510.

[96] HWANG S J, SHA F, GRAUMAN K. Sharing Features Between Objects and Their Attributes [C]//In Proceedings of the IEEE Conference on Computer Vision and Pattern Recognition (CVPR), Colorado Springs, USA, June20 – 25, 2011. Los Alamitos: IEEE Computer Society, 2011: 1761 – 1768.

[97] KOVASHKA A, PARIKH D, GRAUMAN K. WhittleSearch: Image Search with Relative Attribute Feedback [C]//In Proceedings of the IEEE Conference on Computer Vision and Pattern Recognition (CVPR), Providence, USA, June 16 – 21, 2012. Los Alamitos: IEEE Computer Society, 2012: 2973 – 2980.

[98] LIANG L, GRAUMAN K. Beyond Comparing Image Pairs: Setwise Active Learning for Relative Attributes [C]//In Proceedings of the IEEE Conference on Computer Vision and Pattern Recognition (CVPR), Columbus, USA, June 23 – 28, 2014. Los Alamitos: IEEE Computer Society, 2014: 208 – 215.

[99] LI Z Y, GAVVES E, MENSINK T, et al. Attributes Make Sense on Segmented Objects [C]//In Proceedings of European Conference on Computer Vision (ECCV), Zurich, Switzerland, September 6 – 12, 2014. Cham: Springer, 2014: 350 – 365.

[100] SHI Z Y, YANG Y X, HOSPEDALES T M, et al. Weakly Supervised Learning of Objects, Attributes and Their Associations [C]//In Proceedings of European Conference on Computer Vision (ECCV), Zurich, Switzerland, September 6 – 12, 2014. Cham: Springer, 2014: 472 – 487.

[101] LIU X B, ZHAO Y B, ZHU S C. Single – View 3D Scene Parsing by Attributed Grammar [C]//In Proceedings of the IEEE Conference on Computer Vision and Pattern Recognition (CVPR), Columbus, USA, June 23 – 28, 2014. Los Alamitos: IEEE Computer Society, 2014: 684 – 691.

[102] ZHENG S, CHENG M M, WARRELL J, et al. Dense Semantic Image Segmentation with Objects and Attributes [C]//In Proceedings of the IEEE Conference on Computer Vision and Pattern Recognition (CVPR), Columbus, USA, June 23 – 28, 2014. Los Alamitos: IEEE Computer Society, 2014.

ciety, 2014: 3214 - 3221.

[103] FOUHEY D F, GUPTA A, ZISSERMAN A. From Images to 3D Shape Attributes [J]. IEEE Transactions on Pattern Analysis and Machine Intelligence (PAMI), 2019, 41 (1): 93 - 106.

[104] WANG J Y, ZHU X T, GONG S G, et al. Attribute Recognition by Joint Recurrent Learning of Context and Correlation [C]//IEEE International Conference on Computer Vision (ICCV), Venice, Italy, October 22 - 29, 2017. Los Alamitos: IEEE Computer Society, 2017: 531 - 540.

[105] WANG J Y, ZHU X T, GONG S G, et al. Transferable Joint Attribute - Identity Deep Learning for Unsupervised Person Re - Identification [C]//IEEE Conference on Computer Vision and PatternRecognition (CVPR), Salt Lake City, UT, USA, June 18 - 22, 2018. Los Alamitos: IEEE Computer Society, 2018: 2275 - 2284.

[106] TAY C P, ROY S, YAP K H. AANet: Attribute Attention Network for Person Re - Identifications [C]//IEEE Conference on Computer Vision and Pattern Recognition (CVPR), Long Beach, CA, USA, June 16 - 20, 2019. Los Alamitos: IEEE Computer Society, 2019: 7134 - 7143.

[107] ZHAO X Y, YANG Y, ZHOU F, et al. Recognizing Part Attributes with Insufficient Data [C]//IEEE International Conference on Computer Vision (ICCV), Seoul, South Korea, October 27 - November 2, 2019. Los Alamitos: IEEE Computer Society, 2019: 350 - 360.

[108] ZHAI W, CAO Y, ZHANG J, et al. Deep Multiple - Attribute - Perceived Network for Real - world Texture Recognition [C]//IEEE International Conference on Computer Vision (ICCV), Seoul, South Korea, October 27 - November 2, 2019. Los Alamitos: IEEE Computer Society, 2019: 3612 - 3621.

[109] DEMIREL B, CINBIS R G, IKIZLER - CINBIS N. Attributes2Classname: A discriminative model for attribute - based unsupervised zero - shot learning [C]//IEEE International Conference on Computer Vision (ICCV), Venice, Italy, October 22 - 29, 2017. Los Alamitos: IEEE Computer Society, 2017: 1241 - 1250.

[110] WEI K, YANG M, WANG H, et al. Adversarial Fine - Grained Composition Learning for Unseen Attribute - Object Recognition [C]//IEEE International Conference on Computer Vision (ICCV), Seoul, South Korea, October 27 - November 2, 2019. Los Alamitos: IEEE Computer Society, 2019: 3740 - 3748.

[111] YANG J, FAN J R, WANG Y R, et al. Hierarchical Feature Embedding for Attribute Recognition [C]//IEEE Conference on Computer Vision and Pattern Recognition (CVPR), Seattle, WA, USA, June 13 - 19, 2020. Los Alamitos: IEEE Computer Society, 2020: 13052 - 13061.

[112] DIXIT M, KWITT R, NIETHAMMER M, et al. AGA: Attribute - Guided Augmentation [C]//IEEE Conference on Computer Vision and PatternRecognition (CVPR), Honolulu, USA, July 21 - 26, 2017. Los Alamitos: IEEE Computer Society, 2017: 3328 - 3336.

[113] YU A, GRAUMAN K. Thinking Outside the Pool: Active Training Image Creation for Relative Attributes [C]//IEEE Conference on Computer Vision and Pattern Recognition (CVPR), Long Beach, CA, USA, June 16 - 20, 2019. Los Alamitos: IEEE Computer Society, 2019: 708 - 718.

[114] LIU M, DING Y K, XIA M, et al. STGAN: A Unified Selective Transfer Network for Arbitrary

Image Attribute Editing [C]//IEEE Conference on Computer Vision and Pattern Recognition (CVPR), Long Beach, CA, USA, June 16 – 20, 2019. Los Alamitos: IEEE Computer Society, 2019: 3673 – 3682.

[115] ASHUAL O, WOLF L. Specifying Object Attributes and Relations in Interactive Scene Generation [C]//IEEE International Conference on Computer Vision (ICCV), Seoul, South Korea, October 27 – November 2, 2019. Los Alamitos: IEEE Computer Society, 2019: 4560 – 4568.

[116] MEN Y F, MAO Y M, JIANG Y N, et al. Controllable Person Image Synthesis with Attribute – Decomposed GAN [C]//IEEE Conference on Computer Vision and Pattern Recognition (CVPR), Seattle, WA, USA, June 13 – 19, 2020. Los Alamitos: IEEE Computer Society, 2020: 5083 – 5092.

[117] GOODFELLOW I J, POUGET – ABADIE J, MIRZA M, et al. Generative adversarial nets [C]//Annual Conference on Neural Information Processing Systems (NIPS), Montreal, Quebec, Canada, December 8 – 13, 2014. Cambridge: The MIT Press, 2014: 2672 – 2680.

[118] LIU B Y, GOULD S, KOLLER D. Single Image Depth Estimation From Predicted Semantic Labels [C]//IEEE Conference on Computer Vision and Pattern Recognition (CVPR), San Francisco, USA, June 13 – 18, 2010. Los Alamitos: IEEE Computer Society, 2010: 1253 – 1260.

[119] KIM B S, KOHLI P, SAVARESE S. 3D Scene Understanding by Voxel – CRF [C]//In Proceedings of the IEEE International Conference on Computer Vision (ICCV), Sydney, Australia, December 1 – 8, 2013. Los Alamitos: IEEE Computer Society, 2013: 1425 – 1432.

[120] LIM J J, PIRSIAVASH H, TORRALBA A. Parsing IKEA objects: Fine pose estimation [C]// IEEE International Conference on Computer Vision (ICCV), Sydney, Australia, December 1 – 8, 2013. Los Alamitos: IEEE Computer Society, 2013: 2992 – 2999.

[121] LIN D H, FIDLER S, URTASUN R. Holistic Scene Understanding for 3D Object Detection with RGBD cameras [C]//In Proceedings of the IEEE International Conference on Computer Vision (ICCV), Sydney, Australia, December 1 – 8, 2013. Los Alamitos: IEEE Computer Society, 2013: 1417 – 1424.

[122] ZHANG Y D, SONG S R, TAN P, et al. PanoContext: A Whole – room 3D Context Modelfor Panoramic Scene Understanding [C]//In Proceedings of European Conference on Computer Vision (ECCV), Zurich, Switzerland, September 6 – 12, 2014. Cham: Springer, 2014: 668 – 686.

[123] RAMALINGAM S, PILLAI J K, JAIN A, et al. Manhattan Junction Catalogue for Spatial Reasoning of Indoor Scenes [C]//In Proceedings of the IEEE Conference on Computer Vision and Pattern Recognition (CVPR), Portland, USA, June 23 – 28, 2013. Los Alamitos: IEEE Computer Society, 2013: 3065 – 3072.

[124] ZHANG J, KAN C, SCHWING A G, et al. Estimating the 3D Layout of Indoor Scenes and its Clutter from Depth Sensors [C]//In Proceedings of the IEEE International Conference on Computer Vision (ICCV), Sydney, Australia, December 1 – 8, 2013. Los Alamitos: IEEE Computer Society, 2013: 1273 – 1280.

[125] SCHWING A G, FIDLER S, POLLEFEYS M, et al. Box In the Box: Joint 3D Layout and Object

Reasoning from Single Images [C]//In Proceedings of the IEEE International Conference on Computer Vision (ICCV), Sydney, Australia, December 1 – 8, 2013. Los Alamitos: IEEE Computer Society, 2013: 353 – 360.

[126] LIN D H, XIAO J X. Characterizing Layouts of Outdoor Scenes Using Spatial Topic Processes [C]//In Proceedings of the IEEE International Conference on Computer Vision (ICCV), Sydney, Australia, December 1 – 8, 2013. Los Alamitos: IEEE Computer Society, 2013: 841 – 848.

[127] SU H, QI C R, LI Y Y, et al. Render for CNN: Viewpoint Estimation in Images Using CNNs Trained with Rendered 3D Model Views [C]//IEEE International Conference on Computer Vision (ICCV), Santiago, Chile, December 7 – 13, 2015. Los Alamitos: IEEE Computer Society, 2015: 2686 – 2694.

[128] ZHAO H, LU M, YAO A B, et al. Physics Inspired Optimization on Semantic Transfer Features: An Alternative Method for Room Layout Estimation [C]//IEEE Conference on Computer Vision and PatternRecognition (CVPR), Honolulu, USA, July 21 – 26, 2017. Los Alamitos: IEEE Computer Society, 2017: 870 – 878.

[129] LEE J T, KIM H U, LEE C, et al. Semantic Line Detection and Its Applications [C]//IEEE International Conference on Computer Vision (ICCV), Venice, Italy, October 22 – 29, 2017 . Los Alamitos: IEEE Computer Society, 2017: 3249 – 3257.

[130] KULKARNI N, MISRA I, TULSIANI S, et al. 3D – RelNet: Joint Object and Relational Network for 3D Prediction [C]//IEEE International Conference on Computer Vision (ICCV), Seoul, South Korea, October 27 – November 2, 2019. Los Alamitos: IEEE Computer Society, 2019: 2212 – 2221.

[131] DHAMO H, NAVAB N, TOMBARI F. Object – Driven Multi – Layer Scene Decomposition From a Single Image [C]//IEEE International Conference on Computer Vision (ICCV), Seoul, South Korea, October 27 – November 2, 2019. Los Alamitos: IEEE Computer Society, 2019: 5368 – 5377.

[132] MENG Y, LU Y X, RAJ A, et al. SIGNet: Semantic Instance Aided Unsupervised 3D Geometry Perception [C]//IEEE Conference on Computer Vision and Pattern Recognition (CVPR), Long Beach, CA, USA, June 16 – 20, 2019. Los Alamitos: IEEE Computer Society, 2019: 9810 – 9820.

[133] ZHU J, FANG Y. Learning Object – Specific Distance From a Monocular Image [C]//IEEE International Conference on Computer Vision (ICCV), Seoul, South Korea, October 27 – November 2, 2019. Los Alamitos: IEEE Computer Society, 2019: 3838 – 3847.

[134] SONG S R, ZENG A, CHANG A X, et al. Im2Pano3D: Extrapolating 360°Structure and Semantics Beyond the Field of View [C]//IEEE Conference on Computer Vision and Pattern Recognition (CVPR), Salt Lake City, UT, USA, June 18 – 22, 2018. Los Alamitos: IEEE Computer Society, 2018: 3847 – 3856.

[135] HOU J, DAI A, NIEßNER M. 3D – SIS: 3D Semantic Instance Segmentation of RGB – D Scans [C]//IEEE Conference on Computer Vision and Pattern Recognition (CVPR), Long Beach, CA, USA, June 16 – 20, 2019. Los Alamitos: IEEE Computer Society, 2019: 4421 – 4430.

[136] AVETISYAN A, DAHNERT M, DAI A, et al. Scan2CAD: Learning CAD Model Alignment in RGB - D Scans [C]//IEEE Conference on Computer Vision and Pattern Recognition (CVPR), Long Beach, CA, USA, June 16 - 20, 2019. Los Alamitos: IEEE Computer Society, 2019: 2614 - 2623.

[137] ENGELMANN F, BOKELOH M, FATHI A, et al. 3D - MPA: Multi Proposal Aggregation for 3D Semantic Instance Segmentation [C]//IEEE Conference on Computer Vision and Pattern Recognition (CVPR), Seattle, WA, USA, June 13 - 19, 2020. Los Alamitos: IEEE Computer Society, 2020: 9028 - 9037.

[138] ZHANG J Z, ZHU C Y, ZHENG L T, et al. Fusion - Aware Point Convolution for Online Semantic 3D Scene Segmentation [C]//IEEE Conference on Computer Vision and Pattern Recognition (CVPR), Seattle, WA, USA, June 13 - 19, 2020. Los Alamitos: IEEE Computer Society, 2020: 4533 - 4542.

[139] HOU J, DAI A, NIEßNER M. RevealNet: Seeing Behind Objects in RGB - D Scans [C]//IEEE Conference on Computer Vision and Pattern Recognition (CVPR), Seattle, WA, USA, June 13 - 19, 2020. Los Alamitos: IEEE Computer Society, 2020: 2095 - 2104.

[140] NIE Y Y, HAN X G, GUO S H, et al. Total3DUnderstanding: Joint Layout, Object Pose and Mesh Reconstruction for Indoor Scenes from a Single Image [C]//IEEE Conference on Computer Vision and Pattern Recognition (CVPR), Seattle, WA, USA, June 13 - 19, 2020. Los Alamitos: IEEE Computer Society, 2020: 52 - 61.

第2章　图像场景的语义理解

2.1　问题与分析

针对图像场景内容语义分割的关键难点，调研相关研究领域的国际前沿发现：目前的方法主要分为有参数解析方法和非参数解析方法。

有参数解析方法是图像场景语义分割的传统方法，尤其以2006年微软剑桥研究院的Shotton等提出一种新颖的多类别判别式模型学习方法[1]为代表。该方法构建CRF模型，集成纹理、形状、语义信息等特征，并利用随机特征采样和分段训练的机制，进行快速有效的训练步骤。2009年，香港科技大学的Xiao和Quan提出一种有效的多视角街景图像语义分割方法[2]，通过多视角图像建立像素点的关联关系，利用二维图像特征和三维图像特征，针对多张图像建立MRF模型求解图像场景语义分割。为了加快训练过程，该方法采用了自适应的训练方式，即针对一个测试图像序列，选择与它具有相似场景的图像序列作为训练数据。

非参数解析方法以2009年麻省理工学院的Liu等提出的“语义迁移”方法[3]为代表。语义迁移存在两个关键问题：第一个是针对输入图像，如何在数据集中找到合适的相似图像。第二个是如何建立输入图像与相似图像的精确匹配，以解析输入图像。针对第一个关键问题，一些图像检索领域的工作已经开展了较深入的研究，如麻省理工学院的Torralba等[4,5]。因此，语义迁移领域的研究工作[3,6-8]借鉴了图像检索方面的现有研究成果，将研究重点放在第二个关键问题上。Liu等[3]通过SIFT流匹配算法对齐两幅图像的结构并建立点对的稠密对应关系，基于这种对应关系，将备选图像集合中相似图像的语义标记图进行变形，然后将多种特征集成到一个MRF模型中，通过求解MRF模型能量公式的最小化值，得到图像场景语义标记迁移结果。2010年，麻省理工学院的Xiao和香港科技大学的Zhang等在ECCV会议上提出了一种针对街景图像的有监督场景语义迁移方法[7]。该方法提出KNN-MRF匹配机制，建立输入图像和每个小型数据集中的图像的对应关系，利用分类器判断这些对应关系的正确性，并构建MRF模型求解输入图像的语义分割结果。

2007 年，明尼苏达大学的 Bai 和 Sapiro 提出一种基于测地线框架的前景对象提取方法[9]，是利用测地线测度进行图像分割的典型代表。该方法将空间域内简单的颜色特征作为测地线距离权重，在线性时间内实现前/背景分割。2010 年，杨百翰大学的 Price 等提出一种将测地线距离嵌入图切割算法的交互式图像分割方法。该方法输入图像和用户提供的前/背景比划线，将测地线距离信息与图像中的边界信息集成到图切割框架中，并根据前/背景的颜色模型调节这两种信息的权重，实现前景对象和背景区域的分割。这些利用测地线测度[9-12]进行前/背景分割的方法没有构建 CRF 或者 MRF 模型，也没有能量最小化求解过程，取得了较为快速鲁棒的实验效果。通过给每个像素寻找最小测地线距离对应的语义类别，将该类别语义标记赋值给像素，以此来求得前/背景分割结果。根据目前的研究现状可知，测地线测度在对象提取、前/背景分割方面得到了一些较好的应用，而在语义分割方面几乎没有任何应用。

由以上分析可以看出，有参数解析方法存在的问题是训练数据集中的语义类别决定着模型所能解析的语义类别。当出现新的语义类别时，需要重新训练模型的参数，才能得到解析新语义类别的模型。在训练数据集图像数量较多的情况下，能够训练得到语义分割准确率较高的模型，但同时也会带来模型过拟合的问题，使得模型适应性较差，在线推广性能较差，训练数据越多消耗的训练时间越长。而在训练数据集图像数量较少的情况下训练得到的模型，其图像场景语义分割的准确率会大大降低。同时，CRF 或 MRF 模型通常是将 NP - hard 问题转化为最优化问题，求解最优解，在求解时是较为耗时的。非参数解析方法存在的问题是建立输入图像与相似图像之间的精准像素级匹配非常关键，但这个过程通常比较费时，而且还需要在匹配后利用 CRF 或者 MRF 模型进行优化。更重要的是，非参数解析方法的重点在于像素匹配，没有考虑图像场景内容上下文对语义分割的重要影响。例如，羊和草地经常出现在同一张图像中，有羊出现的区域附近，草地的出现概率比较大。

综合上述分析，本章重点围绕以下几点问题来详细阐述：如何快速准确地获得图像场景的语义分割结果；如何使方法更好地适应种类繁多的语义类别数据，减少语义种类之间的干扰；如何有效地利用图像上下文信息辅助场景语义分割。

2.2　图像场景内容上下文指导的场景语义分割

本节提出了一种图像场景内容上下文指导的场景语义分割方法。该方法主体架构如图 2-1 所示，给定一张输入图像，利用特征匹配检索得到它的相似图像集合。在此集合上通过参数学习构建用于识别的判别式模型和用于指导传播方向的传播指示器，根据判别式模型预测输入图像的粗略语义概率。定义输入图像的图结构，以概率全局最大的超像素作为图结构的初始种子点，根据粗略概率计算图结构节点的初始测地线距离；提取输入图像的纹理特征和边界特征，用于语义标记测地线传播。在此基础之上，根据初始种子点和初始测地线距离，以传播指示器为指导，在图结构上开始进行语义标记的迭代传播，将种子点的语义标记传播扩散到整个图像场景，最终得到语义分割结果。

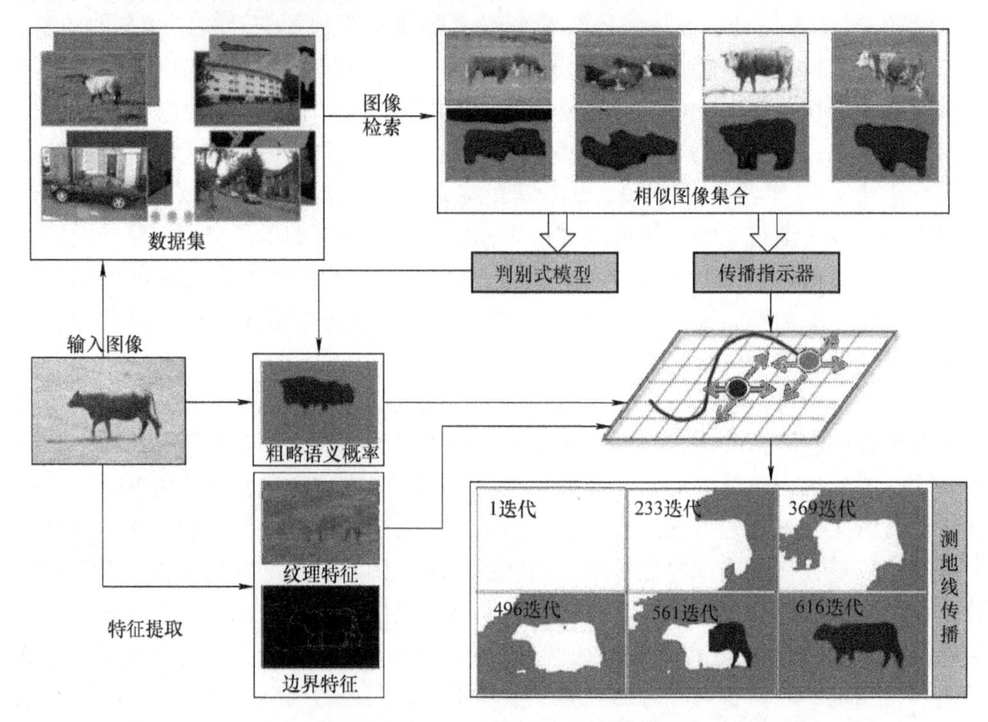

图 2-1　图像场景内容上下文指导的场景语义分割方法架构图

2.2.1　相似图像检索

根据上述总体架构，首先需要得到输入图像的相似图像集合。本方法借鉴了以往相关工作的基础，利用语义迁移方法中常用的吉斯特（GIST）描述符[5]来进行图像特征匹配，从数据集中检索得到输入图像的 K 个最近邻图像，同时得到这 K 个近邻图像与输入图像的相似度。

在此基础上，对这 K 个近邻图像按照以下的方法进行相似度的重排序。首先将输入图像 I 和它的每个近邻图像 R 都进行过分割处理[13]，使得每张图像都分解为若干超像素区域；一个超像素区域中所有的像素都对应同一个语义标记；每一个超像素区域都有一个 22 维的特征描述符；在欧式空间中，两个区域间的特征描述符的距离越小，则认为这两个区域越匹配。然后，对于输入图像 I 中的每一个超像素区域 i，找到该区域在每一张近邻图像 R 中的最匹配的超像素区域 $r(i)$，根据以下公式计算输入图像 I 和它的近邻图像 R 的相似差 $D_r(I,R)$：

$$D_r(I,R) = \sum_{i \in I, r(i) \in R} \|(fv_i \quad fv_{r(i)})\|^2 \tag{2-1}$$

其中，fv_i 是超像素 i 的 22 维特征描述符，它由 i 中所有像素的 HSV 颜色通道平均值、坐标平均值、17 维滤波器响应平均值构成。这些特征是图像语义分割领域常用的特征，其中 17 维滤波器响应值借鉴了 Shotton[1] 等的研究工作，其本质是像素点及其周围邻居点纹理变化的表达。根据 $D_r(I,R)$ 值的大小对输入图像的 K 个最近邻图像进行重排序，$D_r(I,R)$ 值越小的相似度越大。选择 $D_r(I,R)$ 值最小的前 N 个近邻图像作为输入图像的相似图像集合，记作 $\{R_N\}$。

2.2.2　测地线距离

测地线距离的概念来自于大地测量学，是指空间中两点之间的局域最短路径。Bai 和 Sapiro[9] 最早将测地线距离应用到前/背景对象分割问题中，并定义其为未知语义标记的像素到种子点像素的所有路径中权重值最小路径的积分值。对测地线距离定义感兴趣的读者可参阅文献［9］和文献［11］。目前基于测地线距离的图像分割方法，根据用户提供的种子点作为输入，进行前/背景对象分割和提取，没有涉及语义类别和标记的问题。2009 年 Chen 等[14] 首次利用测地线传播进行多类别的语义分割。本章借鉴了测地线传播的思想，将测地线距离引入到多类别的语义分割问题中。对于图结构 G 上的任意两个节点 v' 和 v，它们之间的测地线路径定义如下，其中 v_i，v_{i+1} 为相邻节点：

$$C(v',v,l_i) = (v' = v_0, v_1, \cdots, v_n = v) \tag{2-2}$$

对于节点 v，它到类别 l 的测地线距离定义为 v 到类别 l 的种子点 $s_l \in \Omega_l$ 的最小权值距离 $d_l(s_l, v | C)$，即：

$$D_l(v) = \min_{s_l \in \Omega_l} \min_{C(s_l,v)} d_l(s_l, v | C) \tag{2-3}$$

根据以上测地线距离定义，可以得到 v 到每种语义类别的测地线距离。以测地线距离值最小的那一种语义类别作为节点 v 的语义标记，即：

$$L(v) = l^* = \arg\min_{l \in L} D_l(v) \tag{2-4}$$

如图 2-2 所示，红色节点 v' 和 v'' 属于同一个语义类别 l_1，绿色节点 v''' 属于语义类别 l_2。节点 v 是未标记的节点，需要赋予一个语义类别。假设 v' 到 v 有两条路径（图 2-2 中的红色实线和红色虚线），v'' 到 v 有一条路径（图 2-2 中的红色点状线）。每条路径上的测地线距离表示为 W，是路径上相邻节点之间权值 $W(i,j)$ 的积分和。根据测地线距离定义，v 到类别 l_1 的距离是路径 $C(v',v,l_1)$ 和 $C(v'',v,l_1)$ 之间测地线距离的较小值。不失一般性地假设 $W_{C(v'',v,l_1)} < W_{C_2(v',v,l_1)} < W_{C_1(v',v,l_1)}$，则 v 到类别 l_1 的路径为 $C(v'',v,l_1)$；同时，v 到类别 l_2 的距离是 $W_{C(v''',v,l_2)}$。不失一般性地假设 $W_{C(v'',v,l_1)} < W_{C(v''',v,l_2)}$，则节点 v 最终标记为 l_1（以红色示意）。

2.2.3　基于测地线距离的图结构定义

构建输入图像的图结构 $G = <V,E>$，其中 V 是超像素集合，$v \in V$ 代表图像中

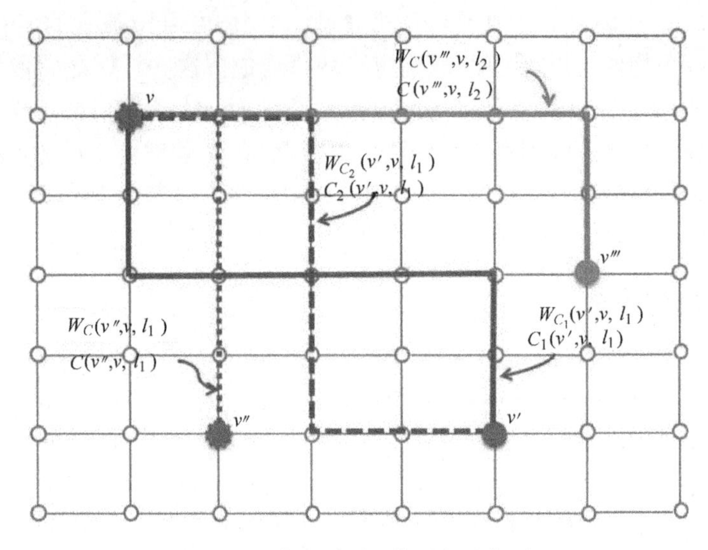

图 2-2　多类别测地线距离示意图

每一个超像素区域，E 是边集合，$e_{vi,vj} \in E$ 连接相邻的两个超像素区域 v_i 和 v_j。将测地线距离嵌入到图结构中，根据测地线距离传播语义标记，使得每一个节点 $v \in V$ 都被赋予一个语义标记，同一个超像素区域的所有像素具有相同的语义标记。

1）种子点选择。相似图像集合 $\{R_N\}$ 中的语义类别隐含了输入图像中可能存在的语义类别。本方法基于假设：$\{R_N\}$ 中的类别包含了输入图像的所有类别，以相似图像集合作为训练集来学习联合增强的判别式模型参数。在学习过程中，使用17维滤波器响应值作为训练样本的特征向量，该特征向量本质上描述了样本的纹理特征。在训练集中随机采样样本数据，利用 JointBoost 算法[1]训练得到输入图像的联合增强判别式模型。由该模型预测得到输入图像的粗略语义识别概率结果。每一个超像素区域 v 都被赋予一个暂定的语义标记，即 v 的最大概率值 $pl(v)$ 对应的语义类别。对于每一种语义类别，选择概率值较大的超像素作为初始种子点，如图 2-3所示，绿色点对应的是类别“草”的初始种子点，蓝色点对应的是类别“牛”的初始种子点。在实际执行过程中，将种子点的选择转化为一种等价的动态迭代选择形式。在每一步迭代过程中，所有类别中测地线距离最小的那个超像素区域被选为当前种子点。根据初始概率得到输入图像所有超像素区域的初始测地线距离，概率值越大的超像素区域其测地线距离越小，以节点的测地线距离作为节点自身的权重。v 的初始测地线距离 $\mathrm{Dis}_{\mathrm{initial}}(v)$ 计算公式如下：

$$\mathrm{Dis}_{\mathrm{initial}}(v) = 1 - pl(v) \tag{2-5}$$

2）图结构边权值。边上的权值 W_{ij} 代表了 v_i 和 v_j 的一致性，权值越大，一致性越小。一般来说，不同语义类别的区域经常会表现出差异较明显的纹理特征，而边界特征作为一种明显的局部突变，本身富含强烈信息，能够用来区分对象轮廓边

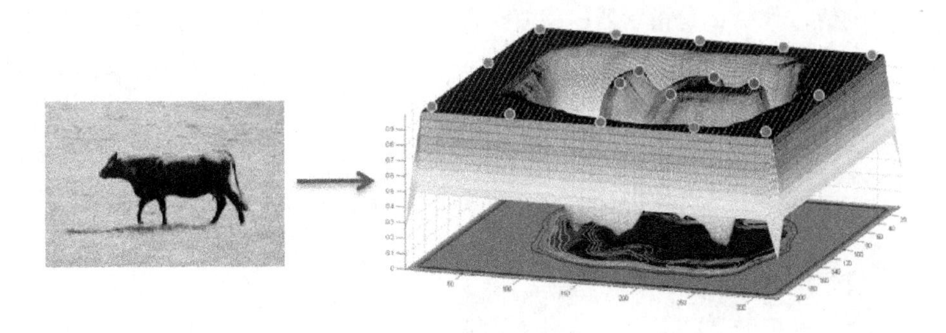

图2-3　基于粗略语义概率的种子点选择示意图

缘。因此，根据图像的纹理特征和边界特征来定义图结构的边权值。边权值由两部分组成：纹理特征 $W_{\text{texture}}(i,j)$ 和边界特征 $W_{\text{bdry}}(i,j)$，见下式：

$$W(i,j)=\lambda_1 W_{\text{texture}}(i,j)+\lambda_2 W_{\text{bdry}}(i,j) \tag{2-6}$$

其中，λ_1 和 λ_2 是调节参数。$W_{\text{texture}}(i,j)$ 是超像素区域 i 和 j 纹理特征描述符在欧式空间的距离差，特征描述符包含 HSV 特征、坐标值和17维滤波器响应值。

对于边界特征 $W_{\text{bdry}}(i,j)$，本方法使用伯克利边界检测器（Berkeley edge detector）[13]得到边界置信值，见下式，其中 ε 为边界阈值：

$$W_{\text{bdry}}(i,j)=P_b(i,j,\varepsilon) \tag{2-7}$$

2.2.4　基于上下文信息的传播指示器

相似图像具有相似的语义类别以及类别上下文关系，因此相似图像集中的场景内容上下文信息可以用来指导输入图像的上下文判断。本方法提出了蕴含上下文信息的传播指示器，用以指导测地线传播过程中语义标记的传播方向。对于相似图像集合中的每一种类别，利用 Random Forests（随机森林）方法训练得到传播指示器。该指示器用来判断是否将区域 v_i 的语义标记传播到它相邻的区域 v_j 上，使得区域 v_j 被赋予与区域 v_i 相同的语义标记。如果区域 v_i 和区域 v_j 被该指示器判别为属于相同类别的区域的话，就传播区域 v_i 的语义标记；否则不传播。

传播指示器的训练过程如图2-4所示，以超像素对 (v_i,v_j) 为样本数据，$fv(v_i,v_j)=(fv_i,fv_j)$ 为该样本的44维特征向量，包含超像素区域 v_i 和 v_j 的 HSV 特征、坐标值、17维滤波器响应值。如果区域 v_j 的语义标记 l_j 与区域 v_i 的语义标记 l_i 一致，那么 $fv(v_i,v_j)$ 就作为类别 l_i 的传播指示器正样本；否则，作为负样本。$fv(v_i,v_j)$ 和 $fv(v_j,v_i)$ 是不同的特征向量：它们不仅是对应维度上的特征值不同，最重要的是，它们是不同语义类别的样本。$fv(v_i,v_j)$ 是类别 l_i 的样本，而 $fv(v_j,v_i)$ 是类别 l_j 的样本。所有的特征值都被归一化在[0,1]区间内。在测试阶段，针对当前种子点 v_i，提取 v_i 和它邻接超像素 v_j 的特征向量组成 $fv(v_i,v_j)$，输入 v_i 所属类别 l_i 的传播指示器，得到传播指示器输出的置信值 $\text{con}_l(v_i,v_j)$，根据如下公式计算指示函数

$T_l(v_i,v_j)$的值，其中φ是指示器的阈值。$T_l(v_i,v_j)$的值为1或0，分别对应真值或假值。

$$T_l(v_i,v_j)=\delta\lfloor \text{con}_l(v_i,v_j)>\varphi \rfloor \tag{2-8}$$

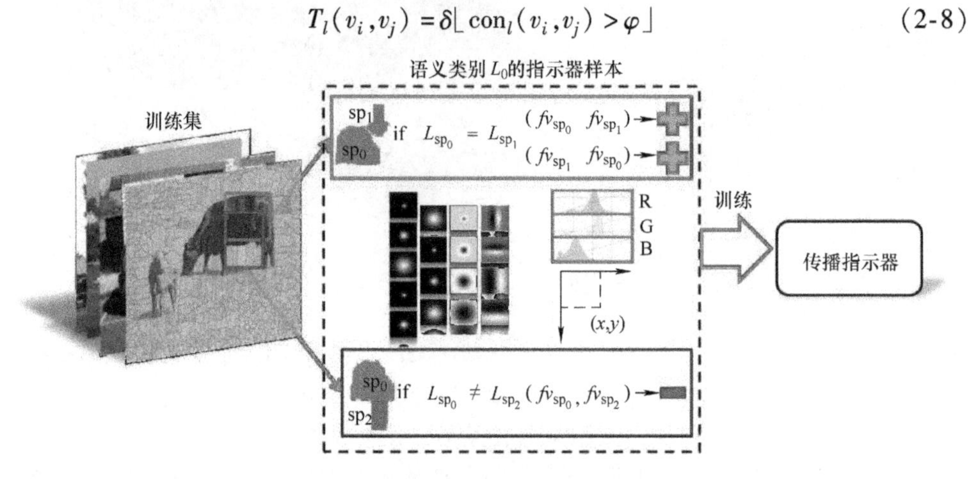

图2-4　传播指示器训练样本示意图

2.2.5　上下文指导的测地线传播

根据初始种子点和初始测地线距离，开始进行输入图像场景语义标记的迭代处理，在图结构上进行上下文指导的测地线传播。传播过程见算法2-1，输入图结构每个节点的初始测地线距离和初始语义标记。将所有无语义标记的节点放入到未标记序列Q中。在每一步迭代过程中，选择未标记序列中具有最小测地线距离的节点$v_i=\min_Q[\text{Dis}(Q)]$作为本次迭代种子点，并将该最小测地线距离对应的语义标记作为该种子点的语义标记，由此确定该种子点的语义标记lv_i，将v_i从序列Q中移除。选择与本次迭代种子点v_i相邻且无语义标记的节点构成邻居节点集合$\{v_j\}$，根据传播指示器判断是否将v_i的语义标记传播到该集合中的每一个节点v_j，是否更新每一个节点v_j的测地线距离。例如，v_i确定语义标记为l_{vi}，v_j没有确定最终语义标记。利用已训练好的类别l_{vi}的传播指示器计算指示器置信值$T_l(v_i,v_j)$。如果$W(v_i,v_j)<\theta_e$并且$T(v_i,v_j)$为1，那么将v_j的测地线距离$\text{Dis}(v_j)$更新为$\text{Dis}(v_i)+\kappa W(v_i,v_j)$，其中$\kappa$为调节参数，并将$v_i$的语义标记$l_{vi}$赋值给$v_j$；否则不更新$v_j$的语义标记和测地线距离。重复以上过程，直到未标记序列Q为空。迭代结束后输出每一个节点的语义标记，实现输入图像的场景语义分割。

在此过程中，传播指示器能够将相似图像中类别之间的上下文关系用来指导输入图像的语义传播方向，如图2-5所示。绿色代表草地，蓝色代表牛，暗绿和暗蓝色代表超像素有语义标记，明绿和明蓝色代表超像素无语义标记，只有临时性语义标记。每一步迭代都包括三种状态，以第313次迭代为例：图2-5a为第一个状态，选择当前所有类别中测地线距离最小的那个超像素作为本次迭代种子点，并且确定它的语义类别为草地；图 2-5b 为第二个状态，选择与种子点相邻的未确定语义标记的超像素，这里为了清晰性，只显示了部分未确定语义标记的超像素；在图 2-5c所示第三个状态中，根据边权值和传播指示器的共同作用，更新一个超像素的测地线距离和语义标记，另一个超像素不更新，维持原状。至此第 313 次迭代结束，进入下一次迭代过程。

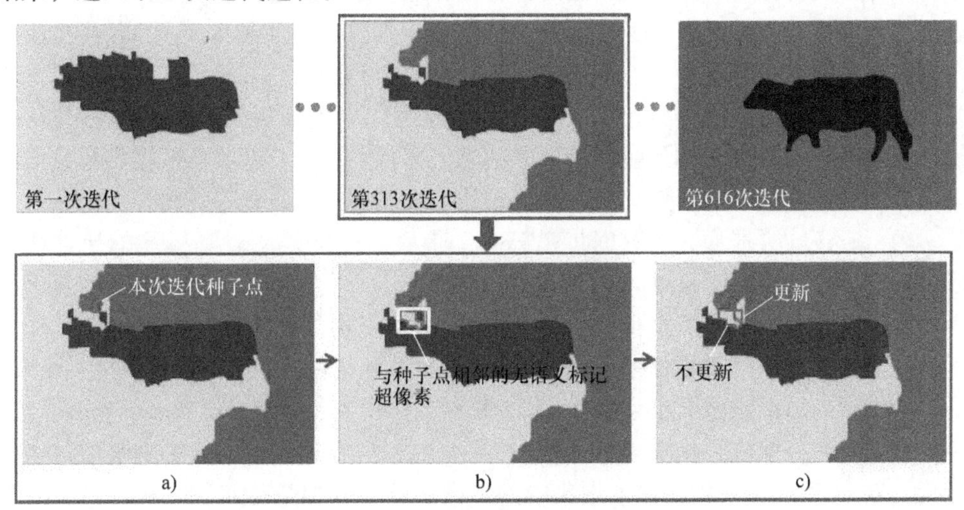

图 2-5　传播指示器作用示意图

算法 2-1　上下文指导的测地线传播算法

输入：图节点的初始测地线距离和初始语义标记

输出：语义标记集合 $L=\{l_i\},i\in \text{superpixel}\{I\},l_i\in\{1,2,\cdots,N\}$

将所有节点 v_i 加入到未标记序列 Q，开始迭代处理；

选择本次迭代种子点 $v_i=\min_Q[\text{Dis}(Q)]$，令 $l_{vi}=\text{current}(l_{vi})$，

将 v_i 移出 Q，移入已标记集合 L；

取 v_i 未标记的邻居节点，构成集合 $\{v_j\}$，$\{v_j\}\subset Q$；

更新测地线距离：

对于每一个 $v_j\in\{v_j\}$，执行以下判断操作

如果 $T_l(v_i,v_j)$ 为真并且 $W(v_i,v_j)<\theta_e$，

那么 $\text{Dis}(v_j)=\text{Dis}(v_i)+\kappa W(v_i,v_j)$，$l_{vj}=l_{vi}$；

否则 $\text{Dis}(v_j)=\text{Dis}(v_j)$，$l_{vj}=l_{vj}$；

结束判断；

重复以上步骤，直到 Q 为空。

2.2.6 实验与分析

1. 实验数据集

真实世界中物种具有多样性，基于真实事物而形成的图像数据集体现了物种多样性，计算机视觉各研究领域算法的鲁棒性和适应性在一定程度上受到数据集无偏程度的直接影响，甚至有学者专门针对数据集无偏性进行了研究[15]。本节在四个公共基准数据集上（简称四个数据集）进行实验与分析，一方面是为了验证方法的鲁棒性和对数据的无偏性，另一方面是为了与代表国际领先水平的方法进行比较，而这些领先的方法就是在这四个数据集上进行实验的。这四个数据集是目前国际领域内公认的基准数据集，它们基本涵盖了真实世界中最普遍的物种类别。

1）CamVid 数据集。该数据集是第一个带有多类别语义对象标注的街景视频数据集合，由剑桥大学 Brostow 等于 2009 年发布[16]。该数据集是将摄像机固定在所驾驶汽车上沿街拍摄所获得，共包括 32 种语义类别的图像和视频。本节实验使用的是该数据集中的图像数据部分，包括不同光照条件下（白天和黄昏）的 701 张街景图像。原始图像大小为 960×720 像素，对比文献［7］中 Zhang 等的方法，将该数据集图像缩放到 480×360 像素并且只选择了 11 种主要语义类别来测试语义分割。这 11 种类别占据了该数据集中的绝大部分，分别是建筑物、树、天空、汽车、标识牌、路、行人、栅栏、柱杆、人行道、骑车人，另外还有一个“空”类来标注不属于这几类的像素点。为了和这些方法做比较，本节的实验也选择了同样的语义类别，并将该数据集图像缩放到 480×360 像素。

2）MSRC 数据集。该数据集是由微软剑桥研究院发布[17]，是场景语义分割领域兴起早期的代表性公共数据集，包括 21 种语义类别的 591 张图像，随机划分为 491 张训练图像和 100 张测试图像。该数据集的基准标注（Groundtruth）不是非常准确，在不好区分语义的对象边界部分采用了黑色的“空”类别来标注。该数据集中的图像大小为 320×213 像素。

3）CBCL 数据集。CBCL 街景数据集由 Bileschi[18]发布，是通过 DSC－F717 摄像机在美国波士顿街道沿途拍摄获得。该数据集包含 3547 张静态街景图像，每两张图像之间没有重复区域，不像 CamVid 数据集那样构成视频序列。每张图像都有手工基准标注，标注内容包括 9 种语义类别对象，分别是汽车、行人、自行车、建筑物、树、天空、路、人行道以及商店。为了与 Zhang 等的方法[7]进行比较，本节实验在该数据集上只测试了 6 种语义类别，行人、自行车和商店这 3 种类别没有进行测试。同时，参照 Zhang 等的方法[7]，本节在该数据集上进行实验时将图像缩放到 320×240 像素大小。

4）LHI 数据集。LHI 数据集是莲花山视觉研究院 Yao 等[19]发布的数据集，该数据集旨在提供一个具有挑战性的数据集及人工标注的基准数据，由 23 个全职人员耗时 2 年收集并标注每张图像。本节实验使用了该数据集的一个随机子集，包含

400 张图像共 17 种语义类别。将这 400 张图像随机划分为 235 张训练图像和 165 张测试图像。该数据集图像的大小为 320×213 像素。

2. 实验与分析

在准确率评价实验中，针对每张测试图像，利用 JointBoost 算法学习判别式模型大约需要 40s，利用随机森林算法学习传播指示器同样大约需要 40s。测地线传播过程大约需要 5s。对每一个数据集，设置判别式模型的训练次数为 500。所有实验均在普通计算机上完成。表 2-1 展示了本方法与（该方法发表时）处于国际领先水平的方法在四个数据集上的准确率对比。从表中可以看到，在 CamVid、MSRC、LHI 三个数据集上本方法优于其他方法；在 CBCL 数据集上，虽然本方法没有取得最高的准确率，但非常接近最高准确率。

表 2-1 语义分割准确率对比

数据集	CamVid	MSRC	CBCL	LHI
Zhang 等的方法	84.4%	—	72.8%	—
Shotton 等的方法	—	72.2%	—	—
Shotton 等的方法	—	—	61.9%	—
Tu 的方法	—	77.7%	—	—
Chen 等的方法	—	78.8%	—	80.4%
本方法	87.76%	79.2%	71.7%	81.29%

在 CamVid 数据集上，本方法为每张测试图像检索 5 张相似图像，利用这 5 张相似图像作为训练集。参数 θ_e 和 ϕ 分别设置为 0.8 和 0.75。本章的图像场景语义分割方法在该数据集上的总体准确率为 87.76%。本方法除了在总体准确率上进行对比，在每一类别准确率上也与 Zhang 等的方法进行比较。如图 2-6 所示，每一类别的准确率值都标记在对应的柱子上方。本方法在大部分类别上的准确率高于 Zhang 等的方法，除了类别“人行道”。在该数据集图像中，“人行道”和“路”的颜色、纹理特征非常接近，本方法在“路”这一类别上取得较好的效果，但是在“人行道”类别上却稍逊色，主要原因是本方法使用的特征还不具备较高的区分能力，这是今后需要改进的地方。图 2-7 展示了该数据集的部分实验结果。

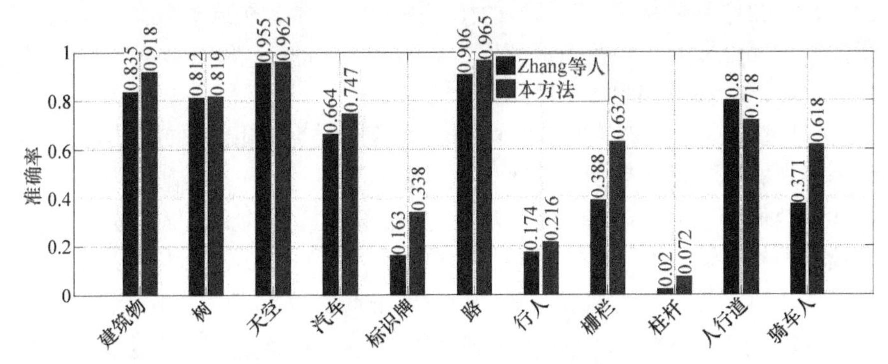

图 2-6 CamVid 数据集上类别准确率对比图

图 2-7　本方法在 CamVid 数据集上的部分实验结果

在 MSRC 数据集上，本方法为每张测试图像检索 10 张相似图像，用这 10 张图像作为训练集来训练判别式模型和传播指示器，参数 θ_e 和 ϕ 分别设置为 0.5 和 0.6。本方法在该数据集上的准确率为 79.2%，在大部分语义类别上的准确率高于 Shotton 等[1]的方法，除了“草”“树”“牛”“指示牌”和“人体”这几种类别，如图 2-8 所示。由于“指示牌”和“人体”的颜色、纹理特征变化多样，因此检索得到的相似图像不够准确。“草”的相似图像中，常常包含有牛羊，并且牛羊占据了图像的大部分区域，因此造成“草”的准确率略低与 Shotton 等[1]。本方法在该数据集上的部分结果如图 2-9 所示。

在 CBCL 数据集上，本方法为每张测试图像检索 5 张相似图像，用这 5 张图像作为训练集来训练判别式模型和传播指示器，参数 θ_e 和 ϕ 分别设置为 0.3 和 0.6。本方法在该数据集上的准确率为 71.7%，虽然不是最高的，比 Zhang 等[7]的方法低了大约 1 个百分点，但是比 Shotton 等[20]的方法（61.9%）高出很多。图 2-10 展示了本方法与 Zhang 等的方法在每一种类别上的准确率对比，其中在“建筑物”“路”和“人行道”类别上本方法略胜于 Zhang 等[7]的方法。本方法在该数据集上的部分结果如图 2-11 所示。

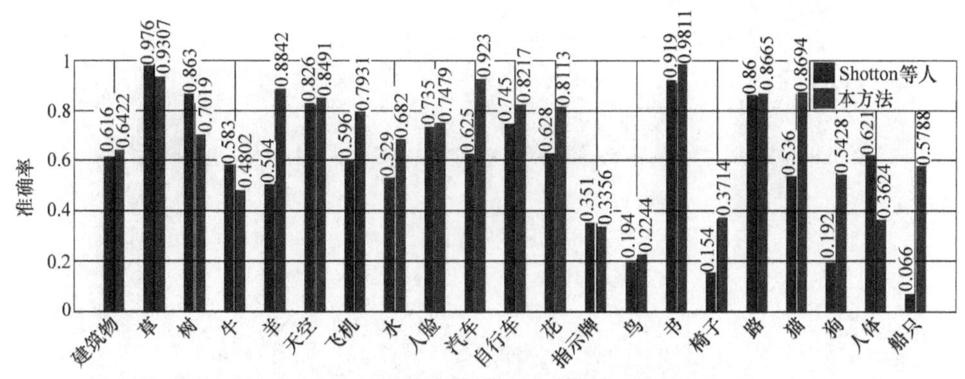

图2-8　MSRC数据集上类别准确率对比图

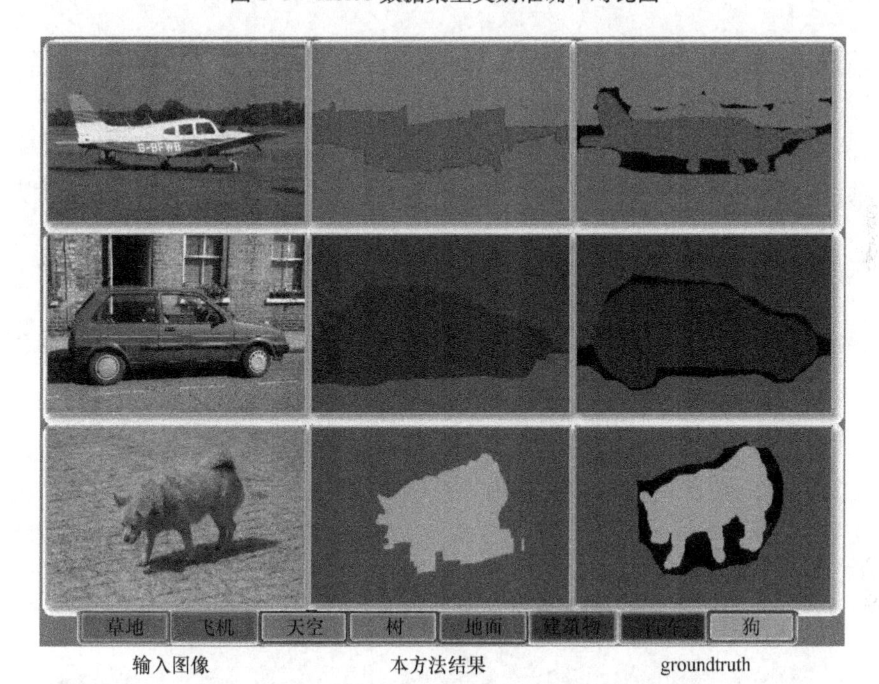

图2-9　本方法在MSRC数据集上的部分实验结果

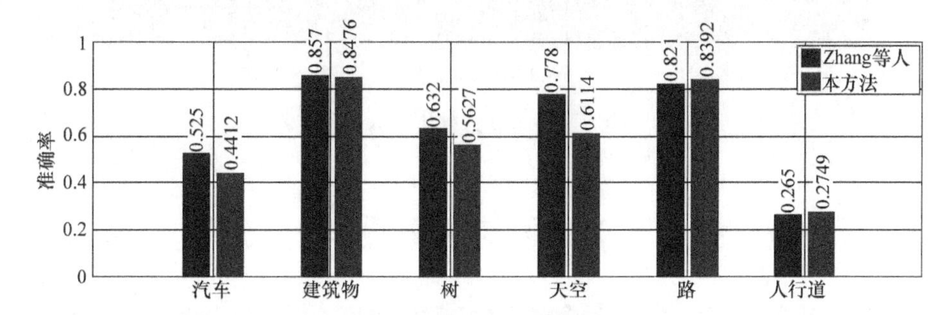

图2-10　CBCL数据集上类别准确率对比图

图 2-11　本方法在 CBCL 数据集上的部分实验结果

在 LHI 数据集上，本方法为每张测试图像检索 10 张相似图像，参数 θ_e 和 ϕ 分别设置为 0.8 和 0.7。本方法在该数据集上的准确率为 81.29%，部分实验结果如图 2-12 所示。

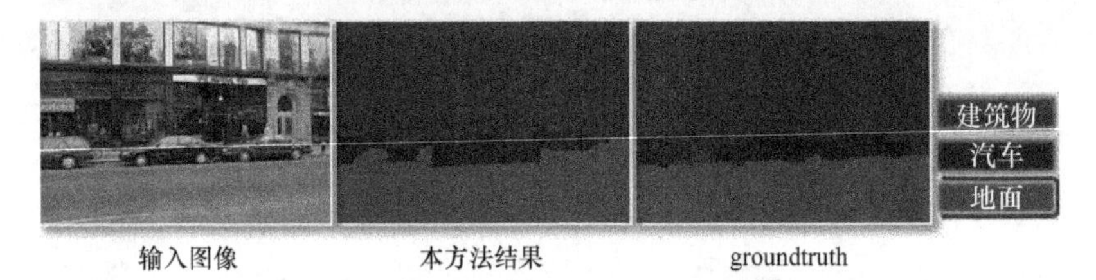

图 2-12　本方法在 LHI 数据集上的部分实验结果

2.3　时空域联合上下文指导的视频场景语义分割

视频是图像的序列，但比图像多了一个时间维度，因此包含更多的信息量。图像场景语义分割技术取得了显著的发展，自然会促使科研工作者尝试在视频场景上进行语义分割工作，使得时间维度的信息更加合理有效地利用。相对于图像场景语义分割来说，视频场景语义分割更具有挑战性的地方在于如何让视频帧图像的语义分割在时间维度上连续、平滑。

国内外已有大量专家学者从事相关领域的研究工作，大部分工作着重于视频中对象区域的识别和分割，提取视频对象的准确轮廓而不识别对象的语义类别[10,22,23]。从 2011 年前后开始，也有部分学者关注于视频场景（不仅限于对象区域）的语义分割[24-28]，准确分割不同的对象并且为每个对象赋予一个语义类别。

在现有的视频分割相关工作中，这些方法都面对着如何保证分割出的对象轮廓既准确又连续的问题，并诉诸于光流或能量场模型来求解问题。本节将测地线距离引入到视频场景语义分割中，将图像场景内容上下文指导的场景语义分割方法拓展到视频场景语义分割，在一定程度上提高了分割准确率并优化了分割连续性，结合马尔可夫随机场模型与测地线传播的嵌入求解，实现了时空域联合上下文指导的视频场景语义分割方法。主体架构如图 2-13 所示，包括两层测地线传播：空间域测地线传播和时间域测地线传播。将已标注的关键帧作为训练集，利用图像场景语义分割方法，将关键帧的语义标记在视频每一帧的空间域上进行传播。在此基础上，构建基于测地线距离的马尔可夫随机场模型，进行时间域测地线传播，处理时空关系连续性。

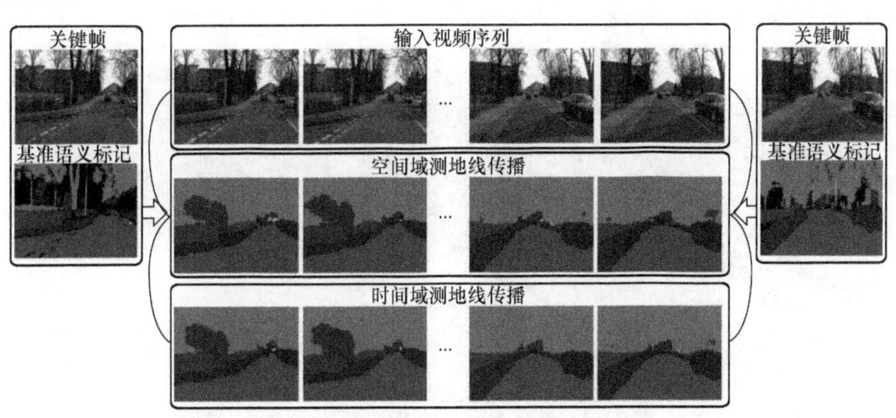

图 2-13　视频场景语义分割框架图

2.3.1　空间域测地线传播

在空间域测地线传播中，利用了图像场景语义分割方法，将每一帧作为单独的图像来处理，所得到的语义分割结果作为每帧的初始语义标记。由于视频具有连续性，视频中的关键帧具有较大的相似性，因此可以直接将关键帧当作相似图像，不需要进行相似图像检索的步骤。将这些关键帧作为判别式模型和传播指示器的训练集，利用上下文指导的测地线传播算法（算法 2-1），在每帧上传播语义标记。

由于将每一帧单独进行处理时没有考虑时间域的连续性，初始语义标记在时间域上不一致，呈现明显的跳跃现象或抖动现象。由实验观察得知，这种跳跃现象或抖动现象经常出现在不同语义对象的边界部分，如图 2-14 所示，语义对象区域的边界部分抖动现象明显。由于整个视频像素级计算量的开销非常大，因此，在视频场景语义分割中，本方法不是采取整个视频像素级空间的测地线传播，而是考虑视频中不连续区域空间的测地线传播，这个空间是视频空间的子集。为了区分这些区域，本方法利用点特征匹配工具[29]来匹配相邻帧之间的关键像素点，然后将相邻帧三维注册到同一个空间坐标系下。对于三维空间中的一个点来说，如果在相邻帧上将它预测为不同的语义类别，那么这个点就称为不连续点。对于每一帧，对比它的前一帧和后一帧，得到不连续点的集合，这些点投影在这一帧上，构成它的不连续区域。图 2-14 中的白色部分即为每一帧的不连续区域，以第 f_{i+1} 帧为例，它的不连续区域由第 f_i 帧和第 f_{i+2} 帧共同确定。

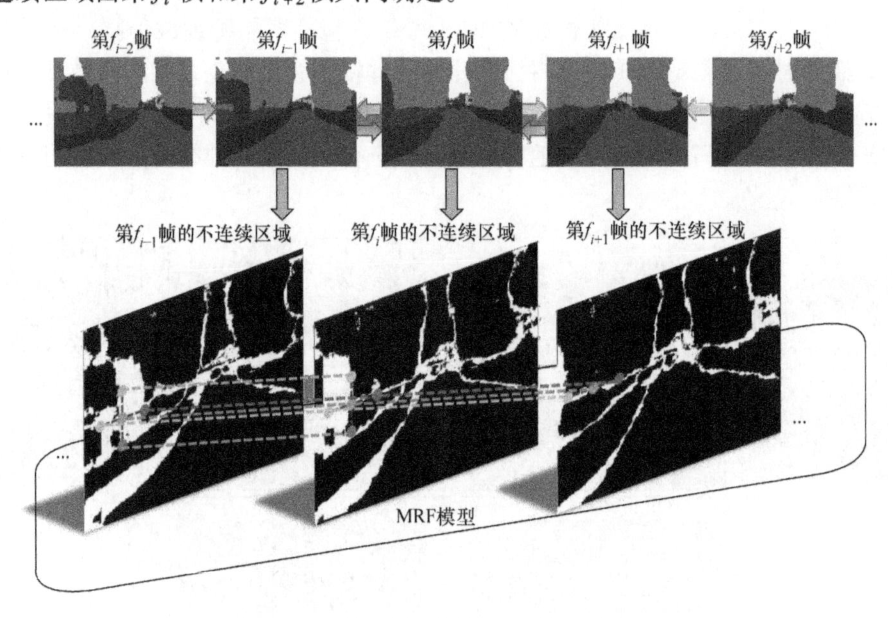

图 2-14　基于测地线的 MRF 模型示意图

2.3.2　时间域测地线传播

在处理时空关系连续性上，本方法构建了一种基于测地线距离的 MRF 场模型，该模型是为了平滑前后帧语义标记的不连续，使得语义标记在时间域上平滑的传播。该模型中的每一个节点对应视频空间中的一个不连续点，每一条边连接相邻的不连续点。将具有空间关联关系的相邻点定义为空间邻居点，将具有前后帧对应关系的相邻点定义为时间邻居点。对于一帧图像中的一个像素来说，它最多具有 4 个空间邻居点和 2 个时间邻居点。每一帧的不连续区域是不相同的，因此每一个节点的邻居节点个数也不相同，从 1 到 6 不等。

如图 2-14 所示，其中红、蓝、绿、黄、紫代表了前后帧之间的匹配点。对于第 f_i 帧的蓝色点来说，它具有 4 个空间邻居点和 2 个时间邻居点，而对于第 f_{i+1} 帧的蓝色点来说，它具有 2 个空间邻居点和 1 个时间邻居点。MRF 能量公式定义如下，其中 ψ_i 为势能项，反应了每个节点自身的属性，ψ_{ij} 为平滑项，反应了相邻节点之间的关系。

$$E(L \mid I) = \sum_i \psi_i(l_i) + \lambda \sum_{ij} \psi_{ij}(l_i, l_j) \tag{2-9}$$

1）势能项。根据判别式模型的识别结果，得到每一帧上每一种语义类别的粗略概率。在每一帧上，为每一种语义类别选择概率最大的像素点作为该类别的种子点，不连续区域中的像素点不能被选择为种子点。根据测地线距离的定义，计算每个节点 i 到其所在帧种子点的测地线距离，并把经过归一化的测地线距离转化为节点势能，即 $\psi_i(l) = 1 - D_l(i)$，其中 $D_l(i)$ 为节点 i 到类别 l 的测地线距离。

2）平滑项。平滑项是一种成对（pair - wise）的能量项。对于节点 i 和 j 来说，本方法通过计算它们的特征距离 fd_{ij} 来计算平滑项 ψ_{ij}。n_c 是语义类别的数量，特征向量为 23 维度，由 2.2 节中采用的 22 维度特征以及 1 维度的帧序号共同构成。

$$ij = \begin{cases} (1 - fd_{ij})/n_c, \text{label}_i = \text{label}_j \\ fd_{ij}/(n_c^2 - n_c), \text{otherwise} \end{cases} \tag{2-10}$$

采用循环置信度传播算法（Loopy Belief Propagation）[30] 得到视频中不连续区域的场景语义分割结果，结合空间域的场景语义分割结果，最终得到视频场景语义分割结果。

2.3.3　实验与分析

在视频场景语义分割实验中，选择 CamVid 数据集的两个公共基准视频序列做测试集，分别是：① Camseq01，来自序列 seq16E5 15Hz 的 101 帧；② Camvid seq05，来自序列 0005VD（原名称 seq05VD）的 3000 帧。这两个视频序列均为沿街拍摄的街景数据，包括 32 种语义类别。为了进行实验对比，本节参照 Vijayanarasimhan 和 Grauman[26] 的做法将原始帧缩放到 398 × 530 像素大小，并且选择了前 10 种出现频率最高的语义类别做准确率评价。Camseq01 视频序列中的每一帧都人工标注了基准数据，而 Camvid seq05 视频序列中每隔 30 帧标注一帧基准数据，将已有标注的帧作为本节实验的测试帧。

与 Vijayanarasimhan 和 Grauman[26] 的定量对比见表 2-2，表中数值的单位是 100 像素，评价标准是平均每帧错误像素数量（标准评价方式，见文献［24 - 26］）。本节实验以不同数量的关键帧做相似图像集来测试方法的性能。图 2-15 展示了本方法的部分视频语义分割实验结果。

表 2-2　视频分割准确率对比

关键帧 RK	Camseq01				Camvid seq05				
	1	5	10	15	1	15	30	45	60
DP - MRF	305	120	84	75	1017	342	201	136	92
本方法	244	111	90	87	624	293	274	294	284

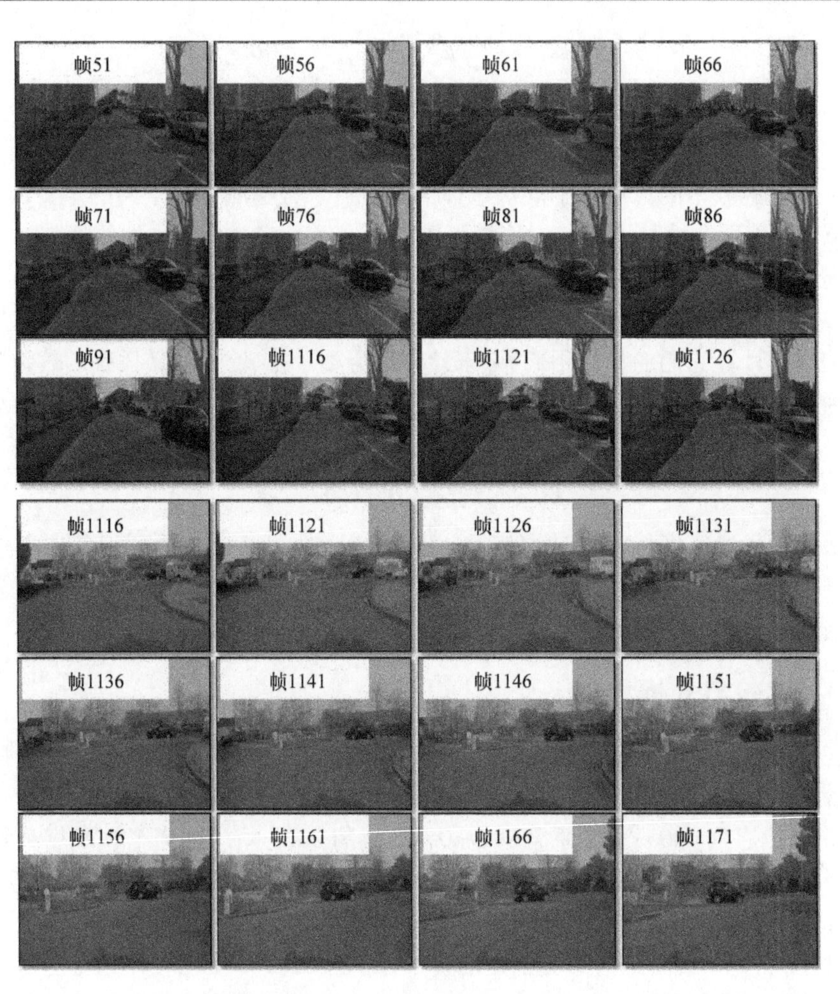

图 2-15　CamVid 视频序列的语义分割实验结果，前三行是 Seq05VD 视频序列的语义分割结果，后三行是 Seq06R0 视频序列的语义分割结果

对于序列 Camseq01，分别采用 1、5、10 和 15 帧关键帧作为相似图像集训练判别式模型。由于相似图像集中的每一帧相似度较高，为了提高计算效率，在训练传播指示器时，为 RK = 5 的实验选择两帧做训练集，为 RK = 10、RK = 15 的实验

选择四帧做训练集。在 RK = 1、RK = 5 时，本方法的结果优于 Vijayanarasimhan 和 Grauman[26] 的方法，分别提高了 2.89%、0.43%。

对于序列 Camvid seq05，分别采用 1、15、30、45 和 60 帧关键帧作为相似图像集训练判别式模型。考虑到内存空间问题，在训练传播指示器时，选择 10 帧关键帧（RK = 1 时选择 1 帧关键帧）。在 RK = 1、RK = 15 时，本方法的结果优于 Vijayanarasimhan 和 Grauman[26]，分别提高了 18.63%、2.32%。随着 RK 的增加，Vijayanarasimhan 和 Grauman[26] 的平均错误率在明显下降，而本方法的下降幅度有限。这是由于 Vijayanarasimhan 和 Grauman 是在整个视频空间上来优化，训练帧越多，优化的结果越好。

2.4　小结

本章针对图像场景内容语义分割的关键难点，调研分析了相关研究领域的研究现状，实现了一种基于图像场景内容上下文指导的场景语义分割方法，并将其推广到视频上，提出一种时空域联合上下文指导的视频场景语义分割方法。这两种方法有效地利用图像上下文信息辅助场景语义分割。

在四个公共基准数据集上进行了图像场景语义分割实验，与当时领域内国际领先方法进行了对比，并且针对参数性能进行了实验分析。实验表明，本章提出的图像场景语义分割方法切实有效，传播指示器的作用非常重要。同时，本章在两个公共基准视频序列上进行了视频场景语义分割实验与分析，并与当时领域内国际领先方法进行了对比。实验表明，本章提出的视频场景语义分割方法切实有效，即提高了分割准确率，同时保持了较好的前后帧分割效果连续性。

本章的方法给出了图像场景以及视频场景语义分割的一种解决方案，在取得良好效果的同时亦有其需要改进的地方。相信随着技术的发展和进步，图像场景语义分割这一领域会取得更高的成就。

参考文献

[1] SHOTTON J, WINN J M, ROTHER C, et al. Textonboost: Joint Appearance, Shape and Context Modeling for Multi - class Object Recognition and Segmentation [C]//In Proceedings of European Conference on Computer Vision (ECCV), Graz, Austria, May 7 - 13, 2006. Berlin: Springer, 2006: 1 - 15.

[2] XIAO J X, QUAN L. Multiple View Semantic Segmentation for Street View Images [C]//In Proceedings of the IEEE International Conference on Computer Vision (ICCV), Kyoto, Japan, September 29 - October 2, 2009. Los Alamitos, CA, USA: IEEE Computer Society, 2009: 686 - 693.

[3] LIU C, YUEN J, TORRALBA A. Torralba. Nonparametric Scene Parsing: Label Transfer via Dense Scene Alignment [C]//In Proceedings of the IEEE Conference on Computer Vision and Pattern

Recognition (CVPR), Miami, USA, June 20 - 25, 2009. Los Alamitos, CA, USA: IEEE Computer Society, 2009: 1972 - 1979.

[4] TORRALBA A, FERGUS R, FREEMAN W T. 80 Million Tiny Images: A Large Data Set for Nonparametric Object and Scene Recognition [J]. IEEE Transactions on Pattern Analysis and Machine Intelligence (PAMI), 2008, 30 (11): 1958 - 1970.

[5] OLIVA A, TORRALBA A. Building The Gist of A Scene: The Role of Global Image Features in Recognition [J]. Progress in Brain Research, 2006 (155): 23 - 36.

[6] TIGHE J, LAZEBNIK S. Superparsing: Scalable Nonparametric Image Parsing with Superpixels [C]//In Proceedings of European Conference on Computer Vision (ECCV), Crete, Greece, September 5 - 11, 2010. Berlin: Springer, 2010: 352 - 365.

[7] ZHANG H H, XIAO J X, QUAN L. Supervised Label Transfer for Semantic Segmentation of Street Scenes [C]//In Proceedings of European conference on Computer Vision (ECCV), Crete, Greece, September 5 - 11, 2010. Berlin: Springer, 2010: 561 - 574.

[8] ZHANG H H, FANG T, CHEN X W, et al. Partial Similarity based Nonparametric Scene Parsing in Certain Environment [C]//In Proceedings of the IEEE Conference on Computer Vision and Pattern Recognition (CVPR), Colorado Springs, USA, June 20 - 25, 2011. Los Alamitos, CA, USA: IEEE Computer Society, 2011: 2241 - 2248.

[9] BAI X, SAPIRO G. A Geodesic Framework for Fast Interactive Image and Video Segmentation and Matting [C]//In Proceedings of the IEEE International Conference on Computer Vision (ICCV), Rio de Janeiro, Brazil, October 14 - 21, 2007. Los Alamitos, CA, USA: IEEE Computer Society, 2007: 1 - 8.

[10] BAI X, SAPIRO G. Geodesic Matting: A Framework for Fast Interactive Image and Video Segmentation and Matting [J]. International Journal of Computer Vision (IJCV), 2009, 82 (2): 113 - 132.

[11] PRICE B L, MORSE B S, COHEN S. Geodesic Graph Cut for Interactive Image Segmentation [C]//In Proceedings of the IEEE Conference on Computer Vision and Pattern Recognition (CVPR), San Francisco, USA, June 13 - 18, 2010. Los Alamitos, CA, USA: IEEE Computer Society, 2010: 3161 - 3168.

[12] GULSHAN V, ROTHER C, CRIMINISI A, et al. Geodesic Star Convexity for Interactive Image Segmentation [C]//In Proceedings of the IEEE Conference on Computer Vision and Pattern Recognition (CVPR), San Francisco, USA, June 13 - 18, 2010. Los Alamitos, CA, USA: IEEE Computer Society, 2010: 3129 - 3136.

[13] ARBELAEZ P, MAIRE M, FOWLKES C C, et al. From Contours to Regions: An Empirical Evaluation [C]//In Proceedings of the IEEE Conference on Computer Vision and Pattern Recognition (CVPR), Miami, USA, June 20 - 25, 2009. Los Alamitos, CA, USA: IEEE Computer Society, 2009: 2294 - 2301.

[14] CHEN X W, ZHAO D Y, ZHAO Y B, et al. Accurate Semantic Image Labeling by Fast Geodesic Propagation [C]//In Proceedings of the IEEE International Conference on Image Processing (ICIP), Cairo, Egypt, November 7 - 12, 2009. Piscataway, NJ, USA: IEEE, 2009: 4021 -

4024.
[15] TORRALBA A, EFROS A A. Unbiased Look at Dataset Bias [C]//In Proceedings of the IEEE Conference on Computer Vision and Pattern Recognition (CVPR), Colorado Springs, USA, June 20 – 25, 2011. Los Alamitos, CA, USA: IEEE Computer Society, 2011: 1521 – 1528.
[16] BROSTOW G J, FAUQUEUR J, CIPOLLA R. Semantic Object Classesin Video: AHigh – definition Ground Truth Database [J]. Pattern RecognitionLetters, 2009, 30 (2): 88 – 97.
[17] SHOTTON J, WINN J M, ROTHER C, et al. TextonBoost for image understanding: Multi – class object recognition and segmentation by jointly modeling texture, layout, and context [J]. International Journal of Computer Vision (IJCV), 2009, 81 (1): 2 – 23.
[18] BILESCHI S. Cbcl Streetscenes Challenge Framework [DS/OL]. Boston: MIT, 2007 [2022 – 01 – 01]. http: //cbcl. mit. edu/software – datasets/streetscenes/.
[19] YAO B Z, YANG X, ZHU S C. Introduction to ALarge – scale General Purpose Ground Truth Database: Methodology, Annotation Tool and Benchmarks [C]//In Proceedings of the 6th International Conference on Energy Minimization Methods in Computer Vision and Pattern Recognition (EMMCVPR), Ezhou, China, August 27 – 29, 2007. Berlin: Springer, 2007: 169 – 183.
[20] SHOTTON J, JOHNSON M, CIPOLLA R. Semantic Texton Forests for Image Categorization and Segmentation [C]//In Proceedings of the IEEE Conference on Computer Vision and Pattern Recognition (CVPR), Anchorage, USA, June 23 – 28, 2008. Los Alamitos, CA, USA: IEEE Computer Society, 2008: 1 – 8.
[21] TU Z W. Auto – context and Its Application to High – level Vision Tasks [C]//In Proceedings of the IEEE Conference on Computer Vision and PatternRecognition (CVPR), Anchorage, USA, June 23 – 28, 2008. Los Alamitos, CA, USA: IEEE Computer Society, 2008: 1 – 8.
[22] DI X F, CHANG H, CHEN X L. Multi – layer Spectral Clustering for Video Segmentation [C]// In Proceedings of the Asian Conference on Computer Vision (ACCV), Daejeon, Korea, November 5 – 9, 2012. Berlin: Springer, 2012: 1 – 12.
[23] ZHU Q S, SONG Z, XIE Y Q, et al. A Novel Recursive Bayesian Learning – based Method for the Efficient and Accurate Segmentation of Video with Dynamic Background [J]. IEEE Transactions on Image Processing (TIP), 2012, 21 (9): 3865 – 3876.
[24] BADRINARAYANAN V, GALASSO F, CIPOLLA R. Label Propagation in Video Sequences [C]//In Proceedings of the IEEE Conference on Computer Vision and Pattern Recognition (CVPR), San Francisco, USA, June 13 – 18, 2010. Los Alamitos, CA, USA: IEEE Computer Society, 2010: 3265 – 3272.
[25] BUDVYTIS I, BADRINARAYANAN V, CIPOLLA R. Label Propagation in Complex Video Sequences using Semi – supervised Learning [C]//In Proceedings of the British Machine Vision Conference (BMVC), Aberystwyth, UK, August 31 – September 3, 2010. Durham, UK: British Machine Vision Association, 2010: 1 – 12.
[26] VIJAYANARASIMHAN S, GRAUMAN K. Active Frame Selection for Label Propagation in Videos [C]//In Proceedings of the European Conference on Computer Vision (ECCV), Florence, Italy, October 7 – 13, 2012. Berlin: Springer, 2012: 496 – 509.

[27] BUDVYTIS I, BADRINARAYANAN V, CIPOLLA R. Semi – Supervised Video Segmentation using Tree Structured Graphical Models [C]//The 24th Conference on Computer Vision and Pattern Recognition (CVPR), Colorado Springs, CO, USA, June 20 – 25, 2011. Los Alamitos, CA, USA: IEEE Computer Society, 2011: 2257 – 2264.

[28] JAIN A, CHATTERJEE S, VIDAL R. Coarse – to – fine Semantic Video Segmentation using Supervoxel Trees [C]//IEEE International Conference on Computer Vision (ICCV), Sydney, Australia, December 1 – 8, 2013. Los Alamitos, CA, USA: IEEE Computer Society, 2013: 1865 – 1872.

[29] MATHWORKS. Computer vision system toolbox [CP/OL]. [2022 – 01 – 01]. http://www.mathworks.cn/cn/help/vision/examples/video – stabilization – using – point – feature – matching.html.

[30] SCHMIDT M. Ugm: Matlab code for undirected graphical models [CP/OL]. [2022 – 01 – 01]. http://www.cs.ubc.ca/~schmidtm/Software/UGM.html.

[31] ZHU Y, SAPRA K, REDA F A. Improving Semantic Segmentation via Video Propagation and Label Relaxation [C]//IEEE Conference on Computer Vision and Pattern Recognition (CVPR), Long Beach, CA, USA, June 16 – 20, 2019. Los Alamitos, CA, USA: IEEE Computer Society, 2019: 8856 – 8865.

第3章　图像空间的几何理解

3.1　问题与分析

二维图像平面是真实三维世界的投影，由于投影视角原因，三维世界中不相邻的物体投影到二维平面时经常会出现遮挡现象。图像场景的层次结构就是场景中多个对象或区域之间遮挡关系的一种有序表现。理解图像场景的层次关系和遮挡关系有助于理解图像场景背后隐含的三维空间关系。根据心理学 Gestalt（格式塔）理论，在缺少足够信息的条件下，人类的感知系统对图像内容会产生多种不同的理解。如图 3-1 所示，图中 a）是输入的图像，b）和 c）是对输入图像的不同理解。对于第一个图形来说，可以将它理解成俯视角度下的正方形，也可以将它理解成仰视角度下的正方形；对于第二个图形来说，可以将它理解成一个酒杯，也可以将它

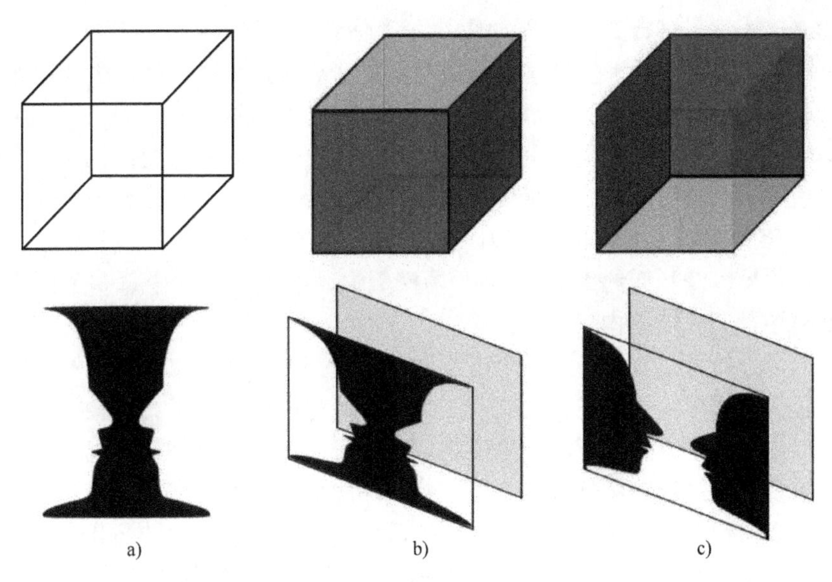

图 3-1　具有歧义的图像空间关系理解示意图，a）是输入的图像，b）和 c）是对输入图像的不同理解

理解成两个人的侧脸。可以看出，当图像中的层次和遮挡关系模糊时，对图像呈现的三维空间关系的理解就会出现歧义。因此，层次关系和遮挡关系对于图像场景理解的具有重要的意义，很多学者已意识到其重要性，并开展了这方面的研究。

早期，哈佛大学的 Nitzberg 和 Mumford 提出一种层次化图像表示，将图像分解为由若干个遮挡区域构成的有序形式，称之为 2. 1D sketch[1]。其目标是恢复图像中所有对象区域的遮挡序列，并补齐由于遮挡而缺失的对象轮廓。根据图像中的边界和角点特征，构建能量最小化模型，求得符合人类视觉感知的最优解，消除由于遮挡而引起的歧义。此后，诸多学者开始关注这方面的研究。1994 年，麻省理工学院的 Wang 和 Adelson[2] 提出一种面向视频编码的运动分析层次化表示方法，将前/后背景对象区域在各自的层次上分析并编辑。与传统视频运动分析方法相比，运动视频的层次化表示能够更好地处理由遮挡而引起的边界信息问题。2002 年，明尼苏达大学的 Esedoglu 和 March，在 2. 1D sketch 能量公式的基本框架下，提出了一种不需要检测遮挡交界点的能量优化方法[3]。

另外一类处理图像层次化表示的方法为前/后背景划分方法。前/后背景划分是指对于具有公共边界的两个邻接区域，划分边界两侧区域的遮挡关系，遮挡区域为前景，被遮挡区域为背景，进而为后续的高层处理提供更有效的前景形状信息。国外多所著名大学如卡内基梅隆大学、加州大学伯克利分校、斯坦福大学都开展了相应研究。

2001 年，卡内基梅隆大学的 Yu 等[4] 提出了一种面向前/后背景划分的复杂多层级 MRF 场模型。Yu 等在其多层级 MRF 模型中定义了 10 条逻辑推理规则，结合稀疏的遮挡线索来进行遮挡边界和图像深度估计。2006 年，加州大学伯克利分校的 Ren 等[5] 提出了一种针对自然图像的前/后背景划分方法。该方法利用底层的形状特征来预测边界的前/后背景划分。卡内基梅隆大学的 Hoiem 等[6-9] 多年来从事遮挡边界估计的研究，他们认为特征对于推理遮挡关系具有重要的作用。在他们的方法中使用了大量的特征，包括传统的平面区域特征、三维表面特征以及深度特征等。2007 年，斯坦福大学的 Saxena 等[10] 将图像的纹理特征、梯度特征、深度特征，遮挡边界以及几何约束加入 MRF 场模型中，推理出图像中每一个像素点的深度，恢复场景的三维结构。

从上述分析可以看出，这些学者都注意到遮挡特征在层次和遮挡关系估计中具有举足轻重的作用，并在各自的研究工作中不同程度的使用了遮挡特征。然而，这些研究工作的关注点是利用特征来实现层次划分、遮挡边界估计，或者是在遮挡关系恢复的基础上进行轮廓补齐、图像分割、深度估计，而忽略了从感知角度来分析特征的作用，没有分析选择什么样的特征可以更好地表示层次结构和遮挡关系，没有探讨如何用可计算的方式来描述人类感知遮挡关系的规律。另外值得注意的是，这些工作无一例外只处理具有公共边界的区域之间的遮挡关系。而实际上，不只是邻接区域之间存在遮挡关系，在图像中没有邻接关系的区域之间也可能存在遮挡关系。例如图 3-2 中，在二维平面上犀牛的区域与天空的区域没有邻接关系，但是在实际三维空间中犀牛比天空离相机镜头更近，它位于天空的前方，它们之间存在隐形的遮挡关系，这种遮挡关系反映了对象的空间位置。而目前已有的研究工作无法处理这种隐形的遮挡关系。

本章要解决的问题是，如何将人类感知层次和遮挡关系的规律用可计算的方式表达。具体来说，挖掘什么样的特征使得计算机能够像人类一样，有效地表达层次和遮挡关系，如何利用这些特征来进行图像场景遮挡关系判定和场景分层。所谓图像场景分层问题，即定义为图像中若干个遮挡区域的有序组合，属于 2.1D sketch 范畴。不管是自动的检测区域边界，还是手动的人工分割，遮挡关系判定与图像区域分割是密切相关的，因此遮挡关系判定和图像场景分层也是基于图像区域分割基础上的。不同于前人工作中以图像场景边界来判定遮挡关系的方法，本章中的遮挡关系是基于对象区域的。

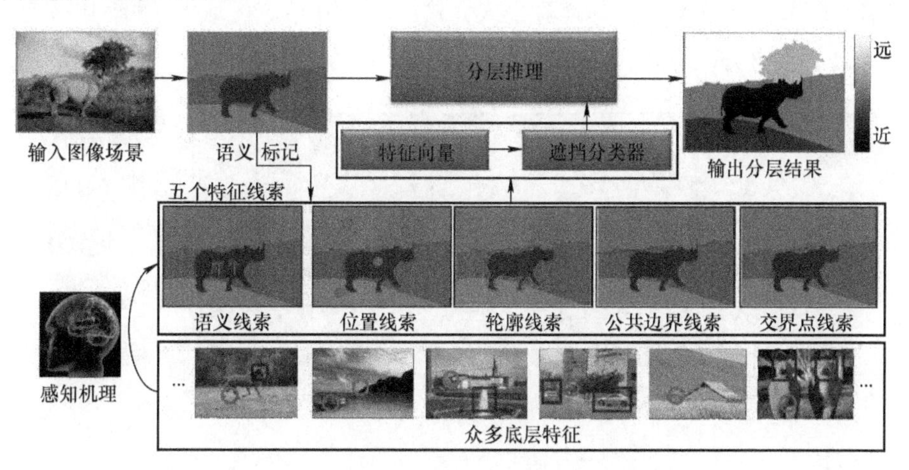

图 3-2　基于层次线索的场景分层框架图

3.2　场景空间的遮挡与层次关系分析

本节给出图像内容遮挡判定及场景分层方法的具体实现步骤，该方法主体架构如图 3-2 所示。利用上述五种层次线索，在训练数据集图像上构建层次特征向量，根据已标注的遮挡关系，采样遮挡关系的正样本和负样本，并通过训练得到判别遮挡关系的分类器；给定一张输入图像，对其进行语义分割，在此基础上，计算五个层次线索的特征值，构建层次特征向量集合，利用遮挡关系分类器预测输入图像的遮挡关系。在遮挡关系的带权有向图上使用层次排序推理算法，推理出图像场景的层次结构。本章假设每个语义区域被划分为唯一一个层次，不存在一个区域被划分为多个层次的情况，也不存在区域相互遮挡的情况。

3.2.1 层次线索描述

基于人类感知规律，在众多底层特征基础上，本章利用了五个简单的区域级层次线索，分别为语义线索、位置线索、轮廓线索、公共边界线索和交界点线索。

1. 语义线索

在语义分割的基础上，图像中每一个像素点都被赋予一个语义标记，图 3-3 所示的语义线索示意图中，每一个语义区域都用指定的颜色可视化。由于遮挡现象经常出现在某些固定的语义区域之间，因此语义信息在估计遮挡关系时是非常有效的。例如，在自然场景中，牛羊经常站在草地上，造成“牛”的区域遮挡“草地”的区域。由于场景中不同语义区域之间的遮挡现象符合一定的概率分布，因此本章采用了区域的语义信息作为层次线索，以不同语义类别之间的遮挡频率作为先验知识。语义线索特征值 $S_{(R_i,R_j)}$ 的计算公式见式（3-1），给定区域 R_i 和 R_j 以及它们的语义标记，$P(\bullet)$ 是 R_i 语义类别遮挡 R_j 语义类别的频率直方统计值。

图 3-3 语义线索示意图

针对训练数据集，统计所有训练图像上不同语义类别之间的遮挡频率直方图。对于一张测试图像，以它的语义标记结果作为输入，根据语义标记得到对象区域 R_i 和 R_j 的语义信息，根据统计的遮挡频率直方图，得到对象语义线索特征值。

$$S_{(R_i,R_j)} = P(\mathrm{label}_{R_i}, \mathrm{label}_{R_j}) \tag{3-1}$$

2. 位置线索

对象区域在图像场景中的位置表明了该区域在三维空间中的深度信息。在实际的三维空间中，离相机镜头越近的对象，在图像中的位置一般都会处于较下方。天空可以被认为是无限远的，它通常位于图像的最上方，而地面一般是处于图像的最下方。如图 3-4 所示，树木离相机镜头最近，建筑物（高架桥和高楼大厦）离的较远，而天空是处于无限远处。在图像中，树木的位置在最下方，建筑物处于中间，而天空在最上方。Hoiem 等[6]估计遮挡关系时，将位置信息作为一个主要特征。受到这些启发，本章将区域的位置信息作为层次线索。位置线索特征值 $\mathrm{Pos}_{(R_i,R_j)}$ 的计算公式如下，其中 R_i 和 R_j 是由语义标记结果确定的两个区域，$\overline{y_i}$ 和 $\overline{y_j}$ 是它们对应的重心点的高度，H 是整个图像的高度。位置线索特征值反应的是从相对位置角度来衡量两个对象区域的遮挡关系和层次关系。

$$\mathrm{Pos}_{(R_i,R_j)} = 1/(1+\exp(\overline{y_j} - \overline{y_i}/H)) \tag{3-2}$$

图 3-4　位置线索示意图

3. 轮廓线索

轮廓与面积、方正性、方向性等度量特征一样，属于区域级的描述特征。一般来说，区域的轮廓变化越平稳，区域越规则且紧凑。距离相机镜头最近的对象，由于它不会出现被遮挡的情况，它的轮廓一般是规则的。如图 3-5 所示，R_1、R_2、R_3 和 R_4，分别代表羊、越野车、树和汽车的区域，羊的轮廓明显比其他三个区域的轮廓规则。基于这种观点，轮廓特征可以在一定程度上反映对象被遮挡的可能性。轮廓越规则的对象，位于图像最前方的可能性越大。紧凑性是基于区域形状的重要描述符[11,12]，本章以紧凑性来度量区域轮廓信息。根据 Bribiesca[12] 关于轮廓紧凑性的定义，采用如下数学计算模型来表示轮廓紧凑性，以此作为轮廓线索特征值。

$$\mathrm{Com}_R = \exp\left\{-\alpha \cdot \frac{L^2}{A}\right\} \tag{3-3}$$

图 3-5　轮廓线索示意图

其中 L 是区域 R 的轮廓周长，A 是区域 R 的轮廓面积，调节参数 α 设置为 0.05。区域 R 的轮廓是根据语义标记结果确定的。在本章中，如无特殊说明，一个语义类别对应一个区域，例如图 3-5 中，R_3 区域包括四个语义标记为“树”的子区域。在计算轮廓线索特征值时，以这四个子区域的平均值作为 R_3 区域的最终值。

4. 公共边界线索

边界被认为是推理遮挡关系的有效线索之一[5,6]。对于相邻接的两个区域 R_i 和 R_j，不失一般性地假设 R_i 遮挡 R_j，它们的公共边界从整体看来会凸向 R_j，例如图 3-6 中每一幅图像的 R_1 和 R_2 两个区域，R_1 遮挡 R_2，它们之间的公共边界呈现出凸向 R_2 的趋势。可以看出，边界的凹凸走势能够在一定程度上反映区域之间的遮挡关系[13,14]。因此，本章采用公共边界的凹凸性作为度量相邻区域遮挡关系的线索，以可计算的曲率来描述边界的凹凸性。曲率的数学模型见以下公式，其中 κ 是曲率，l 是公共边界曲线 $\vec{L}$ 的长度。

$$g(\vec{L}) = 1/\left[1 + \exp(-\int_l \kappa \mathrm{d}s/l)\right] \tag{3-4}$$

根据曲率的数学模型，采用如下公式计算公共边界特征值，其中 N 是区域 R_i 和 R_j 之间的公共边界曲线数目。如图 3-6 中第三列图像所示，R_1 和 R_2 之间的公共边界曲线不只是红框中所示，还包括山脉和树木交界的其他边界曲线。

$$\mathrm{Bry}(R_i, R_j) = \sum_{i=1}^{N} g(\vec{L_i})/N \tag{3-5}$$

5. 交界点线索

图像中相邻的三个区域之间的边界交汇处形成交界点，它能在一定程度上反映三个区域之间的遮挡关系和层次关系。人类很早就认识到交界点在视觉感知中的重要性，在格式塔心理学[15]中介绍了交界点在遮挡关系感知的重要性，但是直到近些年才明确它的作用程度[5,6,16-18]。交界点是复杂视觉处理的基本单元，如深度估计、运动估计、分割与识别等问题，都会存在交界点现象，它能为空间几何属性和遮挡关系提供有效的局部信息。如图 3-7 中第二列图像所示，R_1、R_2、R_3 分别是车、水面、地面，R_1 遮挡 R_2 和 R_3，R_2 遮挡 R_3，在它们交汇处存在交界点。因此，本章中将交界点作为判断遮挡关系的线索。交界点的表示形式有多种，为了准确表示，需要选择合适的参数。本章中将交界点的曲线简化为直线段，使用直线段之间的夹角来作为交界点的参数。如图 3-7 中，检测出交界点的中心和曲线，根据曲线的平均位置将曲线转化为直线段，然后利用线段之间的夹角来描述交界点 $J_t = (\theta_1, \theta_2, \theta_3)$。由于遮挡关系是一种成对关系，对于区域 R_i、R_j，它们交界点线索特征值的计算公式如下，其中 R_k 是交界点对应的第三个区域，θ_{R_k} 是 R_k 所辖区域的角度。

图 3-6　公共边界线索示意图

图 3-7　交界点线索示意图

$$\mathrm{Jun}_{(R_i,R_j)} = \frac{\arccos(\theta_{R_i})}{\sum \arccos[J_t(\theta_{R_i},\theta_{R_j},\theta_{R_k})]} \tag{3-6}$$

3.2.2　图像内容表达

由于本章中的层次线索是基于区域的，因此首先需要得到图像的语义标记结果。本章采用第二章中的语义场景分割方法，得到图像的语义标记结果。在此基础上，根据不同的语义标记得到区域的属性，包括区域的语义类别、位置、轮廓和数量。提取区域轮廓的长度、面积，提取区域之间公共边界的曲率和长度，提取三个区域的交界点。

将图像内容表示为 $W_{2D}=(V_R,S_R,J_T)$。其中 $V_R=(R_1,R_2,\cdots,R_N)$ 代表区域集合，包括每一个区域的位置、轮廓和数量等信息，N 是区域数量。$S_R=(S_{R_1},S_{R_2},\cdots,S_{R_N})$ 代表语义类别集合，包括每一个区域对应的语义类别信息。$J_T=(J_1,J_2,\cdots,J_t)$ 代表交界点集合，包括交界点对应的区域和角度信息，t 是交界点数量。

本章的目标是将图像表示为层次化序列 $W_L=(R_{L_1},R_{L_2},\cdots,R_{L_N})$，其中每一个元素 R_{L_i} 的表示区域 R 被划分为第 i 层。L_1 代表最前层，L_N 代表最后层。当 $i<j$ 时，R_{L_i} 遮挡 R_{L_j}，$|i-j|\geqslant 1$。图像的内容表达和待求解的层次化序列如图 3-8 所示。

图 3-8　图像内容表达示意图

3.2.3　遮挡判定

由于层次是由多个具有遮挡关系的区域构成的有序序列，因此为了得到准确的层次化表示，首先估计图像中区域之间的遮挡关系。本章采用了一种偏好函数 PREF[19] 来预测遮挡关系并给出遮挡关系的概率值。偏好函数的本质是多个二值指示函数的线性组合，它能够给出两个输入对象排序关系的合理建议，例如判断将对象 A 排在对象 B 之前是否比将对象 B 排在对象 A 之前更合理。本章将 PREF 函数引入遮挡关系判定工作中，PREF 将输入的特征向量解释为一个分数值，称为偏好分值，该分数值代表了输入特征向量对应遮挡关系的概率值。PREF 的计算公式如下，其中 $R_i > R_j$ 代表区域 R_i 遮挡 R_j，$R_i < R_j$ 代表区域 R_j 遮挡 R_i；偏好分值量级越高，代表遮挡关系的可能性越大。

$$\mathrm{PREF}(R_i, R_j) \overset{def}{=} \begin{cases} \mathrm{score} > 0, R_i > R_j \\ \mathrm{score} < 0, R_i < R_j \end{cases} \tag{3-7}$$

可以利用多种算法学习出 PREF 函数[19]，本章中采用了 Adaboost 算法。该算法通过学习得到一个由多个弱分类器线性组成的强分类器。根据 Adaboost 分类器，偏好分值可以表示为 PREF(R_i, R_j)，其中 $h(x)$ 是分类器输出的预测值，$h_t(x)$ 是弱分类器。在本章中选择决策树桩（decision stump）来作为弱分类器。σ_t 是下标为 t 的弱分类器的阈值。

$$\mathrm{PREF}(R_i, R_j) = h(x) = \sum_{t=1}^{T} \alpha_t h_t(x), h_t(x) = 1[f_t(x) > \sigma_t] \tag{3-8}$$

根据五个层次线索的数学公式，在训练数据集的图像上检测层次线索，提取五个层次线索的特征值，构成 6 维度的层次特征向量。对任意两个区域 R_i 和 R_j，其

对应特征向量 $FV(R_i,R_j)$ 的形式化如下：

$$FV(R_i,R_j)=[S_{(R_i,R_j)},Pos_{(R_i,R_j)},Com_{R_i},Com_{R_j},Bry_{(R_i,R_j)},Jun_{(R_i,R_j)}] \quad (3\text{-}9)$$

式中，$S_{(R_i,R_j)}$ 是 R_i 和 R_j 对应的语义线索特征值；$Pos_{(R_i,R_j)}$ 是位置线索特征值；Com_{R_i} 是区域 R_i 的轮廓线索特征值；$Bry_{(R_i,R_j)}$ 是 R_i 和 R_j 之间的公共边界线索特征值；$Jun_{(R_i,R_j)}$ 是交界点线索特征值。根据训练数据集图像上已经标注的对象区域之间的遮挡关系，采样遮挡关系的正样本和负样本，构建层次线索特征向量集合。在采样时需注意，遮挡关系具有传递性，例如 R_i 遮挡 R_j，R_j 遮挡 R_k，那么 R_i 遮挡 R_k 也是一个遮挡关系样本。对于任意的遮挡关系 $<R_i, R_j>$ 和 $<R_j, R_i>$，其所表示的遮挡关系是相对的。前者代表 R_i 遮挡 R_j，后者代表 R_j 遮挡 R_i，对应的特征向量不相同。因此，在整个数据集上，遮挡关系的正样本数量和负样本数量是一致的。在采样遮挡关系样本数据之后，利用 Adaboost 算法训练遮挡关系分类器。

针对本章解决的问题，对 Adaboost 算法进行了修改，见算法 3-1。该算法同时输出遮挡关系判定结果和预测概率值，$H[FV(R_i,R_j)]$ 为正表示存在遮挡关系 R_i 遮挡 R_j，否则表示 R_j 遮挡 R_i。如果 $PREF(R_i,R_j)$ 和 $PREF(R_j,R_i)$ 均为正值，而 $PREF(R_i,R_j)$ 的量级大于 $PREF(R_j,R_i)$，表示 R_i 遮挡 R_j 的关系更合理。

算法 3-1 面向遮挡判定的 Adaboost 算法

输入：$(FV_i,y_1)\cdots(FV_m,y_m)$，$FV_i\in\{FV\},y_i\in Y=\{-1,+1\}$

输出：最终的假设 $H(FV_i)$ 和 PREF 偏好分值 $PREF(FV_i)$

初始化，$D_1(i)=1/m$。

更新权重值：

对于每一个 $t\in\{T\}$，执行以下操作：

1）根据分布 D_t 训练弱分类器

2）得到弱假设 $h_t:FV\to\{-1,+1\}$ 以及误差 $\varepsilon_t=\Pr_{i,D_t}(h_t(FV_i)\neq y_i)$

3）选择 $\alpha_t=\frac{1}{2}\ln\left(\frac{1-\varepsilon_t}{\varepsilon_t}\right)$

4）$D_{t+1}(i)=\frac{D_t(i)}{Z_t}\times\begin{cases}e^{-\alpha_t},h_t(FV_i)=y_i\\ e^{\alpha_t},h_t(FV_i)\neq y_i\end{cases}$，即 $D_{t+1}(i)=\frac{D_t(i)\exp[-\alpha_t y_i h_t(FV_i)]}{Z_t}$

Z_t 是归一化因子

循环结束

输出最终的假设和偏好分值：

1）$H(FV_i)=\text{sign}\left[\sum_{t=1}^{T}\alpha_t h_t(FV_i)\right],i=1\cdots m$

2）$PREF(FV_i)=\sum_{t=1}^{T}\alpha_t h_t(FV_i)$

3.2.4 层次推理

根据图像中任意两个区域之间的遮挡关系判定，确定最优层次序列。最优层次序列要满足尽可能多的遮挡关系对。根据 Cohen 等[19]的分析，求解最优排序是一个 NP 问题，但是可以使用贪婪算法找到一个近似最优解。因此，本章借鉴 Cohen 等[19]求解最优排序的思想，求解近似最优层次序列 W_L^* 。

在得到了图像中所有遮挡关系的 PREF 值后，构建遮挡关系带权完全有向图 $G=\langle V, E\rangle$，如图 3-9 所示。图结构中，每个节点对应图像中的语义区域，节点之间的有向边表示遮挡关系，边的权重即 PREF 值。节点 R_4 有权重为 0.315956 的有向边指向节点 R_5，$\langle R_4, R_5\rangle$ 被分类器预测为正遮挡关系，节点 R_5 有权重为 1.02053 的有向边指向节点 R_4，$\langle R_5, R_4\rangle$ 也被分类器预测为正遮挡关系。这种遮挡关系出现矛盾的情况与一个对象区域只划分为唯一一个层次的假设不符。当遮挡关系矛盾的时候，需要判断哪个遮挡关系更可信。更进一步，需要判断如何排序任意两个区域，使得所得到的层次序列更接近真实的图像层次结构。本章的目标是在 W_L 的解空间 Ω_{W_L} 中，寻找在给定图像 2D 表示 W_{2D} 的条件下具有最大偏好分值的近似最优解 W_L^*，即

$$
\begin{aligned}
W_L^* &= \rho^* = \mathrm{MAX}_{\rho\in P}\{\mathrm{AGREE}(\rho,\mathrm{PREF})\},\\
\mathrm{AGREE}(\rho,\mathrm{PREF}) &= \sum_{[R_i,R_j:\rho(R_i)>\rho(R_j)]}\mathrm{PREF}(R_i,R_j)
\end{aligned}
\tag{3-10}
$$

式中，ρ 是图像所有区域的一个层次序列。在这个序列中，当且仅当 R_i 排在 R_j 的前面时，有 $\rho(R_i)>\rho(R_j)$。对任意一个层次序列，其偏好分值为所有满足 $\rho(R_i)>\rho(R_j)$ 的遮挡关系偏好分值之和。因此，求解最优层次结构转换为寻找最大偏好分值的层次序列。

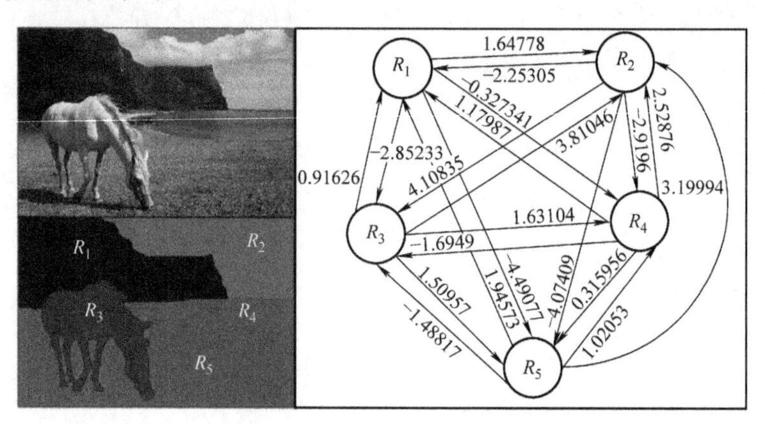

图 3-9 层次排序有向图

在带权完全有向图上，利用层次偏序推理算法求解出图像场景的层次结构。分析本章所解决问题的特点，由于图像场景中的区域数量和层次序列的总数不会过于繁多，因此采用了一种快速有效的层次偏序推理算法。如算法 3-2：给定图结构 $G = <V,E>$，得到 V 中所有区域的排序集合 P；对于 P 中每一个序列，其偏好分值 $\pi(\rho) = \sum_{(R_i,R_j \in V)\cap(R_i \neq R_j)} \mathrm{PREF}(R_i,R_j)$；令 $\pi(\rho^*) = \arg\max_{\rho \in P}[\pi(\rho)]$，$\rho^*$ 就是我们要求解的最优层次序列 W_L^*。

算法 3-2　层次偏序推理算法

输入：图像中的区域集合 V_R，PREF 值

输出：近似最优层次序列 W_L

V_R 中区域的所有排序放入 P 中。

对每一个序列 $\rho \in P$，执行：$\pi(\rho) = \sum_{(R_i,R_j \in V)\cap(R_i \neq R_j)} \mathrm{PREF}(R_i,R_j)$

选择 $\pi(\rho^*)$，满足 $\pi(\rho^*) = \arg\max_{\rho \in P}[\pi(p)]$

输出最优层次序列 $W_L = \rho^*$

3.2.5　实验与分析

1. 实验数据集

本章实验使用三个公共基准数据集。第一个数据集是自然场景类别的，是由 Yao 等[21]于 2007 年发布的 LHI 数据集的子集，简称 LHI 自然场景数据集。LHI 自然场景数据集包含 200 张图像，涵盖了自然场景中的 17 种语义类别，如天空、地面、树木、水面、草地、马、狗等。第二个数据集是人造室内场景类别的，同样是 Yao 等[21]发布的 LHI 数据集的子集，简称 LHI 人造室内场景数据集。LHI 人造室内场景数据集包含 250 张图像，涵盖了人造室内场景中的 59 种语义类别，如电器、桌子、楼梯、床、衣柜、门窗等。第三个数据集是人造室外场景类别的，是在互联网海量图像数据中抽取的 645 张图像，简称室外场景数据集。室外场景数据集涵盖了人造室外场景中的 59 种语义类别，如自行车、雕塑、桥梁、广告牌等。

三个数据集中的所有图像都有人工标注的语义分割基准图和层次划分基准图。对于图像中的区域，根据人的感知，人工为每一个区域划分一个层次标记。例如，将羊的区域标为第一层次，草的区域标为第二层次，天空的区域标为第三层次。由此得到区域遮挡关系的基准数据，如羊遮挡草，羊遮挡天空，草遮挡天空。本章中假定遮挡关系具有传递性，因此任意两个区域，即使它们不相邻，它们之间也存在着遮挡关系。

2. 层次线索验证与分析

在 3.2.1 节中，理论分析了本章所提出的五个层次线索，本节从科学实验的角

度分析五个层次线索相比其他众多图像特征的优势。从本章所使用的三个数据集中，每个数据集上随机选择若干张图像构成该数据集的子集。将三个子集组成一个新的数据集，称为层次线索验证数据集，简称验证集。在验证集上，测试五个层次线索与其他特征线索的性能，进行对比实验。

如表3-1所列，共有三类特征用来与五个层次线索进行对比实验，其中F1到F5是五个层次线索，F6到F8分别是51维度的纹理特征、4维的边界对比特征以及17维的形状特征。纹理特征由Shotton等[22]提出，包括17维度滤波器响应值均值和方差，增强分类器对所有像素作用分值的均值和方差，以及所有方差的特征值对数和。这些特征涵盖了基本的纹理特征，自Shotton等提出后被多次引用，能够代表基本的纹理特征，因此被用来做对比实验。边界对比特征是由Gould等[23]提出，该特征度量了区域的边界与区域的内部之间的对比度。形状特征同样来自于Gould等[23]，包含区域面积、区域大小、区域周长、边界线残差值、一阶力矩和二阶力矩。F6、F7、F8特征维度比较高并且对底层图像特征比较敏感，当底层特征变化明显时，F6、F7、F8特征变化较大。

表3-1 遮挡判定的对比特征

序号	特征	维度
F1	语义线索	1
F2	位置线索	1
F3	轮廓线索	2
F4	公共边界线索	1
F5	交界点线索	1
F6	纹理特征	51
F7	边界对比特征	4
F8	形状特征	17

本节采用随机森林算法来预测表3-1中每一类型特征在遮挡判别中的重要性，以及不同数量特征对遮挡判别准确率的影响。图3-10展示了特征数量从1到8时，取得最好准确率的特征组合。不同的颜色条代表了不同的特征，颜色条的长度代表了对应特征的重要性。从图3-10中更可以看出，特征数量在3、4、5时的准确率比其他数目特征组合的准确率高。在特征数量一定的情况下，特征组合有多种。在三种特征的组合中，本章的语义线索、位置线索和公共边界线索构成的组合，取得了最高的准确率92.53%。在四种特征的组合中，本章的语义线索、位置线索、轮廓线索和公共边界线索构成的组合，取得了最高的准确率92.53%。在五种特征的组合中，本章的五个层次线索构成的组合取得了最高的准确率92.53%。当只使用一个特征时，语义线索取得了最高的准确率。当只使用两个特征时，语义线索和位置线索构成的组合取得了最高的准确率。在2个以上数量的特征组合中，无一例外

均使用了语义线索和位置线索。因此验证了语义线索和位置线索的有效性。当使用3个特征时，除了语义线索和位置线索之外，公共边界线索起到了提高准确率的作用，达到了3特征组合中最高的准确率。因此验证了公共边界线索的有效性。值得注意的是，3特征组合没有使用轮廓线索，而4特征组合和5特征组合都使用了轮廓线索。虽然3特征组合、4特征组合、5特征组合具有相同的准确率，在使用了轮廓线索的4特征组合和5特征组合中，轮廓线索比公共边界线索的重要性高。因此，轮廓线索在一定情况下起到了有效的作用。在5特征组合时，五个层次线索的组合取得了最高的准确率。然而在6特征组合、7特征组合和8特征组合时，对应最高准确率的组合中没有使用交界点线索。虽然轮廓线索和交界点线索在一定情况下才起到有效的作用，为了避免数据集的有偏性造成上述影响，本章仍然将轮廓线索和交界点线索作为层次线索。图3-10从实验角度验证了本章提出的五个层次线索是有效的。另外，本章的五个层次线索维度低，计算方便。

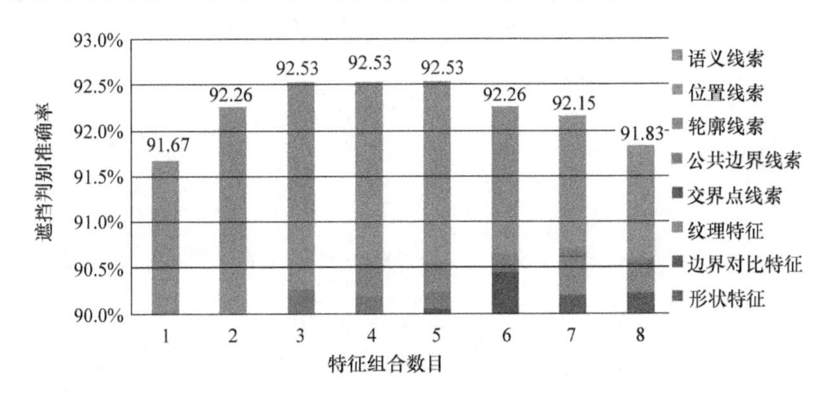

图3-10 不同数目的特征组合遮挡判别准确率对比图

五个层次线索可以构成31种特征组合，在图3-11中展示了这31种特征组合在判断相邻区域和不相邻区域的遮挡关系时的准确率。图中每一个点代表一种特征

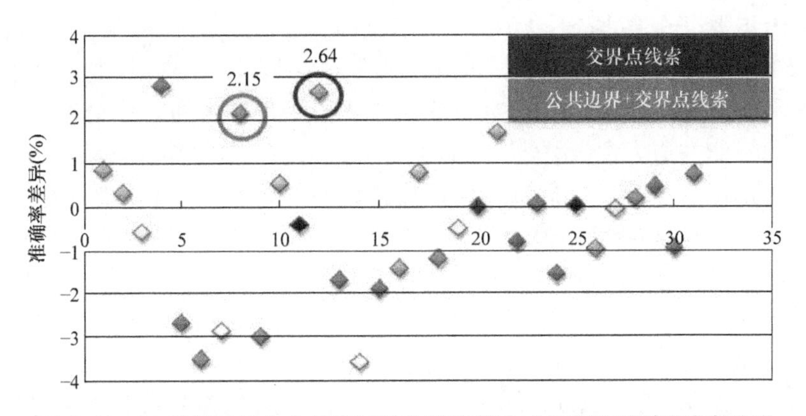

图3-11 31种特征组合在相邻区域和不相邻区域的遮挡判别准确率差异

组合，点的纵坐标代表了在该种特征组合下相邻区域与不相邻区域准确率的差值。纵坐标在0以上，代表相邻区域比不相邻区域的准确率高。其中，有三种特征组合对准确率的提高起到了明显的作用，准确率提高了0.02以上。这三个点中的两个点分别用红色和蓝色圆圈圈出。红色代表“公共边界线索和交界点线索”组合，蓝色代表“交界点线索”组合，均包含“交界点线索”。由此可知，交界点线索在判断邻接区域的遮挡情况时，起到了有效的作用。

3. 图像场景分层实验与分析

本节在LHI自然场景数据集、LHI人造室内场景数据集、室外场景数据集三个数据集上进行图像场景分层实验。其中，对于三个数据集上的遮挡关系判别进行了定量的比较。经过5次5份随机划分的交叉检验实验，得到三个数据集上遮挡关系判别的平均准确率以及它们对应的召回率曲线，如图3-12所示，每个数据集的遮挡关系分类器的训练次数为50。LHI自然场景数据集、LHI人造室内场景数据集、室外场景数据集的平均准确率分别为92.9%、82.7%和87.4%。

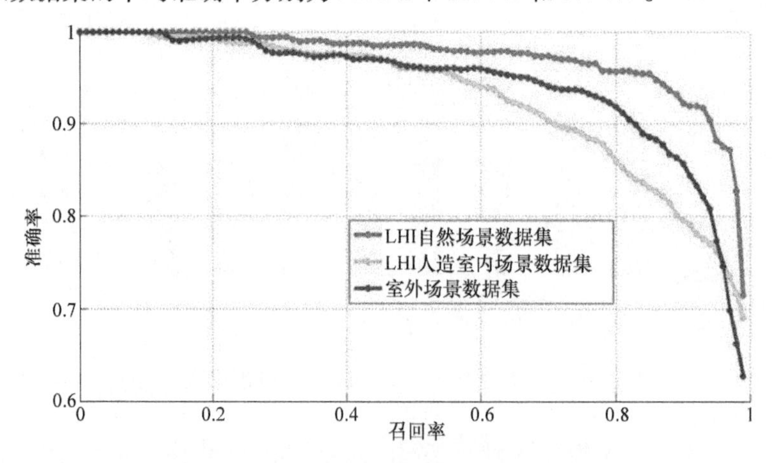

图3-12　三个数据集上遮挡判定的召回率

在LHI自然场景数据集上，每一张图像中对象区域的数量在［3，8］之间。随机选择100张图像作为训练集，训练数据集中一共包含2926对遮挡关系，剩余100张图像作为测试集。图3-13展示了本方法在LHI自然场景数据集上的部分分层结果。每一组左边为输入图像，右边为分层结果图，其中颜色越深表示对象区域层次越靠近前面。在LHI人造室内场景数据集上，随机划分125张图像作为训练集，训练集中共包含6420对遮挡关系，剩余125张图像作为测试集。图3-14展示了本方法在LHI人造室内场景数据集上的部分分层结果。在室外场景数据集上，随机选择345张图像作为训练集，训练集中共包含8490对遮挡关系，剩余300张图像作为测试集，部分场景分层结果如图3-15所示。

同时，将本章方法与Hoiem等[6]的方法进行了遮挡关系判别的对比实验。由于Hoiem等[6]是通过标记遮挡边界来表示两边区域的遮挡关系，为了与他们的方

图3-13　LHI自然场景数据集上场景分层结果

图3-14　LHI人造室内场景数据集上场景分层结果

法进行对比，将本章方法的遮挡判别结果也转化为遮挡边界标记的形式，如图3-16所示。根据本方法的场景分层结果，在两个区域之间的公共边界上标记箭

图 3-15　室外场景数据集上场景分层结果图

图 3-16　与 Hoiem 等的遮挡关系判别比较实验

头，箭头所指方向的左边区域遮挡右边区域。为了与 Hoiem 等[6]的方法区分，本方法的遮挡边界以红色来标记。从图 3-16 中可知，本方法的遮挡边界标记更准确，以图中第四行图像为例，本方法在树和天空附近的遮挡边界标记是正确的，即树遮挡天空，而 Hoiem 等[6]的方法却标记为天空遮挡树。

3.3 小结

图像场景几何结构估计方面的研究主要集中在遮挡边界估计、图像深度信息估计、三维空间结构估计等方面。本章从遮挡边界估计这一研究方向开展相关研究，提出了处理遮挡边界估计的方法，在根据底层图像分割方法得到图像内容边界的基础上，估计边界左右区域的遮挡关系。

本章分析了目前图像场景层次关系和遮挡关系判定中存在的问题，并在遮挡关系的基础上定义了图像场景的层次结构，提出了一种层次线索驱动的图像内容遮挡判定及场景分层方法，其中五种层次线索分别为语义、位置、轮廓、公共边界和交界点线索。通过实验验证了五个层次线索在遮挡判定问题上的优势，分析了五个层次线索相互之间的影响作用，同时进行了三个数据集上的遮挡判定和图像场景分层，并与相关领域国际领先方法进行了对比。实验表明，本章的五个层次线索和图像场景分层方法切实有效。本章方法的局限性在于需要对输入图像进行语义标记的预处理工作，在此基础上提取五个层次线索的特征值。未来工作中，可以考虑如何将图像语义标记与遮挡关系判定联合求解，如何让这两者相辅相成，互相促进。

参考文献

[1] NITZBERG M, MUMFORD D. The 2.1 – D Sketch [C]//In Proceedings of the IEEE International Conference on Computer Vision (ICCV), Osaka, Japan, December 4 – 7, 1990. Los Alamitos, CA, USA: IEEE Computer Society, 1990: 138 – 144.

[2] WANG J Y A, ADELSON E H. Representing Moving Images with Layers [J]. IEEE Transactions on Image Processing (TIP), 1994, 3 (5): 625 – 638.

[3] ESEDOGLU S, MARCH R. Segmentation with Depth but without Detecting Junctions [J]. Journal of Mathematical Imaging and Vision, 2002, 18 (1): 7 – 15.

[4] YU S X, LEE T S, KANADE T. A Hierarchical Markov Random Field Model for Figure – ground Segregation [C]//In Proceedings of the International Conference on Energy Minimization Methods in Computer Vision and Pattern Recognition (EMMCVPR), Sophia Antipolis, France, September 3 – 5, 2001. Berlin: Springer, 2001: 118 – 133.

[5] REN X F, FOWLKES C C, MALIK J. Figure/Ground Assignment in Natural Images [C]//In Proceedings of the European Conference on Computer Vision (ECCV), Graz, Austria, May 7 – 13, 2006. Berlin: Springer, 2006: 614 – 627.

[6] HOIEM D, STEIN A N, EFROS A A, et al. Recovering Occlusion Boundaries From A Single Image [C]//In Proceedings of the IEEE International Conference on Computer Vision (ICCV), Rio de Janeiro, Brazil, October 14 - 21, 2007. Los Alamitos, CA, USA: IEEE Computer Society, 2007: 1 - 8.

[7] HOIEM D. Seeing the World Behind the Image: Spatial Layout for 3D Scene Understanding [D]. Pittsburgh: Carnegie Mellon University, 2007.

[8] HOIEM D, EFROS A A, HEBERT M. Closing the Loop in Scene Interpretation [C]//In Proceedings of the IEEE Conference on Computer Vision and Pattern Recognition (CVPR), Anchorage, USA, June 23 - 28, 2008. Los Alamitos, CA, USA: IEEE Computer Society, 2008.

[9] HOIEM D, EFROS A A, HEBERT M. Recovering Occlusion Boundaries from An Image [J]. International Journal of Computer Vision (IJCV), 2011, 91 (3): 328 - 346.

[10] SAXENA A, SUN M, NG A Y. Learning 3 - D Scene Structure from A Single Still Image [C]//In Proceedings of the IEEE International Conference on Computer Vision (ICCV), Rio de Janeiro, Brazil, October 14 - 21, 2007. Los Alamitos, CA, USA: IEEE Computer Society, 2007.

[11] LEE S C, WANG Y, LEE E T. Compactness Measure of Digital Shapes [C]//Region 5 Conference: Annual Technical and Leadership Workshop, Norman, USA, April 2 - 2, 2004. Piscataway, NJ, USA: IEEE, 2004: 103 - 105.

[12] BRIBIESCA E. An Easy Measure of Compactness for 2D and 3D Shapes [J]. Pattern Recognition (PR), 2007, 41 (2): 543 - 554.

[13] ROUSSILLON T, SIVIGNON I, TOUGNE L. Robust Decomposition of A Digital Curve into Convex and Concave Parts [C]//In Proceedings of the International Conference on Pattern Recognition (ICPR), Tampa, USA, December 8 - 11, 2008. [S. l. : s. n.], 2008: 1 - 4.

[14] LIU H R, LATECKI L J, LIU W Y. A Unified Curvature Definition for Regular, Polygonal, and Digital Planar Curves [J]. International Journal of Computer Vision (IJCV), 2008, 80 (1): 104 - 124.

[15] METZGER W. Gesetze des Sehens [M]. Frankfurt: Verlag Waldemar Kramer, 1975.

[16] DIMICCOLI M, SALEMBIER P. Exploiting t - junctions for Depth Segregation in Single Images [C]//In Proceedings of the IEEE International Conference on Acoustics, Speech, and Signal Processing, Taipei, China, April 19 - 24, 2009. Los Alamitos, CA, USA: IEEE Computer Society, 2009: 1229 - 1232.

[17] MAIRE M, ARBELAEZ P, FOWLKES C C, et al. Using Contours to Detect and Localize Junctions in Natural Images [C]//In Proceedings of the IEEE Conference on Computer Vision and Pattern Recognition (CVPR), Anchorage, USA, June 23 - 28, 2008. Los Alamitos, CA, USA: IEEE Computer Society, 2008:

[18] CAZORLA M, ESCOLANO F. Two Bayesian Methods for Junction Classification [J]. IEEE Transactions on Image Processing (TIP), 2003, 12 (3): 317 - 327.

[19] COHEN W W, SCHAPIRE R E, SINGER Y. Learning to Order Things [J]. Journal of Artificial Intelligence Research, 1999 (10): 243 - 270.

[20] SCHAPIRE R E. A Brief Introduction to Boosting [C]//International Joint Conference on Artifi-

cial Intelligence (IJCAI), Stockholm, Sweden, July 31 - August 6, 1999. Stockholm: International Joint Conferences on Artificial Intelligence, 1999: 1401 - 1406.

[21] YAO B Z, YANG X, ZHU S C. Introduction to ALarge - scale General Purpose Ground Truth Database: Methodology, Annotation Tool and Benchmarks [C]//InProceedings of the 6th International Conference on Energy Minimization Methods in Computer Vision and Pattern Recognition (EMMCVPR), Ezhou, China, August 27 - 29, 2007. Berlin: Springer, 2007: 169 - 183.

[22] SHOTTON J, WINN J M, ROTHER C, et al. TextonBoost for image understanding: Multi - class object recognition and segmentation by jointly modeling texture, layout, and context [J]. International Journal of Computer Vision (IJCV), 2009, 81 (1): 2 - 23.

[23] GOULD S, FULTON R, KOLLER D. Decomposing AScene into Geometric and Semantically Consistent Regions [C]//In Proceedings of the IEEE International Conference on Computer Vision (ICCV), Kyoto, Japan, September 29 - October 2, 2009. Los Alamitos, CA, USA: IEEE Computer Society, 2009: 1 - 8.

第4章　对象级场景解析

近年来，“对象级”尺度正在成为行业领域应用需求与科学技术发展前沿的热点，例如，“对象级”的图像视频内容理解、“对象”在图像视频场景的分布规律、以“对象”为单元的场景布局迁移与编辑生成等，如图4-1所示。其中的难点涉及图像内容的“对象级”语义标记、根据“对象”分布规律迁移场景布局，具体包括图像内容的区域分割和属性标记、图像场景的空间布局信息估计等理论方法研究，及其在图像场景内容约束、辅助和驱动下的场景构建生成等方面的基础应用研究。具体而言，“对象级”尺度主要体现在以下三个方面：对象级的图像内容语义标记；对象在图像场景的空间布局及其空间结构估计；以“对象”为单元的场景布局迁移。

图4-1　“对象级”的图像内容语义标记、以“对象”为单元的场景布局迁移，左图为图像，右图为三维场景布局生成，将左图的图像场景布局，自动迁移到由三维模型组成的三维场景

以“对象”为单元的场景布局迁移，是虚拟现实与计算机视觉等领域交叉方向的基础应用研究。许多科研工作者围绕着“基于图像视频的场景构建、编辑与生成”开展了理论方法和技术系统研究。真实世界是由物体（对象）组成的，来源于真实世界的图像场景内容，为场景的构建与生成提供了先验知识和约束条件，可以约束、指导、引导许多可视场景（尤其是三维场景）的构建与生成。

所以，“对象”是场景内容理解的着手点，也是连贯多个研究领域或方向的枢纽，深化了图像场景语义理解和图像场景空间结构理解的维度。由于场景是由多个对象所布局而成的有序空间，对象级别的图像场景内容理解能够帮助计算机更准确地描述、分析图像内容，在许多重要行业具有更广泛的应用价值。并且，在对象级别上的图像场景内容理解，还有很大的提升空间，迫切需要深入开展相关研究。

4.1　问题与分析

下面从对象级场景解析包含的几个方面来分别分析。

在语义分割或语义标记方面，通过分析国内外研究现状发现，目前图像场景语义分割的方法多集中在图像场景区域的语义分割或语义标记上，对于场景中的对象的语义分割关注较少。科研工作者也已注意到这个现象，且近年来逐渐加强了这方面的研究工作[1-4]，但是相比场景级的语义分割来说，还有很大的提升空间，有些工作只聚焦在对象轮廓的分割和提取上[1,2]，而忽略了对象的语义信息。而少数针对对象语义分割的工作，所处理的大多是对象位置和体态非常显著的情况[3,4]。

在场景空间布局结构解析方面，无论是室内场景还是室外场景，空间布局结构解析正在从根据特征计算遮挡关系[5-7]和深度信息[8-10]发展为根据特征和规则计算空间布局结构[11-14]。特征是图像场景最直观的表现，而上下文信息、结构先验在布局结构的估计中起到了重要的作用。特征与规则的结合，是未来场景布局结构估计的发展趋势，也是要密切关注的研究点。另外，目前的空间布局结构解析较多关注在场景全局级别的结构解析，对于场景中对象的位置、朝向等空间结构信息的研究工作还不是非常充分。

目前关于属性的研究工作包括图像全局级的属性描述[15-19]和图像对象级的属性描述[20-23]，而属性描述的作用也从最初的对象识别[20-25]发展到对象分割提取和场景解析[26-29]。但是真实场景中对象的属性是多种多样的，不同的属性具有不同的功能，对属性的解析不应该只是描述出来，而更应该挖掘属性的功能性作用。而目前的研究工作对于属性的描述没有具体的面向性和应用性，在属性作用的方面还应该进一步深入研究。

对象语义与属性解析、场景布局结构估计的重要应用就是三维场景建模，其中一种较为新颖的思路就是图像场景的布局迁移与生成。从场景生成的数据来源来看，目前的研究工作包括基于模型的场景构建生成[30-34]和基于图像的场景构建生成[35-37]。基于模型的场景构建生成利用定义好的布局规则来指导新的场景布局。这些研究工作都是由三维场景数据驱动的，而专业三维室内场景数据库的构建需要消耗大量的人力和时间。随着 Kinect 的流行，获取场景点云数据越来越方便，基于图像的场景构建生成多利用深度信息辅助布局结构的生成。这种方式没有考虑场景布局的约束，而且只能恢复所扫描场景的三维模型，不能用来生成多样化的场景模型。相比之下，图像数据集的构建更简捷易行，而且这些图像中含有丰富的布局结构知识，充分利用图像中的信息，可以为场景的构建提供更多样的设计方案。

根据以上分析和思考，从研究现状和发展趋势来看，图像场景是真实世界的客观反映，场景中的基本组成要素是对象，因此对象既是场景内容理解的着手点，也是连贯图像场景内容理解多个研究方向的枢纽。而目前的相关研究工作在图像场景全局级或区域级内容理解上已经取得了显著的进展，对图像场景对象级的理解还有很大的探索空间。在对象级别的图像内容解析与构建上，具有理论基础和技术支持的研究工作还不是很丰富，目前正是探索对象级图像内容理解的最佳时机。

从图像场景内容理解所包括的几个研究方面来看，为了开展颗粒度更细致的对象级图像内容理解，首先需要将焦点聚集在关于图像对象自身的分析上，实现比图像场景全局理解时更具体、更详细的对象描述，进而推动面向多样化应用的图像内容理解发展。由于对象属性具有多样性，属性解析应该面向一定的应用，即以应用为背景的属性解析。布局迁移是场景内容理解的重要应用，基于对象解析的布局迁移是对象理解的重要应用。因此，本章内容针对的科学问题为：如何将图像内容解析尺度提升到对象级，并从对应的几个方面来进行探索。

4.2 对象级场景语义解析

针对上述对象语义分割方面的问题与分析，本节提出两种方法：基于目标识别与显著性检测的图像场景多对象分割方法，以及基于深度识别框架的多实例对象分割方法，旨在能够提供准确的具有语义类别信息的多对象区域划分，如图 4-2 所示，即识别出对象的类别同时还划分出同一类别不同对象的区域。本节中所使用的对象的定义与文献［3］和文献［38］中使用的类似，其特点是具有一定的形状的物体，在场景中所占区域较少的类别，以此与场景材质类别区分。

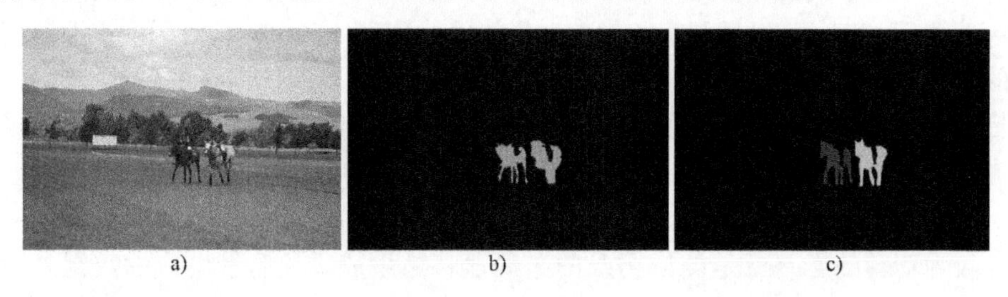

图 4-2　本方法的目标：a）输入图像；b）语义分割目标，不同的颜色代表不同的语义类别，这里只显示了马这种类别（绿色）；c）对象分割目标，不同的颜色代表不同的对象

4.2.1 基于目标识别与显著性检测的图像场景多对象分割

基于目标识别与显著性检测的图像场景多对象分割方法的总体流程如图 4-3 所示。对输入的图像进行过分割处理，得到图像的超像素集合；另一方面，对输入的图像进行目标检测和场景语义识别，得到测试图像的对象识别和定位包围盒，根据包围盒和语义概率值，计算对象的兴趣区域；然后，对测试图像进行三种稠密尺度

的显著性检测，得到像素级显著图，转化成超像素的显著性值；在兴趣区域内，构建条件随机场模型，将多对象分割问题转化成多类别标记问题，兴趣区域内的超像素对应模型的节点，超像素的邻接关系对应模型的边；利用图割算法，在条件随机场模型上进行优化，迭代终止时得到像素的对象标记结果，从而实现多个对象的分割。

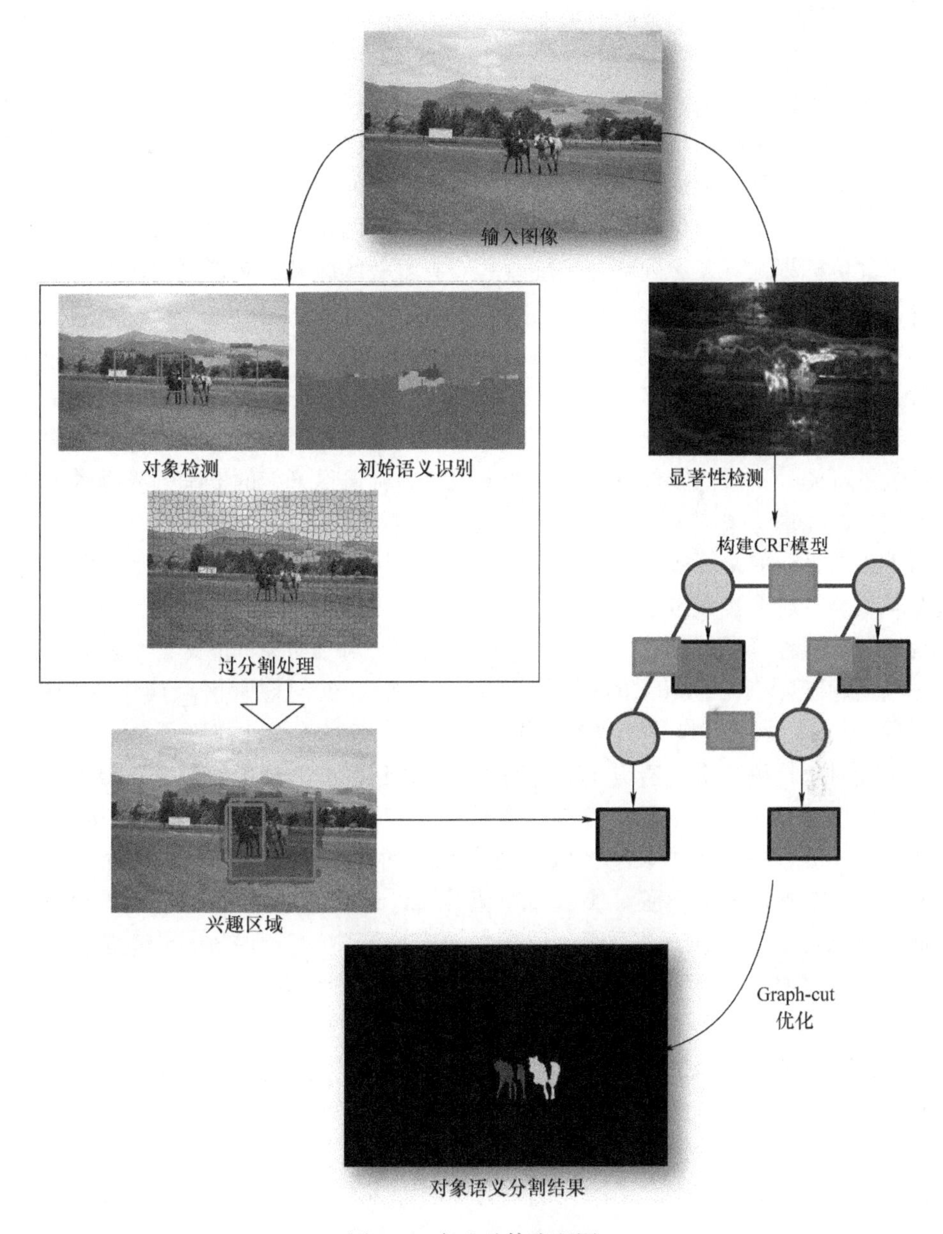

图 4-3　方法总体流程图

（1）基于对象识别的兴趣区域检测

为实现带有语义信息的对象分割，语义类别的识别是不可缺少的，它为对象分割提供一个初始的语义信息。利用经典的 TextonBoost 算法[39]在已经标注了语义信息的训练集图像上学习多类别识别分类器，将这些多个类别的分类器分别作用于测试图像，得到每一个像素点属于每一种类别的概率值，即得到测试图像的像素级语义类别概率图，其可视化效果对应图 4-3 中初始语义识别图，其中不同的颜色代表不同的语义类别。

为检测图像中对象的数量，为后续对象分割提供数量信息，并且缩小计算量在小范围区域内，需要进行对象检测。在训练集图像上，利用 Exemplar - SVM[40]算法，训练不同类别对象的分类器。针对每一种类别的分类器，将该分类器作用于测试图像，输出多个对象包围盒，其可视化效果对应图 4-3 中的对象检测图，对象包围盒以红色标识，可以看到部分包围盒之间有重叠的区域。对于输出的多个对象包围盒，按照分值进行排序，选择分值最高的前 k 个包围盒作为候选集，k 的选取方式如下：由于待分割的对象的个数由对象检测器确定，对于检测器所定位的对象包围盒，如果其分值大于设定阈值 thr1，则认为场景中存在一个与之对应的对象；否则舍弃该包围盒。在阈值 thr1 筛选下得到的包围盒数量即为 k。由于每张图像中对象的数量不同，不同的图像具有不同的 k 值，为确保尽可能的准确，根据数据集的先验信息，在训练集图像上学习得到阈值 thr1 的设定值。

为提高算法的计算效率，对图像进行过分割处理，利用 Turbo 算法[41]，得到超像素集合，超像素数量级为 1000 左右。在超像素级别的测试图像上确定对象的兴趣区域，兴趣区域以外的区域不作为计算范围。对于对象 obj 及其类别 C，感兴趣区域的确定应该符合以下的原则：①语义类别 C 的超像素区域属于兴趣区域；②对象 obj 的超像素区域属于兴趣区域。

根据对象检测结果，遍历 k 个包围盒，选择包围盒的超像素集合；根据初始语义概率图中 C 这种类别的概率分布，选择概率值大于一定阈值 thr2 的超像素区域；这两种区域的合集构成了兴趣区域。阈值 thr2 的取值通过学习得到：在训练集图像的初始语义概率图上学习 C 类别概率值分布，选取满足 95% 以上 C 类别正样本的概率值记为 thr2。如图 4-3 所示，在兴趣区域图中，符合条件的包围盒只有两个，用红色框出，同时对象类别概率值符合条件的区域用蓝色标识。

由于包围盒的边界与超像素的边界存在一定的间距，为防止包围盒边界将一个超像素划分为两个区域，需要对其进行以下处理：当包围盒的分值大于设定阈值 thr1 时，则认为该包围盒是可靠性高的包围盒，确定处于该包围盒范围内的超像素子集；如果一个超像素超过一定比例的像素点处于该包围盒范围内，则认为该超像素处于该包围盒范围，在本文中，比例值设定为 80%。

（2）显著性检测

显著性反映了视觉对显著对象的关注，在一定程度上反映了对象的区域，近年来显著性检测与对象分割的结合越来越紧密[42,43]。本方法使用了一种 coarse-to-fine 的三级稠密尺度显著性检测，三种尺度由粗至细分别记为 scale1，scale2，scale3：scale1，每隔4个像素点取一个像素点作为滑动窗的中心点；scale2，每隔3个像素点取一个像素点作为滑动窗的中心点；scale3，每隔2个像素点取一个像素点作为滑动窗的中心点。滑动窗口的大小为 7×7，在图像上进行从左至右、从上至下的滑动检测。对于每一个窗口内的块结构 patch，计算其 RGB 颜色空间三个通道的颜色均值，作为该块结构中心点像素的特征值 $F_{\text{patch}}(i, j)$。见以下公式，其中size（P）为滑动窗口大小，(i, j) 表示当前 patch 的中心点：

$$
\begin{aligned}
R(i,j) &= \frac{1}{\text{size}(P)}\sum_{i,j\in P} R(i-3:i+3, j-3:j+3) \\
G(i,j) &= \frac{1}{\text{size}(P)}\sum_{i,j\in P} G(i-3:i+3, j-3:j+3) \\
B(i,j) &= \frac{1}{\text{size}(P)}\sum_{i,j\in P} B(i-3:i+3, j-3:j+3) \\
F_{\text{patch}}(i,j) &= < R(i,j), G(i,j), B(i,j) >
\end{aligned}
\tag{4-1}
$$

在三个尺度上滑动扫描，形成块结构集合 $\{P\}$，对所有块结构进行颜色值归一化处理。如图4-4所示，其中图4-4a为 scale1 的显著性可视化效果；b 为 scale2 的显著性可视化效果；图4-4c 为 scale3 的显著性可视化效果。针对当前窗口块结构 patch (i, j)，计算所有块结构到 patch (i, j) 在颜色空间的欧式距离值并排序，在三个尺度上选择距离最近的 M 个块结构，以此 M 个块结构的颜色平均值作为该块结构中心点像素的显著性值 $S(i, j)$。根据图像的分辨率和块结构数量级，实验中 M 的取值为 60。

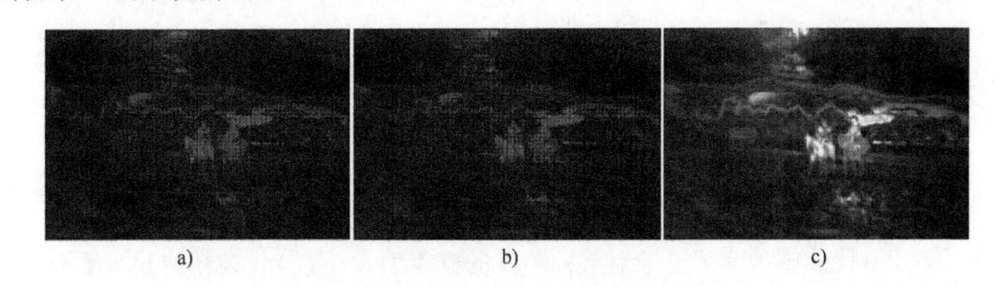

图4-4　多尺度对象显著性检测示意图，颜色越浅代表对象显著性越高，颜色越深代表对象显著性越低

对于滑动窗口未采样的点，它的显著性值是根据它的颜色值以及它周围像素点的显著性值进行线性插值得到，计算过程见以下公式：

$$
S(i,j) = \sum_{(x,y)\in N} \| \text{color}(i,j) - \text{color}(x,y) \| * \{1 - \text{dis}(x,y)\} \tag{4-2}
$$

式中，N 为 (i,j) 的邻域集；color(•) 为像素点的颜色值；$\text{dis}(x,y)$ 为邻域点

(x, y)到该点的距离，所有度量都进行了归一化处理。

以滑动窗口扫描得到的是像素级显著性，根据像素点与超像素的对应关系，以超像素中所有像素的显著性均值作为该超像素的显著性值，将像素级显著性转化成超像素级显著性，为后续构建超像素级条件随机场模型提供基础。

（3）条件随机场模型

传统语义分割方法大多通过构建条件随机场模型（CRF），将语义分割问题转化为多类别标记问题。多对象分割也可以看成一个多类别标记问题，不同于语义分割的是，每一个对象是一种标签，非对象的图像区域默认为“其他”标签。在兴趣区域的范围内，构建超像素级条件随机场模型，每一个超像素对应场模型的一个节点，超像素之间的邻接关系对应场模型中相应的边。条件随机场模型的能量定义见式（4-3），其中 U 为能量单一项（Unary term），B 为能量二元项（Binary term），U 包括 U_k 和 U_o：

$$E(s) = U_{\{k,o\}}(r) + B(r,s) \tag{4-3}$$

根据对象检测并处理后得到的包围盒，能够确定场景中对象的个数，即场模型的多类别标记数。超像素的显著性值，反映了它是对象的可能性，但没有反映出它属于哪一个对象。因此，能量单一项计算方式为：计算每个超像素属于每个对象（包括“其他”对象）的概率值，如果超像素的显著性值大于设定阈值 thr3，该超像素属于每个对象的概率值由三部分构成，即该超像素的显著性值、该超像素是否属于对象的包围盒以及该包围盒的分值，否则，该超像素属于每个对象的概率值为零；如果超像素的显著性值小于设定阈值 thr3，则该超像素属于“其他”对象，其概率值由它的显著性确定，否则概率值为零，见式（4-4）。阈值 thr3 的选取同样是通过学习得到，在训练集图像上学习对象样本区域的显著性值概率分布，选取满足 90% 以上对象区域的显著性值记为 thr3。

$$U_k(r) = \begin{cases} \exp[S(r) + \mathrm{inbox}(r,k) \times V(k)] & \mathrm{if} S(r) > \mathrm{thr}_3 \\ 0 & \mathrm{else} \end{cases}$$

$$U_o(r) = \begin{cases} \exp[-S(r)] & \mathrm{if} S(r) < \mathrm{thr}_3 \\ 0 & \mathrm{else} \end{cases} \tag{4-4}$$

式中，$U_k(r)$代表超像素 r 属于对象标签 k 的概率值；$U_o(r)$代表超像素 r 属于“其他”对象标签 o 的概率值；$S(r)$为超像素的显著性值；$\mathrm{inbox}(r,k)$是指示函数，指示超像素 r 是否处于对象 k 的包围盒范围；$V(k)$为对象 k 的包围盒分值。

CRF 场模型二元项的计算方式见式（4-5）。$B(r,s)$由该边所连接的两个超像素之间的特征差异决定，$\mathrm{Nei}(r,s)$指示邻接关系，取值范围是 $\{1, 0\}$，超像素特征向量 $\mathrm{Fea}(r)$的组成包括颜色滤波特征[39]、边界特征[41]、HOG 梯度特征以及形状先验，这些特征均为像素级，需要将其转化为超像素级，特征差异为两个超像素在特征空间的欧式距离，λ 和 c 是调节参数。

$$B(r,s) = \mathrm{Nei}(r,s) \times \mathrm{Smooth}(r,s),$$

$$\mathrm{Smooth}(r,s) = \exp(-\lambda * \|\mathrm{Fea}(r) - \mathrm{Fea}(s)\|) + \log(\|\mathrm{Fea}(r) - \mathrm{Fea}(s)\| + 1) + c \tag{4-5}$$

利用图割（Graph - cut）算法[44,45]求解 CRF 模型能量最小化，待标记的对象标签包括对象检测包围盒确定的对象以及一个“其他”标签，“其他”标签是便于将兴趣区域中不属于对象的超像素标记“剔除”。当图割优化终止时，每一个超像素被标记为一个对象标签。

4.2.2　基于深度识别框架的多实例对象分割

基于深度识别框架的多实例对象分割方法利用了一个深度识别框架（Deep Recognition Framework，DRF）来预测对象概率、对象包围盒以及和对象实例数量。DRF 使用了常用的深度学习算法来生成粗略的对象标记和包围盒概率建议，然后给出了对对象的深度理解，这里指的是识别并确认实例的数量。一旦确定了对象实例的数量，就可以构建 CRF 模型来求解多类别标记问题。图 4-5 给出了该方法的总体流程。

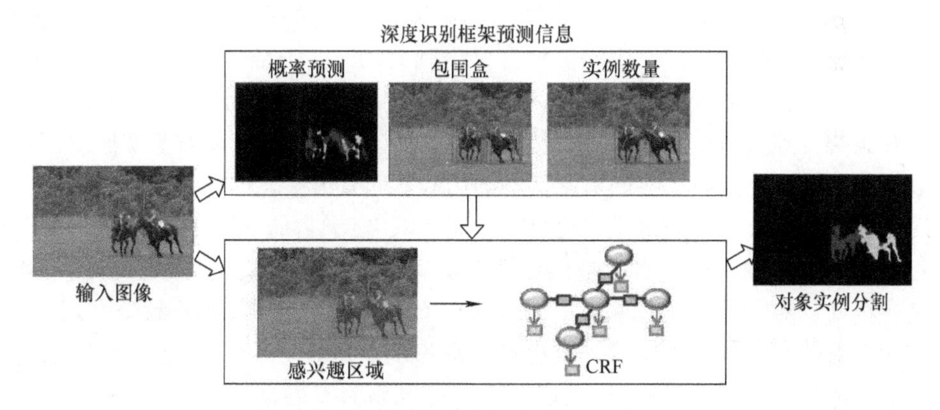

图 4-5　基于深度识别框架的多实例对象分割方法流程图

（1）语义类别识别

FCNs[46]将卷积神经网络 CNN 引入到语义分割工作中，取得令人振奋的成果。多实例对象分割可以看作是语义分割的一种，即一个标签对应一个例子。本节采用了 FCNs[46]网络模型结构，在 PASCAL 数据集上进行了预训练的开源模型 FCN - 8s，然后根据对象数据集中的实例基准标记信息（groundtruth）对该模型进行微调。设置全连接层和评分层的输出数为 $k+1$，其中 k 是实例数量，k 值如何确定后续会具体介绍。FCNs 的输出提供了 $k+1$ 个实例的像素级概率值（包括 void）。此外，还使用 FCNs 结构预测对象的语义类别概率。

（2）对象位置识别

R - CNN[47]是对象识别领域的经典模型，采用 R - CNN 网络模型来预测对象包围盒，具体使用了在 ILSVRC2013 数据集上预训练的公共可用模型。该网络结构提取每个候选区域的丰富特征（候选区域由选择性搜索算法[48]产生），并输出其类别分数。对于每一个对象类别，例如类别 C，根据类别分数对候选区域排序，选择前 m 个区域组成初始对象包围盒集合，表示为 B；而 m 的选值从 1 变化到 50 不等，根据图像内容和分辨率大小进行设置。每个对象包围盒被描述为（xmin，ymin，xmax，ymax，score），其中 xmin、ymin 是左上角坐标，xmax、ymax 是右下角坐标。

（3）实例数量识别

识别对象类别时存在多个同类别对象实例识别为一个类别整体的情况，识别对象包围盒时存在多个实例的包围盒重叠或覆盖的情况，这对对象实例的精确定位有时是一种干扰。当对象实例数量已知时，可以有效地剔除冗余，提高对象实例分割的准确率。因此，为了细分每个对象实例，确定对象实例数量，标记实例号是必要的。

本节中使用高斯混合模型（GMM）对预测的包围盒进行聚类。每个包围盒的特征包括其归一化后的中心坐标、宽度和高度。GMM 的每个分量对应一个实例。在确定最佳实例数量时，使用赤池信息量准则（Akaike Information Criterion，AIC）选择最佳对象实例数量。具有最小 AIC 值的作为首选对象实例数量，记作 k。

在聚类得到 k 个分量后，每个包围盒都能划分一个所对应的对象实例，但是有时候聚类分量的中心与真实的对象实例的中心之间有偏移，因此需要重定位 k 个聚类对象实例的中心。一般来说，对于一个对象 s，定义它的包围盒为 B_s，是初始对象包围盒集合 B 的子集。多数包围盒覆盖的像素区域属于真实对象实例的可能性更高，因此，对于每一个像素 p，统计它在 B_s 的包围盒中出现的频率，记作 n_p^s，多数包围盒覆盖区域中的像素具有更高的频率值。最终对象实例包围盒 b_s 的定位为 $[\min(P_x),\min(P_y),\max(P_x),\max(P_y)]$，其中 P 是满足 $n_p^s > \tau_s$ 的像素集合，τ_s 取决于对象 s 的包围盒数目，通过这种方式，将 B_s 中的多个包围盒合为一个。

如图 4-5 所示，预测信息中的包围盒是 CNN 网络模型在未知对象实例数量的情况下检测输出的，对象实例数量预测是固定数量下改善的包围盒，图示中是两个对象实例。

（4）对象标记建模

DRF 深度识别框架给出了初始的对象区域，我们建立一个基于区域的 CRF 模型，来解决多对象标记问题。针对每一张图像，本方法采用 TurboPixels 算法[49]来生成超像素集合 sp，大约包括上千块超像素。能量函数的定义见式（4-6），其中 l_i 表示超像素 i 的对象标记，L 表示所有对象标记的集合，$U(\bullet)$ 和 $V(\bullet)$ 分别是单一项和二元项，R 是感兴趣区域，N 是相邻超像素集合。

$$E(L \mid I) = \sum_{i \in R, l_i \in L} U_i(l_i) + \sum_{i,j \in N} V_{i,j}(l_i, l_j) \tag{4-6}$$

为了提高对象标记的效率，该方法建立了基于ROI区域的CRF模型，而不是在全部图像区域建模。感兴趣区域的确定原则同4.2.1节中的定义，对于某一对象语义类别C，其对象实例感兴趣区域应包括：①C语义识别概率高的超像素区域$\{sp_C\}$；②对象包围盒范围内的超像素区域$\{sp_S\}$。

根据CNN网络模型预测输出的语义类别概率，选择概率值大于阈值τ_C超像素构成$\{sp_C\}$，τ_C是在训练图像上通过一个满足95%置信区间的概率分布估计得到。至于$\{sp_S\}$，包围盒内部的超像素显然包含在ROI中，但是b_s边界上的其他超像素还需要进一步处理。这部分处理的方式与4.2.1节中类似。感兴趣区域是$\{sp_C\}$和$\{sp_S^k\}$的合集，k是语义类别C的对象实例数量。感兴趣区域之外的超像素记为非对象背景区域。

（5）单一项能量嵌入

对于超像素i来说，$U_i(l_i)$是将对象标记l_i赋值给i的能量损失项。P_O是对象概率值，P_f是形状概率值，P_b是位置概率值，α_C、α_f、α_b分别是对应的权重参数。对于具体类别来说，l_i取值范围在［0，…，$k+1$］，包括背景区域在内。当l_i为背景区域标记时β为1，其他情况下为0。

$$\begin{aligned} U_i(l_i) = {} & \alpha_C \exp[-P_O(i,l_i)] + \alpha_f \beta \exp[-\overline{P_f(i,l_i)}] \\ & + \alpha_b(1-\beta)\exp[-P_b(i,l_i)] \end{aligned} \tag{4-7}$$

对象概率的计算方式是：将FCNs像素级对象概率输出映射到超像素级，其含义是每个超像素赋值于每个对象实例的可能性。

对象通常具有典型的形状特征，通过形状能够有效地区分出不同的对象。因此，形状概率可以作为一种先验信息嵌入能量公式。这里采用了向心力来表述形状。在对象特征的流形空间中，同属于一个对象的每个像素都受到朝向该对象空间质心的向心力的作用。距离空间质心越近，则受到的向心力越大，其隶属对象的概率越大。形状概率包括三个方面：角度距离、物理距离、颜色距离。角度距离度量的是极坐标系下超像素i和质心之间的角度，即极坐标角度。极半径作为物理距离，颜色距离是RGB空间中的距离。然后估计角度、物理、颜色的概率密度，并且预测每个超像素的角度概率P_{ang}、物理距离概率P_{dis}、颜色距离概率P_{clr}。形状概率的计算方式为：

$$P_f(i,l_i) = P_{\text{ang}}(i,l_i)P_{\text{dis}}(i,l_i)\,P_{\text{clr}}(i,l_i) \tag{4-8}$$

对象实例的检测隐含了对象位置的可能性，每个超像素的位置概率是根据包围盒的位置以及超像素位置指示生成的。以包围盒中超像素的像素数量占比比值作为该超像素的分值ψ，φ表示超像素是否位于包围盒中（该定义与4.2.1节中类似）。位置概率的计算方式为：

$$P_b(i,l_i) = \varphi(i,l_i)\psi(l_i) \tag{4-9}$$

（6）二元项能量嵌入

$V_{i,j}(l_i,l_j)$是两个超像素之间的差异能量损失项。二元项的计算方式如下：smo

(i,j)表示相邻超像素之间的平滑损失，$\mathrm{dsm}(i,j)$表示不相邻的超像素之间的差异损失。$\omega(i,j)$表示两个超像素之间的邻接关系，相邻则为1，否则为0。相邻超像素的差异嵌入到平滑损失中，包括颜色和边界特征。颜色特征反映外观差异，边界反映纹理差异。平滑项是颜色和边界特征的线性组合。差异损失度量的是将标记赋值给不相邻超像素的损失，包括颜色和距离两个方面。对于不相邻的两个超像素来说，不论是颜色还是距离上的明显差异都会给出一个明显的惩罚。

$$V_{i,j}(l_i,l_j) = \lambda_{\mathrm{smo}}\omega(i,j)\exp[\mathrm{smo}(i,j)] + \lambda_{\mathrm{dis}}[1-\omega(i,j)]\exp[\mathrm{dsm}(i,j)] \tag{4-10}$$

4.2.3 实验与分析

（1）实验数据集

本节在两个公共数据集Polo[50,3]和TUD[51,52]上评估对象实例分割的方法。这两个数据集包含多个实例，其中一些对象实例甚至有遮挡和交叉。Polo数据集的每个图像中有1~7个实例，TUD数据集的每个图像中有3~10个实例。原Polo数据集仅提供了初始图像和类别级标记图。为了定量测试对象标记性能，我们手动标注了对象级标记图以补充此数据集。

1）Polo数据集。公共数据集polo含有317张图像，包括80张训练图像和237张测试图像，包含6种语义类别，分别是天空、草地、人、马、地面、树木。其中对象类别是人和马，每一张图像中至少包含一个以上人或者马的对象实例。该数据集提供了原始图像和对应的语义标记图，如图4-6a和b所示，不同的颜色表示了不同的语义类别，黑色表示不能确定类别的区域，记为“void”。由于本章处理的是对象的语义标记，该数据集没有提供相应的对象标记，因此需要对数据集中的图像进行标注处理，手工标记同一类别的不同对象，如图4-6c所示，不同的颜色标记不同的对象，非对象区域用黑色标记。同时，为训练对象识别器，还需要对图像中的对象进行包围盒的标注，如图4-6d所示，红色框标记了对象的范围。

a) 原始图像

b) 对象语义标记 groundtruth

c) 对象分割标记 groundtruth

d) 对象检测包围盒 groundtruth

图4-6 训练集图像标注信息

2）TUD数据集。TUD数据集最初用于检测跟踪，提供了一段行人序列的201张图像及其1216个对象包围盒和实例标注图，但是缺少类别级语义标记图；所有至少有50%可见的行人均被标记。我们随机将数据集划分为100张训练图像和101

张测试图像。在这个数据集，对象是行人这个类别，大部分行人都是侧视角度。为了给出更好的类别预测，针对 FCNs 网络模型，我们对该数据集图像进行了语义类别级的标记，包括地面、人员、建筑和汽车类别。

（2）对象分割准确率评测标准

对象标记是为每一个像素赋予唯一一个对象标记，而语义标记是为每一个像素赋予唯一一个类别标记，对象标记准确率的计算方式不同于语义标记。将错误的语义标记赋予一个像素时，会导致整个场景的理解有偏差，但是将错误的对象标记赋予一个对象的像素时，不会改变它是一个对象的事实，对象标记的目的是将不同的对象划分开。例如，两个类别对（$label_1$，$label_2$）和（$label_2$，$label_1$），在划分像素语义类别时代表了不同的含义，而两个对象对（obj_1，obj_2）和（obj_2，obj_1）在区分两个对象时作用是等价的。

根据对象标记的特点，对象标记准确率采用如下方式计算：①在所有预测对象上的像素级对象平均准确率（Mi - AP）；②在所有基准对象上的像素级平均准确率（Mi - AR）；③在所有识别像素上的总体像素级准确率（Ma - AP）；④在所有基准像素上的总体像素级准确率（Ma - AR）。考虑到对象实例分割的排列对称性，为了准确地度量方法的性能，基于收益最大化的原则，需要在输出结果与 groundtruth 之间匹配实例对。对象标记的颜色具有顺序属性，每一个标记颜色对应一个标记顺序，在 groundtruth 中从左到右进行记序。因此，预测的对象标记结果能够从左至右与 groundtruth 进行匹配。

我们采用了几种基准方法用于定量比较，包括 E - SVM 方法和 HV + GC 方法，这一点与对比方法[3]是一致的。E - SVM 首先根据样本支持向量机生成实例掩码（instance mask），然后通过迁移变形优化分割。HV + GC 利用给定的数目对象，并通过对给定数量的投票假设上使用 GrabCut 算法得到实例分割。另外，我们还将原 FCNs 网络模型输出的对象预测作为对比参考（表示为 rawFCN）。

（3）基于目标识别与显著性检测的图像场景多对象分割实验

以马这种类别为例，在训练数据集上训练对象识别的分类器来检测对象。根据 Exemplar - SVM[40]，从 80 张训练图像中选择 10 张样例图像，这 10 张图像包含多个角度、多种颜色的对象实例，以此作为 training 样本。70 张训练集图像作为 validation，在 237 张测试图像上进行具有语义识别的对象检测。在对象识别和兴趣区域检测实验中，阈值 thr1 设置为 0.12，k 的取值不超过 7，thr2 设置为 0.4。

在实验中，条件随机场模型的 λ 和 c 分别设置为 10 和 -1.3，thr3 设置为 0.3。图 4-7 所示为本方法的部分实验结果，左图为输入测试图像，右图为图割算法迭代 1000 次后的对象分割结果。图 4-7 中，以不同的颜色标识不同的对象，黑色的为背景，红色的为第一个对象，黄色的为第二个对象，以此类推。可以看到，在多个同类别对象出现并存在遮挡的情况下，或者不同分辨尺度的对象，本方法都能较好地识别和分割出来。表 4-1 所列为本方法与对比方法的准确率对比，可以看到，虽然 Ma－AP 指标比对比方法低 10 个百分点，但是在 Mi－AR 和 Ma－AR 这两个指标上本方法优于文献［3］。

图 4-7 实验结果图，以“马”这种类别为例，其他语义类别可视化为黑色背景，不同的颜色表示不同的“马”对象

表 4-1 性能对比与分析（%）

方法	Mi－AR	Ma－AP	Ma－AR
文献［3］	53.7	57.4	68.8
本方法	63.6	47.5	77.9

本实验所用的计算机性能配置如下：

CPU：Intel i5 3.2GHz；内存：4GB；操作系统：64 位 Windows7；软件开发平台：主程序为 matlab2010b，调用 Textonboost 算法为 Visual Studio2008。Polo 数据集图像分辨率约为 500×350 像素左右，本方法的语义识别和对象分割过程平均一张图像处理时间约为 24s。

（4）基于深度识别框架的多对象分割实验

在 Polo 数据集上，80 张训练图像上包含有 208 个不同姿态和外观特征的马的对象实例，实验采用 20 万次迭代重新训练了 FCN 网络模型，马语义类别的总体准确率为 87.9%。在实践中，单一项参数 α_c 设置为 0.3，α_f 设置为 0.1，α_b 设置为 1.5。二元项参数 λ_{smo} 设置为 1，λ_{dis} 设置为 5。性能对比见表 4-2，在四个评测标准上，本方法均优于对比方法。而且对比基准方法中的 rawFCN 方法，在 Ma－AP 和 Ma－AR 评测标准上优于其他两个基准方法 E－SVM 和 HV＋GC，但在 Mi－AP 和 Mi－AR 评测标准上劣于它们，其原因是 FCN 的粗略预测结果无法有效地区分对象在姿态、遮挡、规模尺度等方面的多样变化。本方法结果的准确率远高于 raw-FCN，则证明了基于深度识别框架 DRF 的优化明显改进了分割的准确率。图 4-8 展示了该数据集上本方法的部分结果。

在 TUD 数据集上，同样用 20 万次迭代重新训练了 FCN 网络模型，行人这个语义类别的总体准确率为 91.6%。在实践中，单一项参数 α_c 设置为 0.8，α_f 设置为

0.1，α_b设置为2。二元项参数λ_{smo}设置为1，λ_{dis}设置为4。性能对比见表4-3，可以看到，在该数据集上，本方法依然在四个评测标准上优于对比方法，虽然在Ma－AR标准上略高于对比方法He[3]。该数据集上本方法的部分结果展示如图4-9所示，包括了姿态多样、存在遮挡的多个行人对象。该数据集上不同颜色对应不同的行人对象，背景区域标记为白色。

图4-8　基于深度识别框架DRF的多对象分割方法在Polo数据集上的实验结果

图4-9　基于深度识别框架DRF的多对象分割方法在TUD数据集上的实验结果

表4-2　Polo数据集上性能对比与分析（%）

方法	Mi－AP	Mi－AR	Ma－AP	Ma－AR
E－SVM	38.5	33.6	43.9	38.3
HV＋GC	44.6	38.7	61.7	49.4
rawFCN	19.5	25.2	58.3	40.5
He	50.9	53.7	57.4	68.8
本方法	61.3	58.1	76.5	75.9

表 4-3　TUD 数据集上性能对比与分析（%）

方法	Mi - AP	Mi - AR	Ma - AP	Ma - AR
E - SVM	33.7	29.5	49.5	33.0
HV + GC	24.9	42.9	41.6	51.9
rawFCN	38.6	44.3	58.1	47.3
He	62.6	56.9	64.8	64.5
本方法	70.5	61.2	68.6	64.7

4.3　场景与对象布局关系迁移及生成

人们每天有大量的时间都是在室内环境中度过，可以说室内场景是人们最熟悉的环境。近年来，室内场景的建模与生成已经引起了广泛的关注。

随着 Kinect、激光雷达等设备的流行，获取场景点云数据越来越方便。目前有些学者利用获取的 RGBD 信息（即图像信息和深度点云信息）来进行三维室内场景的建模[53,54,37]。2012 年，斯坦福大学的 Kim 等提出一种根据对象共同属性和可变属性进行室内场景建模的方法[54]。该方法首先根据扫描数据学习得到多个对象模型的共同属性和可变属性，然后识别出不同视角扫描数据中的对象。同年，中科院深圳先进技术研究院的 Nan 等提出一种基于搜索 - 分类的杂乱室内场景建模方法[37]。根据一个鲁棒的分类器，对扫描点云数据进行迭代的分割和分类，利用三维模型库中的模型，对由扫描数据得到的模型进行变形，最后得到整个扫描场景的模型。这些研究工作的共同点是在物体三维模型库中检索得到合适的三维模型，然后根据一些约束条件放置检索得到的模型，最终生成扫描数据对应的三维模型。这种三维重建的方式没有考虑场景布局的约束，而且只能恢复所扫描场景的三维模型，不能用来生成多样化的室内场景模型。

早期室内场景布局的研究工作[55,56]几乎没有考虑人体工程学的因素，随后的相关研究工作将人体工程学的因素以及家具功能性因素考虑进来，关注如何利用更多更完整的布局指导规则生成合理可信的三维室内场景，主要包括场景或模型风格生成[57-59]、三维场景布局生成[30-33,60]等方面的研究。2011 年，斯坦福大学的 Merrell 等提出一种交互式系统[31]，能够根据布局功能性规则产生多种家具模型摆放方案。首先用户指定房间中的家具模型并移动其中部分家具模型，该方法根据用户交互对其他家具模型的位置进行合理优化，利用采样算法生成符合布局规则的多个场景布局方案。可以看出，这种方法非常依赖用户交互，并且没有考虑专业设计知识。同年，加州大学洛杉矶分校的 Yu 等提出一种基于学习和最优化框架的三维室内场景自动生成系统[30]。首先用户提供配有家具模型的初始三维室内场景，初始场景的布局是随意的或者不合理的。该方法根据初始场景提取对象模型的空间位置关系，利用模拟退火算法采样生成合理的三维室内场景。在优化过程中，家具的可见性和可触及性等人体工程学因素作为规则嵌入能量公式中，以此约束解空间的采样走向。2012 年，斯坦福大学的 Fisher 等提出一种基于少量场景样例的三维场景生成方法[33]。该方法将场景表达为基于贝叶斯网络和高斯分布的概率模型，根据输入的少量三维室内场景样例，训练得到该概率模型参数；根据三维场景模型库，聚类得到不同对象的类别共生关系；最后，根据概率模型和类别共生关系，生成多样的类似样例场景的三维室内场景。可以看到，这些研究工作都是由三维场景数据驱动的，而专业三维室内场景数据库的构建需要消耗大量的人力和时间。相比之下，海量室内设计图像数据集的构建更简捷易行，而且这些图像中含有丰富的专业知识。充分利用图像中的专业知识，可以为三维场景的构建提供更多样的设计方案。

针对以上分析，本节要解决的问题是图像内容驱动的三维场景布局生成，其中，图像内容驱动不仅体现在参考图像的指导，还体现在专业室内布局知识的指导，而这种专业知识来自于室内图像数据集。因此，本节要解决如何从图像中提取场景布局并表达场景布局，以及如何将图像场景的布局迁移到三维场景上，快速逼真地实现三维场景布局生成，是对象语义解析、属性解析、场景布局结构估计的重要应用。布局迁移的含义是，针对输入的三维室内场景，提供室内图像作为参考，将参考图像的场景布局迁移到三维室内场景，生成具有与参考图像相似布局结构的新场景。其中，解析是迁移的基础，在准确解析图像场景的基础上，才能将其布局关系迁移至其他场景；解析和迁移为布局结构生成提供了合理性，而生成可以来验证布局结构解析的有效性。

本节给出图像内容驱动的室内场景布局迁移方法的具体实现过程。以单幅图像内容驱动的三维室内场景布局迁移生成为主体，另外还拓展到基于图像序列的三维室内场景布局迁移生成作为应用。其方法架构图如图 4-10 所示，下面来详细介绍。

4.3.1　单幅图像内容驱动的三维室内场景布局迁移生成

单幅图像内容驱动的三维室内场景布局迁移生成，即给定一张图像，生成与给定图像相似布局结构的新场景。在该方法中，设计了室内场景的四种布局规则，根据室内图像数据集合及其场景布局标注信息，统计学习出室内场景布局规则的先验值；对参考图像和输入三维场景进行预处理，得到它们各自的语义标记和布局标注，进而建立参考图像和输入三维场景对象级的映射关系；结合布局规则及其先验值以及参考图像场景的布局信息，构建输入三维场景的布局能量函数，将布局规则嵌入能量公式中，利用采样算法求得布局最优解，生成既符合布局规则又近似参考图像布局的三维室内场景。

（1）室内场景布局规则描述

受到 Yu 等[30,31,33]工作的启发，本章设计了四种布局规则，包括位置规则、

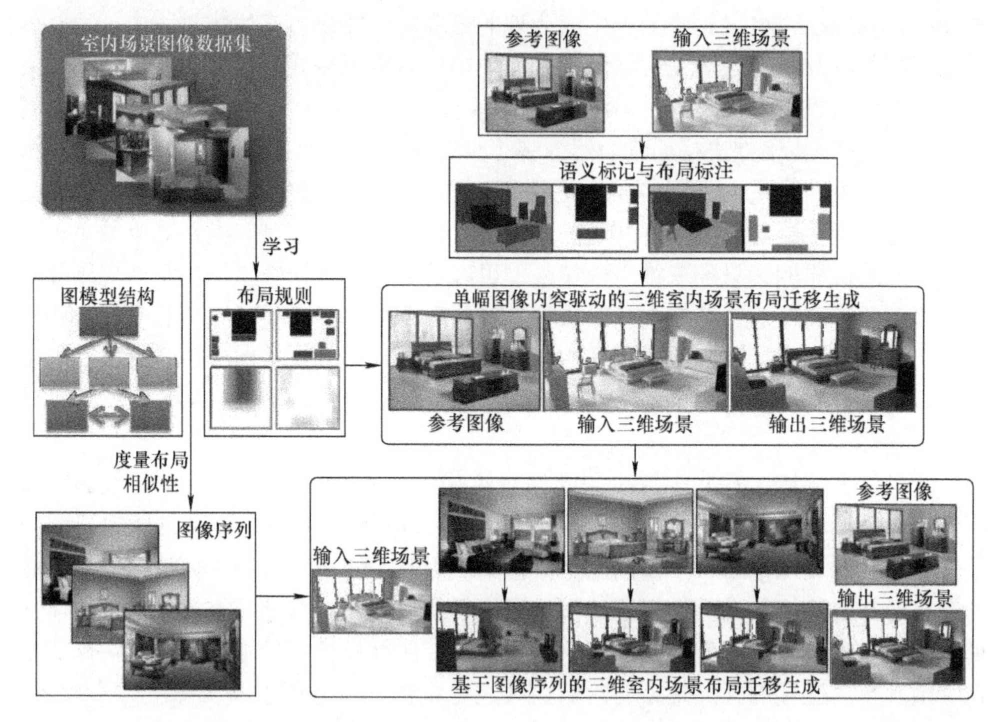

图 4-10　图像内容驱动的室内场景布局迁移方法架构图

配对规则、朝向规则以及距离规则。这些规则包含了家具的功能性以及室内设计的专业知识。本方法从室内图像数据集中学习出这四种布局规则的分布先验值并以此作为约束指导后续的布局迁移。

1）位置规则。对于一个对象来说，它的位置通常是根据这种对象的类别和功能摆放在固定的位置附近，而不是随意摆放的。例如，床通常摆放在卧室的中间区域，桌子通常摆放在房间中靠边的位置。因此，为了度量对象摆放位置的分布情况，将整个房间区域划分为 24×32 个块区域，学习每一种类别对象在这些区域上的位置分布。对于对象 i，它的位置由它的中心坐标 $O_i=(x,y)$ 来确定，x 和 y 分别表示横坐标和纵坐标。图 4-11 展示了对象中心落到每一个块区域的概率分布，其中颜色越深表示落在该块区域内的概率越大，该图只展示了四种语义类别对象的位置分布。对于每一种类别，统计学习它的位置分布并根据以下公式计算其先验中心坐标：

$$T_{\text{mean}} = \frac{1}{k}\sum_{1}^{k} f(\text{patch}_i),\ f(\text{patch}_i) > \varepsilon \tag{4-11}$$

2）配对规则。室内场景的某一些家具有着配对的关系，并且它们相互之间的距离满足一定的约束条件。例如，床头柜通常情况下摆放在床的旁边，椅子经常摆放在桌子附近。根据室内设计专业知识，本章对不同的室内场景采用了不同的配对

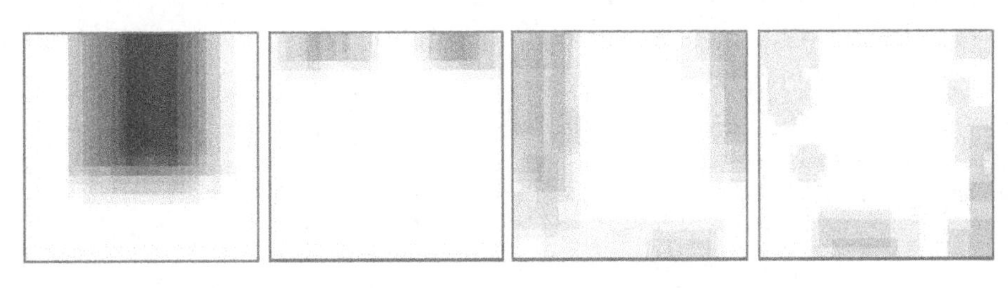

图4-11　不同类别对象的位置分布可视化，从左至右分别为床、床头柜、柜子、桌子

关系，见表4-4。度量配对关系的测度是两个对象中心的距离。

配对关系反映的是语义类别之间的关系。由于室内场景中可能存在多个属于同一种类别的对象，同类别的多个对象有可能为室内场景配对关系带来噪声。例如，在一张室内场景图像中有两把椅子 A1 和 A2，两个桌子 B1 和 B2，椅子 A1 与桌子 B1 具有配对关系，椅子 A2 与桌子 B2 具有配对关系。在学习配对关系的距离分布时，椅子 A1 与桌子 B2 之间的距离会带来噪声，因为这两个对象没有配对关系，它们之间的距离约束不是期望的。为了解决这个问题，本章采用了 K－means 算法来聚类配对关系的样本。对于以上这个例子，可以得到两个聚类中心。以 $T_{\text{dis}}(C_i, C_j)$来标记类别 C_i 和 C_j 的聚类中心，该聚类中心表示了这两个类别对象的中心距离均值。

表4-4　室内场景布局的配对关系

场景	配对关系			
卧室场景	床与床头柜	电视机与电视机柜	桌子和椅子	茶几和沙发
客厅场景	电视机与电视机柜	茶几和沙发	茶几和椅子	咖啡桌与沙发

3）朝向规则。在计算机视觉领域，从一张图像中提取对象的朝向是比较困难的。由于相邻接的墙面都是呈直角相交的，因此将对象的朝向属性转化为离它最近墙面的朝向属性。对于那些经常靠在墙边的类别对象，例如床或者床头柜，记录哪一个墙面是它们的最近墙面。对于那些在室内摆放位置不是太有规律的对象，例如椅子，记录它们的靠近墙面的边以及该边到墙面的距离。与配对规则相似，朝向规则也需要一个聚类步骤。类别 C 的朝向聚类中心记作 $T_{\text{wall}}(C)$，它表示该类别对象到最近墙面的均值距离。

4）距离规则。在家具之间应该预留一定的空间，以保证用户可以接触到每个家具，这种距离约束既能体现家具的功能，又包含了室内设计专业知识，因此将距离作为一个重要的规则。本章借鉴了 Yu 等[30]关于可达性的定义，在对象周围附加一个人大小的空间作为距离空间。以这个距离空间作为对象的包围盒，任意两个对象之间的距离都应该大于它们包围盒的范围。图4-12展示了两种临界值情况，从对象 i 的包围盒中心到角落的距离记作对角线 d_i，在这两种情况下，$d_1+d_2>O_1O_2$，

$d_3+d_4=O_3O_4$。因此，距离规则的约束设定为$\|O_iO_j\|\geqslant\|d_i+d_j\|$，满足这个条件，则两个对象之间的可达性就能得到满足。

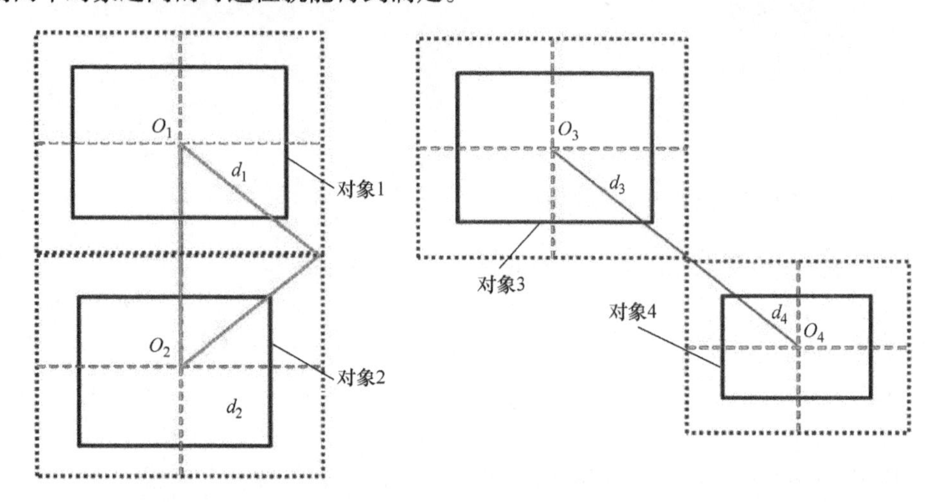

图 4-12　对象距离空间示意图，虚线表示包围盒，d 表示从中心 O 到角落的距离

（2）室内图像场景语义分割与布局估计

布局规则的分布先验值是根据室内场景数据集的标注信息学习得到，而在迁移参考图像的布局之前，需要首先得到该图像的语义和布局信息，因此，无论是室内场景数据集中的图像还是输入的参考图像，都需要进行图像语义分割和场景布局估计两个方面的预处理，得到它们的语义标记和布局标注信息。根据前面几章的内容可知，这两个方面都是计算机视觉中基础而重要的问题。前面章节介绍的方法可以用于处理本章的语义标记和布局标注问题。语义标记图在前面的章节中已有介绍，图像中的每一个像素都能与其语义标记图中的像素一一对应。而对于布局标注来说，为了有效地体现布局结构，采用一种俯视图来可视化场景的布局标注信息，称为布局图。布局图中的对象语义类别与语义分割结果中的语义类别是对应的，但不包括天花板、墙面和地板。对图像场景预处理的步骤为：首先利用现有的方法得到图像的语义分割结果和室内场景布局估计的粗略结果；在此基础上，用户可以对语义分割和布局估计粗略结果进行微小的修正，以满足需要；最后根据透视投影原理，结合语义分割结果，将布局估计结果转化为布局图。如图 4-13 所示，对于一张参考图像，得到语义分割和场景布局估计粗略结果。但是由于室内场景复杂多样，现有算法无法将所有的家具都识别分割出来，如图 4-13 中床右边的床头柜就没有分割出来。此时，用户可以手动标注出该床头柜以修正语义分割和布局估计结果，包括对象的位置、大小等属性。

在室内场景数据集上，为每一张图像标注一张语义标记图和一张布局图，根据图像的语义标记信息和布局标注信息，统计学习布局规则的先验值。为了方便布局规则的学习，默认将俯视图标定为 800 × 600 像素大小。建立语义标记图和布局图

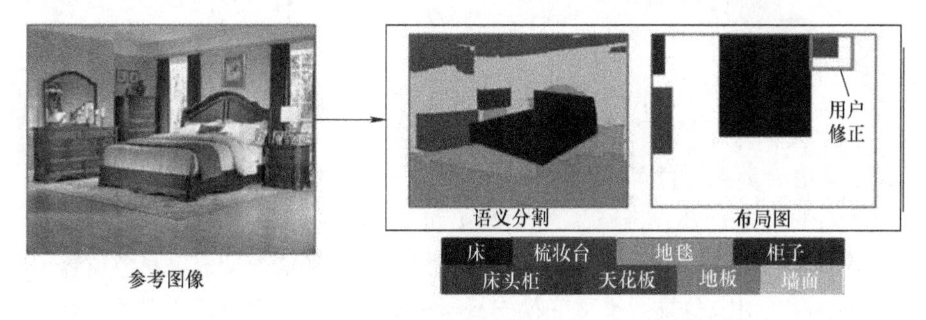

图 4-13　基于用户交互的图像场景语义分割和布局估计

中的对象对应关系，并且相同的语义类别对象用相同的颜色来可视化。针对输入参考图像，进行语义分割和布局估计的预处理，由此得到参考图像的布局标注信息。同时，根据语义信息，建立参考图像和输入三维室内场景之间的室内对象映射关系。对于三维场景中的对象，如果在参考图像中有与它同类别的对象，那么就称这个对象在参考图像中有关联对象，否则就称之为没有关联对象。

（3）单幅参考图像场景布局迁移

由于室内家具摆放位置多种多样，三维场景布局的解空间非常巨大。为了产生家具布局的最优解，本章采用马尔科夫链蒙特卡洛采样器（Markov chain Monte Carlo sampler）的概率优化方法。根据布局规则的指导，布局迁移形式化为以下概率公式，并借助于 Metropolis – Hastings 采样算法进行优化。

$$P(S) = \exp[-\beta E(S)] \tag{4-12}$$

状态 S 是当前所有家具的摆放位置的集合，即 $S=\{(x_i,y_i)\mid i=1\cdots t\}$，其中 x_i 和 y_i 代表家具 i 的坐标，t 是家具的总数。本方法没有将对象间的层级关系考虑进来，因此高度坐标 z_i 被设置为缺省值。$P(S)$是当前状态 S 的出现概率，$E(S)$是当前状态的能量消耗。在 Metropolis – Hastings 采样的每一步迭代中，从当前状态根据建议前移 $S\rightarrow S^*$ 到达下一个状态 S^*。根据式（4-13），以一定概率接受新的状态 S^*，如果新的状态被接受，则当前状态更新为 S^*，如果不接受新的状态，则重新选择另一个建议前移方向。

$$\alpha(S\rightarrow S^*) = \min\left[1,\frac{P(S^*)}{P(S)}\right] \tag{4-13}$$

能量函数计算公式见式（4-14），其中 E_{pl}、E_{pr}、E_{or} 以及 E_{acc} 分别对应位置规则、配对规则、朝向规则以及距离规则。

$$E(S) = \lambda_1\sum_i E_{\mathrm{pl}}(i) + \lambda_2\sum_{i,j} E_{\mathrm{pr}}(i,j) + \lambda_3\sum_i E_{\mathrm{or}}(i) + \lambda_4\sum_{i,j,k} E_{\mathrm{acc}}(i,j)$$

$$E_{\mathrm{pl}}(i) = \sum_i \max(0, T_{\mathrm{prior}} - T_{\mathrm{mean}}),$$

$$E_{\mathrm{pr}}(i,j) = \sum_{i,j} \|\mathrm{dis}(i,j) - T_{\mathrm{dis}}(i,j)\|,$$

$$E_{\text{or}}(i) = \sum_{i} \|\text{dis}_{\text{wall}}(i) - T_{\text{wall}}(i)\|,$$

$$E_{\text{acc}}(i,j) = \sum_{i} \sum_{j}^{t} \sum_{k} \max\left(0,1 - \frac{\|O_i - O_j\|}{d_i + d_j}\right) \tag{4-14}$$

T_{prior}是语义类别的位置先验，T_{mean}是对象 i 在当前位置下的概率值。$T_{\text{dis}}(i,j)$是配对关系的距离先验，$\text{dis}(i,j)$是对象 i 和 j 的欧式距离。$\text{dis}_{\text{wall}}(i,j)$表示对象 i 到它最近墙面的距离。每一步 $S \rightarrow S^*$ 状态变化是由两种情况构成：对象位置平移变换或者交换两个对象位置。平移变换先从所有对象中随机选择一个对象，然后随机选择方向和大小更新该对象的位置，更新的方式是$(x_i \pm \delta x, y_i \pm \delta y)$，$[\delta x, \delta y \sim N(0, \sigma^2)]$。交换对象位置是指随机选择两个对象，交换它们的位置。这种方式主要为了快速探索变量空间和避免陷入局部最优解。经过变化，得到状态 S^*，计算此时的能量函数值，将该值与状态 S 的能量函数值比较，如果该值小于变化前的值，则一定接受此次更新；否则，根据 Metropolis 标准以一定概率接受，这样可以避免陷入局部最优。通过不停地迭代，直到达到终止条件（迭代次数达到最大值或能量函数的减少量小于阈值）。

在采样求解的同时，要考虑参考图像中的布局信息约束。主要体现在，对于在参考图像中有关联对象的三维场景对象，根据关联对象在参考图像中的位置、配对、朝向、距离信息，约束三维场景对象的平移变换和交换。例如，柜子在参考图像中是靠近右边的墙面，那么在三维场景中的柜子也要靠近右边的墙面。因此对柜子的位置进行平移变换时，它的 x 轴坐标不再变动，始终靠近右边墙面，变动的是它的 y 轴坐标。例如，桌子和椅子在参考图像中具有配对关系，在三维场景中，桌子和椅子中心距离要符合它们在参考图像中的距离关系，因而此时配对关系的距离先验 $T_{\text{dis}}(i,j)$就是它们在参考图像中的距离。对于在参考图像中没有关联对象的三维场景对象，则完全按照布局规则约束来求解它们的位置。

4.3.2 基于图像序列的三维室内场景布局迁移生成

在以上单幅图像内容驱动布局迁移生成的基础上，拓展到基于图像序列的三维室内场景布局迁移生成，利用场景布局的图模型结构作为布局相似性度量的测度，计算图像数据集中的图像分别与单幅参考图像、输入三维场景之间的相似度。根据布局相似度，从数据集中选择多张图像，建立从输入三维场景布局渐变到单幅参考图像场景布局的室内图像序列，以此图像序列中的每一张图像为指导，进行场景布局迁移，生成布局渐变的三维室内场景序列。

（1）室内场景布局相似性度量

为了度量场景的布局相似度，本节提出了基于图模型的室内场景布局相似性度量算法。这种基于图模型的布局表达方式既能描述一个图像场景也能描述一个三维场景。

1）室内场景布局图模型结构。借鉴了 Fisher 等[32]用图核来描述三维场景结构信息的工作，本节提出一种基于图模型结构的室内场景布局表达方式。这种表达方式不仅能够表达对象相互之间的位置关系，而且能够准确地描述对象位置信息。具体来说，将室内场景的布局表示为包含三个层次节点的多层次结构。三个层次分别为全局层、区域层以及对象层，对应节点分别为全局节点、区域节点以及对象节点，如图 4-14 所示。室内场景的整体结构由全局节点表示，它将室内场景分为四个靠近墙面的区域以及一个中间区域。以床为基准确定顺序，床的左边墙面为左区域，床的右边墙面为右区域，床背靠近的墙面为后区域。场景中的对象根据它们各自靠近的墙面被划分为对应的区域，如果没有靠近任何一个墙面那么就划分为中间区域。对象靠近墙面的距离阈值设置为对应墙长度的 10%，小于这个阈值就认为对象靠近该墙面。在该图模型中有三种关系，即“全局 - 区域”关系、“区域 - 对象”关系，以及“对象 - 对象”关系，分别用红色、绿色、蓝色边来表示。在图 4-14所示的例子中，由于图像视角的原因，左区域和中间区域的内容是缺失的，因此以虚线来表示相应的“全局 - 区域”关系。

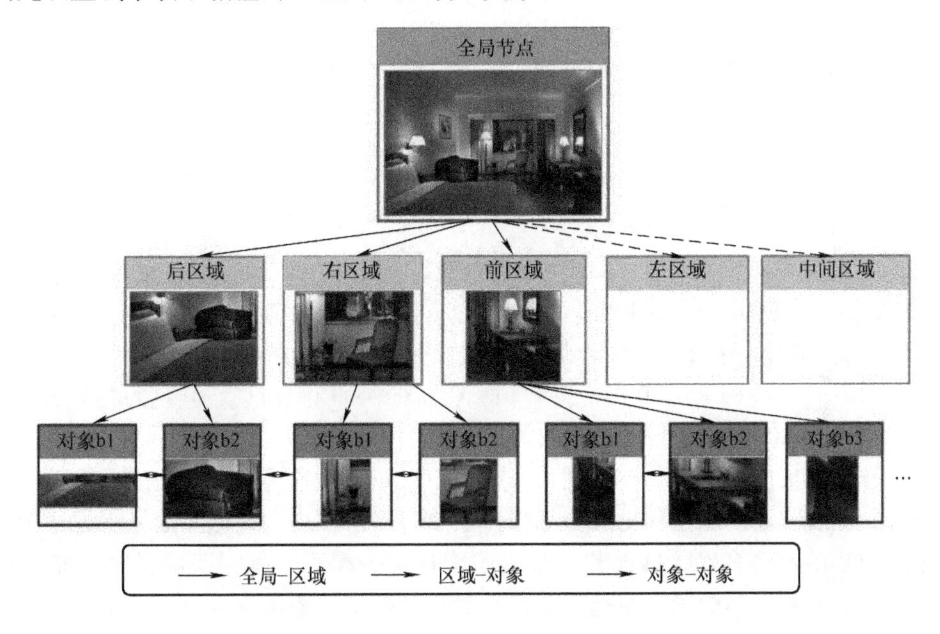

图 4-14　室内场景布局图模型表达，三种边表示三种关系，虚线表示缺少的部分

2）布局嵌入。根据图模型表示，将语义信息、布局规则嵌入到图模型的节点和边中。三种节点各自包含了不同的语义、布局和颜色信息。对于整个场景来说，天花板、地板和墙面构成了室内场景的基本结构，因此全局节点中记录了场景的整体结构以及天花板、地板和墙面的颜色。区域节点包含了每一个区域在场景中的位置，即该区域是靠近墙面的区域还是中间区域。同时区域节点中还记录了按照顺时

针遍历该区域时，区域中所包含对象的出现顺序。对象节点包含了对象的语义类别、位置、面积大小、重要性以及颜色分布特征。对象位置由对象的中心点来确定。对象的重要性是对象的面积大小与对象语义类别出现频率的乘积，其含义是：对于出现频繁的语义类别对象，如果它的面积较大，那么它对整个场景布局的影响就更明显。语义类别对象的出现频率是在训练数据集上统计得到的。

“全局-区域”关系、“区域-对象”关系是一种父子包含关系，意味着全局中含有该区域，或者区域中含有该对象。“对象-对象”关系是一种兄弟关系，意味着两个对象之间具有配对关系。具有表4-4列出的配对关系的对象之间都会有一条“对象-对象”边连接。由于配对关系与对象之间的距离具有很明显的关联性，例如，床头柜经常摆放在床的旁边，它们之间的距离非常小，因此“对象-对象”边记录下对象相互之间的距离。

3）布局-颜色关系。根据室内设计专业人士的经验，不同的布局摆放会引起颜色搭配的变化。根据观察得知，对象的颜色分布与它的空间位置有一定的关系。例如，桌子和椅子摆放在一起时，它们的颜色通常比较相似。当一个桌子和一个椅子距离很远而且没有配对关系时，它们的颜色可以差异较大。因此，采用了一种保持流形空间结构的算法[61]来得到给定参考图像中的布局-颜色的关系，见以下公式：

$$\arg\min_{\{w_{i,j}\}} \sum_{i=1}^{n} \left\| T_i - \sum_{j \in N_i} w_{ij} T_j \right\|^2, \text{s.t.} \sum_{j=1}^{K} wi_j = 1 \tag{4-15}$$

式中，$T_i=(h_i,x,y)$，h_i 表示对象 i 的色调值，(x, y) 表示对象的位置；N_i 是对象 i 的邻居，也就是图模型中与 i 具有相同父节点的对象节点；n 是场景中的对象个数。根据 Roweis 等的算法理论[62]，该公式可以快速地最小化求解，得到一个权重矩阵 $\{w_{i,j}\}$。该权重矩阵保持了参考图像场景中对象的布局与颜色的相互关系。

（2）构建布局渐变的图像序列

计算数据集中的图像与参考图像、输入三维场景在布局上的相似度，按照与三维场景相似度降序的顺序和与参考图像相似度升序的顺序排列这些图像。根据用户的需求或者用户的喜好，挑选若干张图像构成图像序列，每一张图像称为指导图像。因此，图像序列中第一张指导图像相对于其他指导图像来说更接近于输入三维场景的布局风格，序列中最后一张指导图像更接近于参考图像的布局风格。图像序列构建的核心是布局相似性度量，根据室内场景布局图模型结构可以度量任意两个场景之间的相似度并进行定量计算，下面详细阐明。

1）图模型中节点的相似度。给定两个场景的图模型表达 a 和 b，对于 a 中的区域节点 R^a 和 b 中的区域节点 R^b，两个区域节点的相似性度量根据以下公式来计算：

$$S(R^a,R^b) = \lambda_1 \text{overlap}(R^a,R^b) + \lambda_2 \text{order}(R^a,R^b),$$

$$\text{overlap}(R^a,R^b) = \frac{\sum_{i \in \Phi(R^a,R^b)} \text{imp}(\text{obj}_i)}{\sum_{i \in R^a, j \in R^b} \text{imp}(\text{obj}_i) + \text{imp}(\text{obj}_j)}, \tag{4-16}$$

$$\text{order}(R^a,R^b) = \frac{|\Phi(R^a,R^b)|}{\max(|R^a|,|R^b|)}$$

R^a 和 R^b 分别包含了对应区域中的所有对象，$|\bullet|$代表了区域中对象的个数。两个区域布局相似性包括两个区域中相同类别对象的覆盖度 overlap(•)以及它们出现顺序的相同程度 order(•)。两个区域中对象覆盖越多，同时对象的顺序越相似，那么这两个区域的布局越相似。imp 代表对象的重要性，越重要的对象覆盖越多则区域的布局相似性越大。区域节点中记录了该区域对象的出现顺序，将两个区域对象集的最长公共子集记作 $\Phi(R^a,R^b)$。以 $\Phi(R^a,R^b)$的大小与 R^a 和 R^b 中较大的那一个值的比值作为顺序相同程度 order(•)。λ_1 和 λ_2 是用来调节覆盖度和顺序相同程度的权重，在实验中，$\lambda_1=0.7$，$\lambda_2=0.3$。

对于 a 中的对象节点 obj_i 和 b 中的对象节点 obj_j，两个对象节点的相似性度量根据如下公式来计算。其中，∩和∪分别代表了两个对象面积的交和并。$\delta(\text{obj}_i, \text{obj}_j)$是一个指示函数：如果对象 i 和对象 j 具有相同的语义类别，那么 δ 值为 1，否则 δ 值为 0。

$$S(\text{obj}_i,\text{obj}_j) = \frac{\text{Area}(\text{obj}_i \cap \text{obj}_j)}{\text{Area}(\text{obj}_i \cap \text{obj}_j)} \times \delta(\text{obj}_i,\text{obj}_j) \tag{4-17}$$

2）图模型中边的相似度。两个场景布局相似性度量还应该考虑图模型结构中边的权值。对于连接具有配对关系的对象的“对象－对象”边，根据指示函数 $\delta(\text{node}_i,\text{node}_j)$进行边权值赋值。如果 node_i 和 node_j 具有父子关系或者配对关系，那么 $\delta(\text{node}_i, \text{node}_j)$为 1，否则 $\delta(\text{node}_i, \text{node}_j)$为 0。

3）图模型的相似度。借鉴了 Fisher 等[32]的工作，本章采用步行路径的度量方式来计算两个场景的布局相似性。一条长度为 p 的步行路径是在图结构上由 $p-1$ 条边连接的有序节点集合。图结构 a 和 b 上相同长度步行路径之间的相似性是路径上的节点和边的相似度量值的累加之和，如图 4-15 所示。具体来说，计算 a 的步行路径上第一个节点与 b 的步行路径上第一个节点的相似度，计算 a 的步行路径上第一条边与 b 的步行路径上第一条边的相似度，以此类推，直到走完整个路径，将所有的节点和边的相似度累加就得到了 a 和 b 当前步行路径的相似度。两个场景图结构之间的相似度 k_p（G^a，G^b）定义为所有长度步行路径相似度的累加之和。由于区域节点与对象节点不具有可比性，因此跳过路径上的不可比的节点对。

4）图像序列选择。根据用户的需求或喜好，从图像数据集中选择 N 张图像构成图像序列。这 N 张图像包括与输入三维场景布局相似的前 n_s 张图像，与参考图像场景布局相似的前 n_r 张图像，以及与输入三维场景和参考图像场景布局均相似

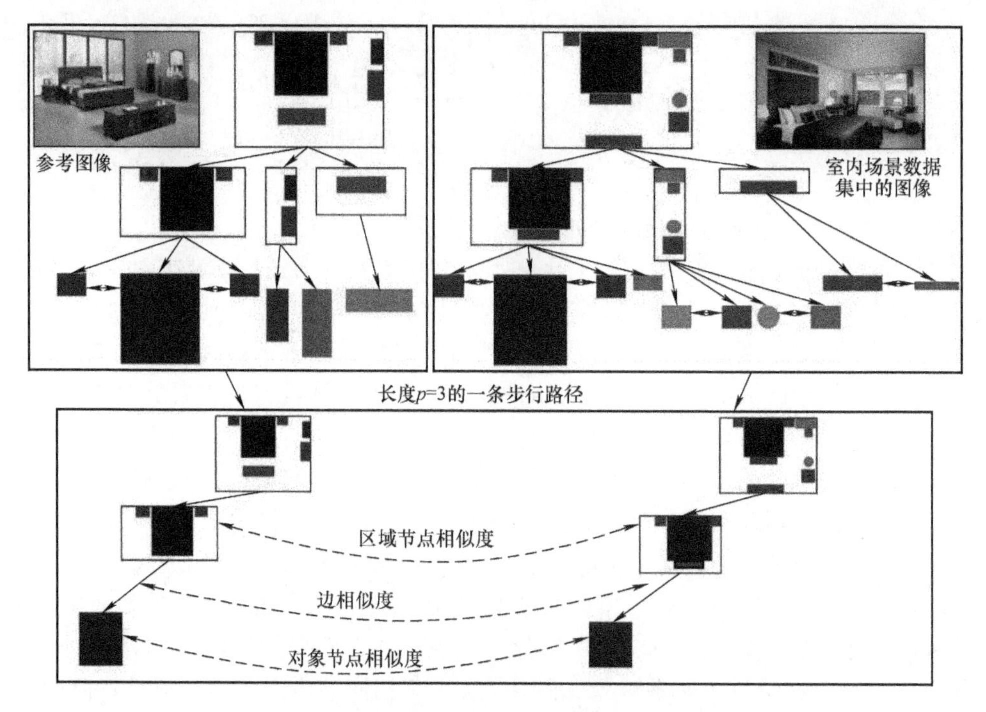

图 4-15　基于图模型结构的布局相似性度量

的前 n_l 张图像。按照 n_s，n_l，n_r 的顺序排列构成图像序列。

对于给定的输入三维场景和参考图像，将图像数据集中的图像分别与参考图像和输入三维场景进行相似性度量并排序，然后选择出 n_s 张图像和 n_r 张图像。在选择中间的 n_l 张图像时，根据已知的每张图像与输入三维场景的相似度，每张图像与参考图像的相似度，计算这两个相似度的差异。选择差异小于某个阈值的前 n_l 张图像（在实验中该阈值为最大相似度差异值的5%），并按照降序排列它们。

（3）室内场景渐变布局迁移

以图像序列为指导，将参考图像的布局逐步迁移到输入三维场景上，形成一个从输入三维场景布局逐渐过渡到参考图像场景布局的插值序列。在迁移之前，通过语义信息建立参考图像与三维场景对象之间的关联关系。

对于有关联对象的三维场景对象，根据其关联对象在参考图像中的位置对三维场景对象进行重摆。将从图像数据集中学习得到的布局规则作为约束条件，指导对象重摆的具体位置。对于三维场景中对象与其关联对象尺度不一致的情况，根据关联对象的位置进行三维场景对象重摆可能会造成三维场景布局冲突。例如，三维场景中的两个对象距离太近，造成这两个对象有重叠的现象。因此，三维场景对象的位置重摆既要满足与其关联对象位置相似的条件，又要符合四条布局规则。布局迁移可以形式化表达为如下能量函数，通过最小化求解得到三维场景中每个对象重摆后的位置。

$$
\begin{aligned}
\min E &= \alpha_1 E_1 + \alpha_2 E_2 + \alpha_3 E_3, \\
E_1 &= \sum_{i \in R} (O_i - O_i^{\text{img}})^2, \\
E_2 &= \sum_{i \in S} [(\text{dist}_{\text{wall}}(O_i) - T_{\text{wall}}(C_i)]^2, \\
E_3 &= \sum_{\{i,j\} \in P} [O_i - O_j - (d_i + d_j) - T_{\text{dis}}(C_i, C_j)]^2
\end{aligned}
\tag{4-18}
$$

在以上公式中，S 表示整个三维场景中的对象集合，$R \subset S$ 是在参考图像中有关联对象的三维场景对象子集；i 表示三维场景中的对象，O_i 是对象 i 的中心，O_i^{img} 是它在参考图像中的关联对象的中心；能量项 E_1 针对的是具有关联对象的三维场景对象，它的作用是将参考图像中关联对象的布局迁移到三维场景对象上，使得三维场景对象的布局与参考图像中关联对象的布局相似；$\text{dist}_{\text{wall}}(\bullet)$是对象与它最邻近的墙的垂直距离，$C_i$ 是对象 i 的语义类别，$T_{\text{wall}}(C_i)$是在图像数据集上学习得到的类别 C_i 与墙的距离均值；能量项 E_2 针对的是三维场景中所有的对象，它的作用是保持对象的朝向，即保持对象到离它最近的墙的距离，过远或者过近都会加大惩罚度；P 是具有配对关系的对象子集，d_i 是 i 的对角线长度，$T_{\text{dis}}(C_i, C_j)$是在图像数据集上学习得到的配对关系 C_i 与 C_j 的距离均值；能量项 E_3 的作用是保持具有配对关系的对象相互之间的距离，既要满足对象之间的距离规则，同时又要限定在一定的距离范围内，过远或者过近都要受到惩罚。对于那些没有关联对象的三维场景对象，主要依据四项布局规则对它们进行布局重摆。在本章的实验中，将三个能量项的权重值分别设置为 $\alpha_1 = 15$，$\alpha_2 = 10$，$\alpha_3 = 1$。利用梯度下降算法求解得到三维场景中每一个对象的位置坐标。

进行布局迁移时，以图像序列的每一张指导图像作为参考，将三维场景的布局风格变形为指导图像的布局风格，由此得到布局渐变的三维场景序列。将三维场景中的对象与指导图像中的对象建立关联关系，例如，式（4-18）的 E_1 项中，O_i^{img} 为指导图像中关联对象的位置。

4.3.3　实验与分析

本章的实验与分析包括三个部分：单幅图像场景布局迁移实验与分析、基于图像序列集的布局迁移实验与分析、用户评价实验。

在实践中，本章借鉴了 Hoiem 等[63,64]的工作，得到室内场景的语义分割和布局估计粗略结果。

（1）实验数据集

本章的三维室内场景包括卧室场景和客厅场景，利用互联网搜索引擎，搜集了 120 张卧室场景的图像和 80 张客厅场景的图像，构成图像数据集。其中每一张图像都经过了预处理，包括语义分割和布局估计，分别对应一张语义标记图和一张布局图。通过 Tremble Warehouse 收集了三维室内场景模型的原始素材，并根据这些原始素材手动构建了 200 个三维室内场景，包括 100 个卧室场景和 100 个客厅场景。场景中对象模型的网格大小范围是 50000 ~ 500000 个顶点。

（2）单幅图像场景布局迁移实验与分析

1）室内场景布局规则验证。为了测试本方法四个布局规则的重要性，进行四个场景布局生成实验，每个实验都只考虑三个规则，忽略另一个规则，以此来测试每个规则对场景布局的影响程度，实验结果展示在图 4-16 中。图 4-16a 是没有位置规则约束时生成的场景布局，其中红色框中的梳妆台与墙面的距离过远；图 4-16b是没有配对规则约束时生成的场景布局，可以看到右边红色框中的沙发与茶几距离太远，没有成对；图 4-16c 是没有距离规则约束时生成的场景布局，红框中的沙发和茶几的距离过近，导致沙发和茶几部分重叠冲突了；图 4-16d 是没有朝向规则约束时生成的场景布局，可以看出红框中梳妆台的朝向与它所在的位置明显不合适，而且由于朝向造成梳妆台一部分已经越出了房间范围。可以得知，本方法的四个布局规则是合理有效的，缺少任何一个约束都会在一定程度上影响场景布局的合理性。

图 4-16　布局规则重要性实验

2）室内场景布局迁移。单幅图像场景布局迁移算法结果如图 4-17 所示。在采样生成的场景中，保持了参考图像中的布局特征。以图 4-17 第一行为例，参考图像中衣柜在床的右边一侧，在生成的三维场景中，这种对象间的关系得以保持。当三维场景中的对象在参考图像中没有关联对象时，本方法根据学习得到的布局规则为它推理出一个合理的位置。如第四行中，三维场景的衣柜和沙发在参考图像中没有关联对象，在生成的三维场景中，衣柜和沙发的摆放位置很合理。

图 4-18 和图 4-19 分别展示了卧室场景和客厅场景的布局迁移实验结果。图中每一列从左到右依次为输入三维场景、参考图像、布局迁移结果和颜色迁移结果。输入三维场景中家具的位置是随意摆放的。可以看到，经过布局迁移，三维场景的布局风格与参考图像非常相似。如图 4-18 最后一行例子中的梳妆台和柜子，它们

图4-17　单幅图像场景布局迁移结果

均位于床的右手边，而且均在房间中同一侧靠近门的位置。考虑到颜色对三维室内场景设计的重要性，同时为了更好地观察布局迁移后的效果，本章借鉴了 Chen 等的方法[61]进行三维室内场景颜色迁移，得到的三维场景颜色风格与参考图像非常相似。所有的三维场景在与参考图像相同的视角下进行渲染。应当注意到，由于参考图像光照的影响，可能会引起一些三维场景效果感官上的差异。

（3）基于图像序列集的布局迁移实验与分析

图4-20和图4-21展示了基于图像序列的卧室、客厅场景布局迁移实验结果，每一行展示了以当前指导图像作为参考时的三维场景布局迁移结果和颜色迁移结果。可以看出，输入三维场景由上至下的逐渐接近参考图像的场景布局风格，如家具逐渐地移动到近似于参考图像中关联对象的位置。最后一行是将参考图像的布局迁移到输入三维场景上得到的新三维场景。以图4-21中第二列为例，自顶向下的观察该列，可以看到，两把椅子逐渐地从沙发的左侧移动到右侧。

在选择图像构建图像序列时，选择相似度差异小于一定阈值的那些图像，相似度差异较大的图像不会被选择。图像序列中的图像总数 N 一般为10～15张，其中 n_s、n_r 和 n_l 各占 N 的三分之一。为了更明确地看到实验效果，图4-20展示了卧室场景图像序列中的5张图像进行布局迁移的结果。不失一般性的，三维场景中包含

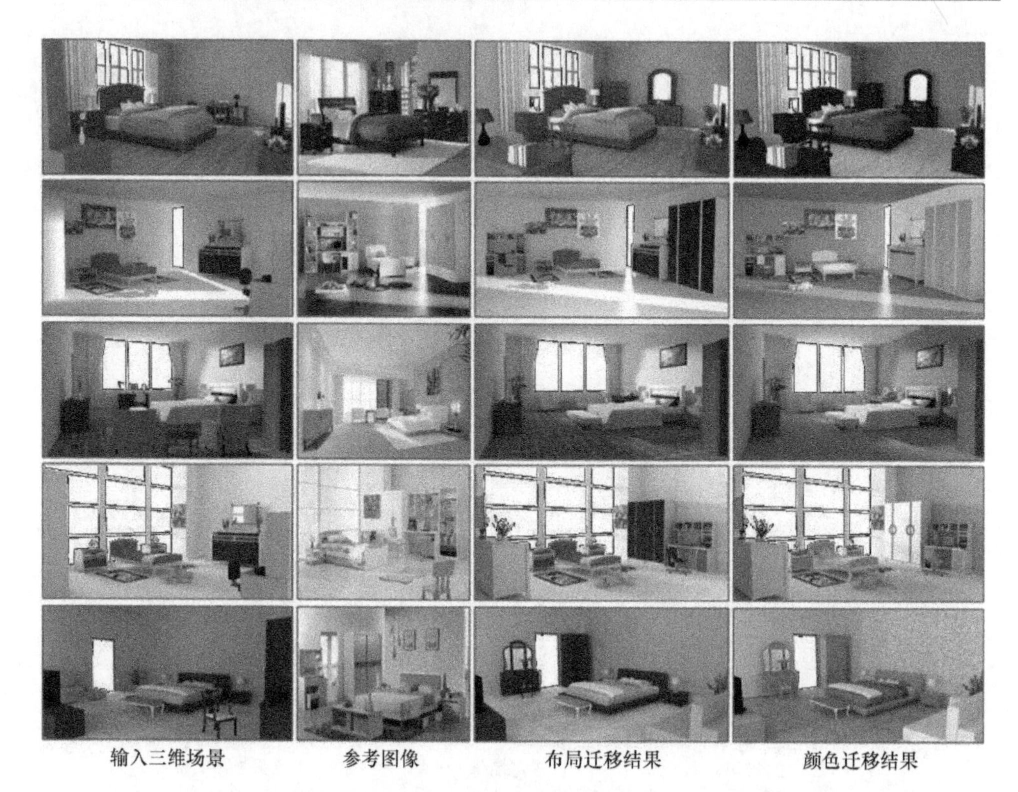

图 4-18　基于单幅图像的卧室场景布局迁移结果

图 4-19　基于单幅图像的客厅场景布局迁移结果

的模型数量为 10 ~ 30 个。当图像序列含有 10 张指导图像时，本方法的各步骤所耗时间如下：图像序列构建需要 30 ~ 120s；布局迁移需要 1 ~ 3s。以上时间均是在相同实验环境下测量，实验环境为一台配置为 Intel Core 4 Duo 2.39GHz CPU 以及

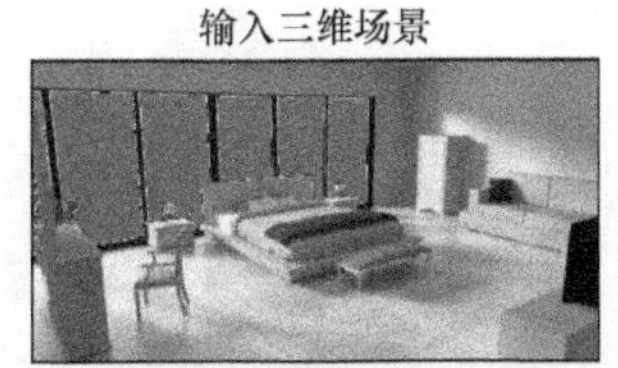

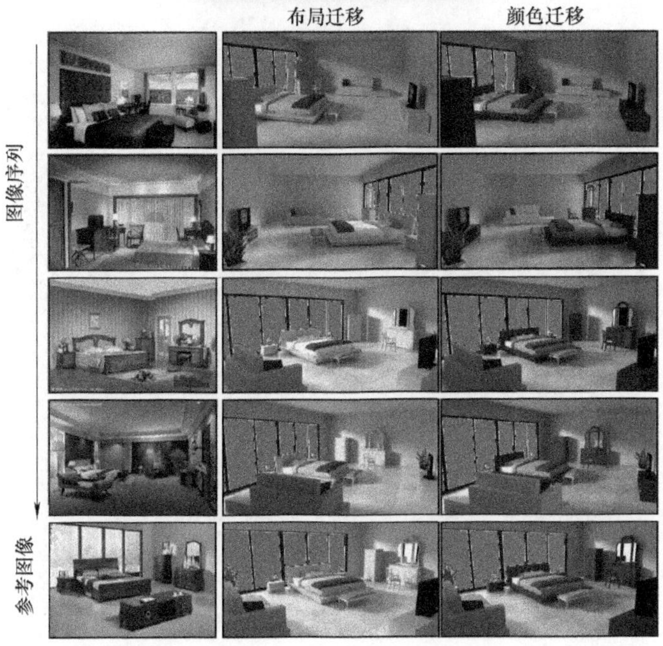

图 4-20　基于布局渐变图像序列集的卧室场景布局迁移实验

4GB 内存的个人计算机。

为了验证方法的完备性，进行了如下实验。对一个已经合理摆放的三维室内场景，在某一个视角下渲染之后，以此渲染的图像作为参考图像。将该三维室内场景中的家具布局任意打乱，作为输入三维场景，测试本方法是否能将输入三维场景的布局准确地恢复到原始的样子。图 4-22 展示了完备性测试的结果，从左到右，场景布局逐渐地向原始三维场景布局靠近。由于指导图像不如参考图像对三维场景重着色的影响大，所以三维场景的颜色略微变化，不太明显，但都与参考图像的颜色风格很相似。在最后一列中，完整地恢复出了原始三维场景的布局。

（4）用户评价实验

本章从两个方面进行用户评价实验，分别是布局生成对比实验以及布局迁移三维场景评价实验。

1）布局生成对比实验。为了验证布局迁移方法的快速有效，进行了如下实验。将本方法的布局迁移与基于概率采样的场景布局生成方法进行了实验对比，基于概率采样的场景布局生成方法是利用马尔科夫蒙特卡洛（MCMC）随机采样的方

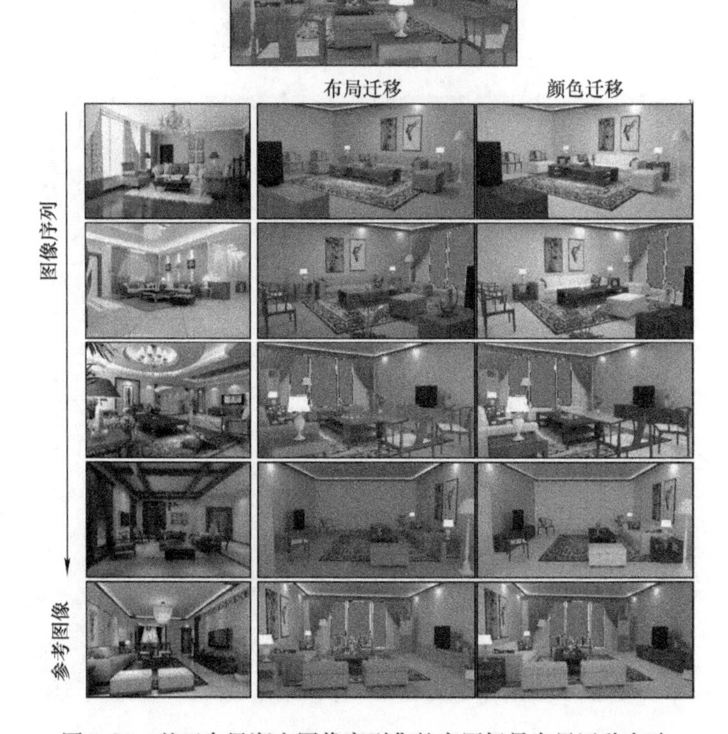

图 4-21　基于布局渐变图像序列集的客厅场景布局迁移实验

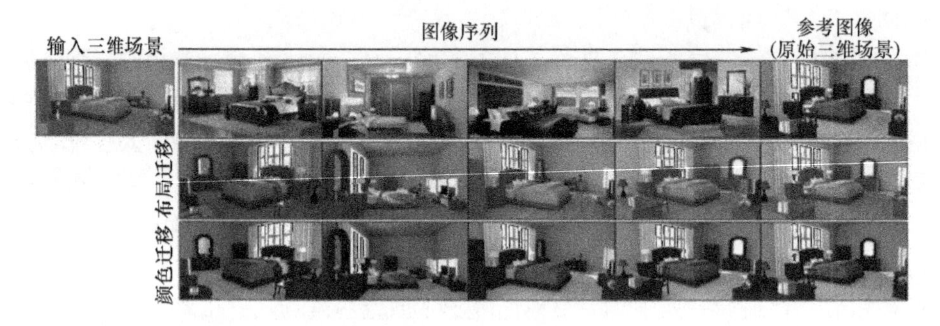

图 4-22　完备性测试实验

式，逐步逼近最优布局解。Yu 等[30]采用的方法中输入只有一个任意的三维场景，没有参考图像。为了更好地对比，对 Yu 等[30]的方法进行了改进，提取参考图像的布局特征作为约束条件，使得马尔科夫蒙特卡洛（MCMC）随机采样朝着参考图像布局风格的方向行走。为了评价实验结果，采用了用户评价的方式。随机选择

35 组实验数据，每组实验数据包括一张参考图像、一个输入三维场景、本方法得到的布局结果以及 Yu 等方法得到的布局结果。邀请了 25 个计算机专业的研究生来参加用户评价。对每一组实验，这 25 个研究生需要给出一个评价，即哪个布局结果最接近参考图像的布局风格。由于他们并不知道哪个结果是本方法得到的，因此保证了用户评价的公平有效。根据用户反馈，76.9% 的情况下，用户认为本方法的三维场景布局结果更好地保持了参考图像的布局风格。

图 4-23 展示了布局迁移对比结果，可以看到本方法的布局结果更接近参考图像的布局风格。例如桌子和椅子，MCMC 采样方式最终将它们摆放在电视机的右边，而本方法将它们摆放在电视机左边，与参考图像是一致的。

图 4-23　布局迁移对比实验

2）三维场景评价实验。为了度量本方法场景布局迁移的效果，进行了如下实验。随机选择 20 组实验数据，每一组实验数据包括一张参考图像、一个三维室内场景以及对应的布局迁移结果和颜色迁移结果。布局迁移结果和颜色迁移结果的渲染视角与参考图像的视角相同。邀请了 25 个不同专业的研究生来对实验效果进行评价，给出评分。评分范围是 1 ~5 分，1 分代表非常不满意，2 分代表不满意，3 分代表一般，4 分代表满意，5 分代表非常满意。参加实验的研究生需要对布局迁移结果和颜色迁移结果分别给出分数，评价布局迁移结果时不考虑颜色效果，评价颜色效果时不考虑布局分布。在这 20 组实验数据下，布局迁移结果的平均得分是 4.056 分，颜色迁移结果的平均得分是 4.158 分。由此验证了用户对本方法室内场景布局迁移的效果是比较满意的，实验效果是比较逼真可信的。

4.4　小结

本章以“对象”作为场景内容理解的着手点，连贯多个研究领域或方向，深化了图像场景语义理解和图像场景空间结构理解的维度，调研分析了相关研究领域的研究现状，重点围绕对象级场景语义解析、场景与对象布局关系迁移生成两个方面，实现了基于目标识别与显著性检测的图像场景多对象分割方法、基于深度识别框架的多实例对象分割方法，以及实现了单幅图像内容驱动的三维室内场景布局迁移生成方法、基于图像序列的三维室内场景布局迁移生成方法。对象级场景语义解析是基础，提供了场景中对象内容的具体划分与语义理解；场景与对象布局关系迁移生成是应用，基于二维图像场景语义和布局结构迁移生成三维场景。

在对象级语义分割方面，本章在传统的 CRF 模型框架上，尝试了多种特征融合方式，例如目标识别特征、显著性特征、卷积神经网络特征、对象位置特征等，不管是基于目标识别与显著性检测的图像场景多对象分割方法，还是基于深度识别框架的多实例对象分割方法，都是将语义识别和对象分割集成一体，同时实现了语义标记和同类别多对象的分割，并且在公共数据集上进行的实验取得了显著的改进，并证明了方法的有效性。未来工作中，将会加大对象形状特征的约束作用，提高语义标记和对象分割的准确率。

在布局关系迁移生成时，图像内容驱动体现在三个方面：一方面，提取参考图像的布局标注信息，以参考图像的布局为目标驱动三维场景生成；另一方面，利用室内场景数据集中的图像，学习出室内场景布局规则的先验值，用以指导三维室内场景布局生成；第三个方面，提供了布局渐变的图像序列，驱动布局渐变的三维室内场景序列生成。实验验证了场景布局规则的重要性和有效性，展示了基于单幅图像和基于图像序列的三维室内场景布局迁移结果，并通过用户评价实验验证了场景布局迁移结果的有效性和可信性。当然，图像内容驱动的方法存在一些局限性，主要包括两个方面：第一，图像数据集的质量直接影响着方法的实验结果；第二，影响室内场景的因素有很多，本章方法只考虑了布局，没有考虑颜色、光照、材质等因素。在未来工作中将针对这些局限性进行改进和完善。

参考文献

[1] KIM G H, XING E P. On Multiple Foreground Cosegmentation [C] // In Proceedings of the IEEE Conference on Computer Vision and Pattern Recognition (CVPR), Providence, USA, June 16 - 21, 2012. Los Alamitos, CA, USA: IEEE Computer Society, 2012: 837 - 844.

[2] YANG J M, TSAI Y H, YANG M H. Exemplar Cut [C] //In Proceedings of the IEEE International Conference onComputer Vision (ICCV), Sydney, Australia, December 1 - 8, 2013. Los Alamitos, CA, USA: IEEE Computer Society, 2013: 857 - 864.

[3] HE X M, GOULD S. An Exemplar - based CRF for Multi - instance Object Segmentation [C] //In Proceedings of the IEEE Conference on Computer Vision and Pattern Recognition (CVPR), Columbus, USA, June 23 - 28, 2014. Los Alamitos, CA, USA: IEEE Computer Society, 2014: 296 - 303.

[4] SILBERMAN N, SONTAG D A, FERGUS R. Instance Segmentation of Indoor Scenes Using a Coverage Loss [C] //In Proceedings of European Conference on Computer Vision (ECCV), Zurich, Switzerland, September 6 - 12, 2014. Cham: Springer, 2014: 616 - 631.

[5] HOIEM D, STEIN A N, EFROS A A, et al. Recovering Occlusion Boundaries From ASingle Image [C] //In Proceedings of the IEEE International Conference on Computer Vision (ICCV), Rio de Janeiro, Brazil, October 14 - 21, 2007. Los Alamitos, CA, USA: IEEE Computer Society, 2007: 1 - 8.

[6] HUMAYUN A, AODHA O M, BROSTOW G J. Learning to Find Occlusion Regions [C] //In Proceedings of the IEEE Conference on Computer Vision and Pattern Recognition (CVPR), Colorado Springs, USA, June20 - 25, 2011. Los Alamitos, CA, USA: IEEE Computer Society, 2011: 2161 - 2168.

[7] SUNDBERG P, BROX T, MAIRE M, et al. Occlusion Boundary Detection andFigure/Ground Assignment from Optical Flow [C] //In Proceedings of the IEEE Conference on Computer Vision and Pattern Recognition (CVPR), Colorado Springs, USA, June20 - 25, 2011. Los Alamitos, CA, USA: IEEE Computer Society, 2011: 2233 - 2240.

[8] SAXENA A, SUN M, NG A Y. Make3D: Learning 3D Scene Structure from ASingle Still Image [J]. IEEE Transactions on Pattern Analysis and Machine Intelligence (PAMI), 2008, 31 (5): 824 - 840.

[9] LIU B Y, GOULD S, KOLLER D. Single Image Depth Estimation From Predicted Semantic Labels [C] //IEEE Conference on Computer Vision and Pattern Recognition (CVPR), San Francisco, USA, June 13 - 18, 2010. Los Alamitos, CA, USA: IEEE Computer Society, 2010: 1253 - 1260.

[10] LIU M M, SALZMANN M, HE X M. Discrete - Continuous Depth Estimation from a Single Image [C] //In Proceedings of the IEEE Conference on Computer Vision and Pattern Recognition (CVPR), Columbus, USA, June 23 - 28, 2014. Los Alamitos, CA, USA: IEEE Computer Society, 2014: 716 - 723.

[11] GUPTA A, EFROS A A, HEBERT M. Blocks World Revisited: Image Understandingusing Qualitative Geometry and Mechanics [C] // In Proceedings of European Conference on Computer Vision (ECCV), Crete, Greece, September 5 - 11, 2010. Berlin: Springer, 2010: 482 - 496.

[12] LIN D H, FIDLER S, URTASUN R. Holistic Scene Understanding for 3D Object Detection with RGBD cameras [C] //In Proceedings of the IEEE International Conference on Computer Vision (ICCV), Sydney, Australia, December 1 - 8, 2013. Los Alamitos, CA, USA: IEEE Computer Society, 2013: 1417 - 1424.

[13] ZHANG Y D, SONG S R, TAN P, et al. PanoContext: A Whole - room 3D Context Modelfor Panoramic Scene Understanding [C] //In Proceedings of European Conference on Computer Vision (ECCV), Zurich, Switzerland, September 6 - 12, 2014. Cham: Springer, 2014: 668 - 686.

[14] RAMALINGAM S, PILLAI J K, JAIN A, et al. Manhattan Junction Catalogue for Spatial Reasoning of Indoor Scenes [C] //In Proceedings of the IEEE Conference on Computer Vision and Pattern Recognition (CVPR), Portland, USA, June 23 - 28, 2013. Los Alamitos, CA, USA: IEEE Computer Society, 2013: 3065 - 3072.

[15] PATTERSON G, HAYS J. Sun attribute database: Discovering, annotating, and recognizing scene attributes [C] //In Proceedings of the IEEE Conference on Computer Vision and Pattern Recognition (CVPR), Providence, USA, June 16 - 21, 2012. Los Alamitos, CA, USA: IEEE Computer Society, 2012: 2751 - 2758.

[16] PARIKH D, GRAUMAN K. Relative Attributes [C] //In Proceedings of the IEEE International Conference onComputer Vision (ICCV), Barcelona, Spain, November 6 - 13, 2011. Los Alami-

tos, CA, USA: IEEE Computer Society, 2011: 503 – 510.

[17] HWANG S J, SHA F, GRAUMAN K. Sharing Features Between Objects and Their Attributes [C] //In Proceedings of the IEEE Conference on Computer Vision and Pattern Recognition (CVPR), Colorado Springs, USA, June20 – 25, 2011. Los Alamitos, CA, USA: IEEE Computer Society, 2011: 1761 – 1768.

[18] KOVASHKA A, PARIKH D, GRAUMAN K. WhittleSearch: Image Search with Relative Attribute Feedback [C] //In Proceedings of the IEEE Conference on Computer Vision and Pattern Recognition (CVPR), Providence, USA, June 16 – 21, 2012. Los Alamitos, CA, USA: IEEE Computer Society, 2012: 2973 – 2980.

[19] LIANG L, GRAUMAN K. Beyond Comparing Image Pairs: Setwise Active Learning for Relative Attributes [C] //In Proceedings of the IEEE Conference on Computer Vision and Pattern Recognition (CVPR), Columbus, USA, June 23 – 28, 2014. Los Alamitos, CA, USA: IEEE Computer Society, 2014: 208 – 215.

[20] FARHADI A, ENDRES I, HOIEM D, et al. Describing Objects by their Attributes [C] //In Proceedings of the IEEE Conference on Computer Vision and Pattern Recognition (CVPR), Miami, USA, June 20 – 25, 2009. Los Alamitos, CA, USA: IEEE Computer Society, 2009: 1778 – 1785.

[21] LAMPERT C H, NICKISCH H, HARMELING S. Learning To Detect Unseen Object Classes by Between – Class Attribute Transfer [C] //In Proceedings of the IEEE Conference on Computer Vision and PatternRecognition (CVPR), Miami, USA, June 20 – 25, 2009. Los Alamitos, CA, USA: IEEE Computer Society, 2009: 951 – 958.

[22] SHARMANSKA V, QUADRIANTO N, LAMPERT C H. Augmented Attribute Representations [C] //In Proceedings of European Conference on Computer Vision (ECCV), Florence, Italy, October 7 – 13, 2012. Berlin: Springer, 2012: 242 – 255.

[23] FARHADI A, ENDRES I, HOIEM D. Attribute – Centric Recognition for Cross – category Generalization [C] //In Proceedings of the IEEE Conference on Computer Vision and Pattern Recognition (CVPR), San Francisco, USA, June13 – 18, 2010. Los Alamitos, CA, USA: IEEE Computer Society, 2010: 2352 – 2359.

[24] WANG Y, MORI G. A Discriminative Latent Model of Object Classes and Attributes [C] //In Proceedings of European Conference onComputer Vision (ECCV), Crete, Greece, September 5 – 11, 2010. Berlin: Springer, 2010: 155 – 168.

[25] SADEGHI M A, FARHADI A. Recognition using visualphrases [C] //In Proceedingsof the IEEE Conference on Computer Vision and Pattern Recognition (CVPR), Colorado Springs, USA, June 20 – 25, 2011. Los Alamitos, CA, USA: IEEE Computer Society, 2011: 1745 – 1752.

[26] LI Z Y, GAVVES E, MENSINK T, et al. Attributes Make Sense on Segmented Objects [C] //In Proceedings of European Conference on Computer Vision (ECCV), Zurich, Switzerland, September 6 – 12, 2014. Cham: Springer, 2014: 350 – 365.

[27] SHI Z Y, YANG Y X, HOSPEDALES T M, et al. Weakly Supervised Learning of Objects, Attributes and Their Associations [C] //In Proceedings of European Conference onComputer Vision

(ECCV), Zurich, Switzerland, September 6 – 12, 2014. Cham: Springer, 2014: 472 – 487.

[28] LIU X B, ZHAO Y B, ZHU S C. Single – View 3D Scene Parsing by Attributed Grammar [C] //In Proceedings of the IEEE Conference on Computer Vision and Pattern Recognition (CVPR), Columbus, USA, June 23 – 28, 2014. Los Alamitos, CA, USA: IEEE Computer Society, 2014: 684 – 691.

[29] ZHENG S, CHENG M M, WARRELL J, et al. Dense Semantic Image Segmentation with Objects and Attributes [C] //In Proceedings of the IEEE Conference on Computer Vision and Pattern Recognition (CVPR), Columbus, USA, June 23 – 28, 2014. Los Alamitos, CA, USA: IEEE Computer Society, 2014: 3214 – 3221.

[30] YU L F, YEUNG S K, TANG C K, et al. Make It Home: Automatic Optimization of Furniture Arrangement [J]. ACM Transactions on Graphics (TOG), 2011, 30 (4): 8601 – 8612.

[31] MERRELL P, SCHKUFZA E, LI Z Y, et al. Interactive Furniture Layout using Interior Design Guidelines [J]. ACM Transactions on Graphics (TOG), 2011, 30 (4): 8701 – 8710.

[32] FISHER M, SAVVA M, HANRAHAN P. Characterizing Structural Relationships in Scenes using Graph Kernels [J]. ACM Transactions on Graphics (TOG), 2011, 30 (4): 3401 – 3411.

[33] FISHER M, RITCHIE D, SAVVA M, et al. Example – based Synthesis of 3D Object Arrangements [J]. ACM Transactions on Graphics (TOG), 2012, 31 (6): 13501 – 13511.

[34] XU K, CHEN K, FU H B, et al. Sketch2Scene: Sketch – based Co – retrieval and Co – placement of 3D Models [J]. ACM Transactions on Graphics (TOG), 2013, 32 (4): 12301 – 12315.

[35] SHAO T J, XU W W, ZHOU K, et al. An Interactive Approach to Semantic Modeling of Indoor Scenes with An RGBD Camera [J]. ACM Transactions on Graphics (TOG), 2012, 31 (6): 13601 – 13611.

[36] KIM Y M, MITRA N J, YAN D M, et al. Acquiring 3D Indoor Environments with Variability and Repetition [J]. ACM Transactions on Graphics (TOG), 2012, 31 (6): 13801 – 13811.

[37] NAN L L, XIE K, SHARF A. A Search – classify Approach for Cluttered Indoor Scene Understanding [J]. ACM Transactions on Graphics (TOG), 2012, 31 (6): 13701 – 13710.

[38] TIGHE J, LAZEBNIK S. Finding Things: Image Parsing with Regions and Per – Exemplar Detectors [C] //In Proceedings of the IEEE Conference on Computer Vision and Pattern Recognition (CVPR), Portland, USA, June 23 – 28, 2013. Los Alamitos, CA, USA: IEEE Computer Society, 2013: 3001 – 3008.

[39] SHOTTON J, WINN J M, ROTHER C, et al. TextonBoost for image understanding: Multi – class object recognition and segmentation by jointly modeling texture, layout, and context [J]. International Journal of Computer Vision (IJCV), 2009, 81 (1): 2 – 23.

[40] MALISIEWICZ T, GUPTA A, EFROS A A. Ensemble of exemplar – SVMs for object detection and beyond [C] //IEEE International Conference on Computer Vision (ICCV), Barcelona, Spain, November 6 – 13, 2011. Los Alamitos, CA, USA: IEEE Computer Society, 2011: 89 – 96.

[41] ARBELAEZ P, MAIRE M, FOWLKES C C, et al. Contour Detection and Hierarchical Image Segmentation [J]. IEEE Transactions on Pattern Analysis and Machine Intelligence (PAMI), 2011, 33 (5): 898 – 916.

[42] GOFERMAN S, ZELNIK - MANOR L, TAL A. Context - Aware Saliency Detection [J]. IEEE Transactions on Pattern Analysis and Machine Intelligence (PAMI), 2012, 34 (10): 1915 - 1926.

[43] CHENG M M, MITRA N J, HUANG X L, et al. Global Contrast Based Salient Region Detection [J]. IEEE Transactions on Pattern Analysis and Machine Intelligence (PAMI), 2015, 37 (3): 569 - 582.

[44] BOYKOV Y, VEKSLER O, ZABIH R. Efficient Approximate Energy Minimization via Graph Cuts [J]. IEEE Transactions on Pattern Analysis and Machine Intelligence (PAMI), 2001, 20 (12): 1222 - 1239.

[45] BOYKOV Y, KOLMOGOROV V. An Experimental Comparison of Min - Cut/Max - Flow Algorithms for Energy Minimization in Vision [J]. IEEE Transactions on Pattern Analysis and Machine Intelligence (PAMI), 2004, 26 (9): 1124 - 1137.

[46] LONG J, SHELHAMER E, DARRELL T. Fully convolutionalnetworks for semantic segmentation [C] //IEEE Conference on Computer Vision and Pattern Recognition (CVPR), Boston, MA, USA, June 7 - 12, 2015. Los Alamitos, CA, USA: IEEE Computer Society, 2015: 3431 - 3440.

[47] GIRSHICK R B, DONAHUE J, DARRELL T, et al. Rich feature hierarchies for accurate object detectionand semantic segmentation [C] //IEEE Conference on Computer Vision and Pattern Recognition (CVPR), Columbus, OH, USA, June 23 - 28, 2014. Los Alamitos, CA, USA: IEEE Computer Society, 2014: 580 - 587.

[48] UIJLINGS J R R, VAN DE SANDE K E A, GEVERS T, et al. Selective searchfor object recognition [J]. International Journal of Computer Vision (IJCV), 2013, 104 (2): 154 - 171.

[49] LEVINSHTEIN A, STERE A, KUTULAKOS K N, et al. Turbopixels: Fast superpixels using geometric flows [J]. IEEE Transactions on Pattern Analysis and Machine Intelligence (PAMI), 2009, 31 (12): 2290 - 2297.

[50] ZHANG H H, FANG T, CHEN X W, et al. Partial Similarity based Nonparametric Scene Parsing in Certain Environment [C] //In Proceedings of the IEEE Conference on Computer Vision and Pattern Recognition (CVPR), Colorado Springs, USA, June 20 - 25, 2011. Los Alamitos, CA, USA: IEEE Computer Society, 2011: 2241 - 2248.

[51] RIEMENSCHNEIDER H, STERNIG S, DONOSER M, et al. Hough regions for joining instance localizationand segmentation [C] //European Conference on Computer Vision (ECCV), Florence, Italy, October 7 - 13, 2012. Berlin: Springer, 2012: 258 - 271.

[52] ANDRILUKA M, ROTH S, SCHIELE B. People - tracking - by - detectionand people - detection - by - tracking [C] //IEEE Conference on Computer Vision and Pattern Recognition (CVPR), Anchorage, USA, June24 - 26, 2008. Los Alamitos, CA, USA: IEEE Computer Society, 2008.

[53] SHAO T J, XU W W, ZHOU K, et al. An Interactive Approach to Semantic Modeling of Indoor Sceneswith An RGBD Camera [J]. ACM Transactions on Graphics (TOG), 2012, 31 (6): 13601 - 13611.

[54] KIM Y M, MITRA N J, YAN D M, et al. Acquiring 3D Indoor Environments with Variability and Repetition [J]. ACM Transactions on Graphics (TOG), 2012, 31 (6): 13801 - 13811.

[55] SANCHEZ S, LE ROUX O, LUGA H, et al. Constraint - Based 3D - Object Layout using A Genetic Algorithm [C] //In Proceedings of the 6th International Conference on Computer Graphics and Artificial Intelligence (3IA), Limoges, France, May 14 - 15, 2003. [S. l. : s. n.], 2003

[56] GERMER T, SCHWARZ M. Procedural Arrangement of Furniturefor Real - Time Walkthroughs [J]. Computer Graphics Forum (CGF), 2009, 28 (8): 2068 - 2078.

[57] NGUYEN C H, RITSCHEL T, MYSZKOWSKI K, et al. 3D Material Style Transfer [J]. Computer GraphicsForum (CGF), 2012, 31 (2): 431 - 438.

[58] XU K, LI H H, ZHANG H, et al. Style - Content Separation by Anisotropic Part Scales [J]. ACM Transactions on Graphics (TOG), 2010, 29 (6): 18401 - 18409.

[59] LI H H, ZHANG H, WANG Y, et al. Curve Style Analysis in ASet of Shapes [J]. Computer GraphicsForum (CGF), 2013, 32 (6): 77 - 88.

[60] YANG Y L, WANG J, VOUGA E, et al. Urban Pattern: Layout Design by Hierarchical Domain Splitting [J]. ACM Transactions on Graphics (TOG), 2013, 32 (6): 18101 - 18108.

[61] CHEN X W, ZOU D Q, ZHAO Q P, et al. Manifold Preserving Edit Propagation [J]. ACM Transactions on Graphics (TOG), 2012, 31 (6): 13201 - 13207.

[62] ROWEIS S T, SAUL L K. Nonlinear Dimensionality Reductionby Locally Linear Embedding [J]. Science, 2000, 290 (5500): 2323 - 2326.

[63] HOIEM D, EFROS A A, HEBERT M. Recovering Surface Layout from An Image [J]. International Journal of Computer Vision (IJCV), 2007, 75 (1): 151 - 172.

[64] HEDAU V, HOIEM D, FORSYTH D A. Recovering Free Space of Indoor Scenes from ASingle Image [C] //In Proceedings of the IEEE Conference on Computer Vision and Pattern Recognition (CVPR), Providence, USA, June 16 - 21, 2012. Los Alamitos, CA, USA: IEEE Computer Society, 2012: 2807 - 2814.

第5章　对象级场景理解在人工智能中的应用

2017年7月8日，国务院发布了《新一代人工智能发展规划》，指出人工智能的迅速发展将深刻改变人类社会生活，改变世界。到2025年人工智能基础理论实现重大突破，部分技术与应用达到世界领先水平，人工智能成为带动我国产业升级和经济转型的主要动力，智能社会建设取得积极进展。随着人工智能、大数据、云计算、物联网等技术的飞速发展，新一代人工智能将在智能制造、智能医疗、智慧城市、智能农业等领域得到广泛应用。

计算机视觉中的对象级场景理解在人工智能领域发挥了重要作用，以下将从人－物交互、自动驾驶系统、智能安防几个方面进行简单介绍。

5.1　对象级场景理解与人－物交互

这些实例级别的问题在机器人、自动驾驶、监控等领域有着广泛的应用，然而这样的应用需要在对象级识别上更深层的场景语义知识，例如对象之间的视觉关系推理。人机交互（human－object interactions，HOI）检测就是一类视觉关系检测问题，对于给定的图像，其目标是从图像场景中识别出人物、对象以及它们之间的交互关系，具有意义的〈人物，动作，对象〉三元组，例如图5-1中的〈女孩，放，风筝〉。虽然目前这方面的工作取得了很大进展，但是仍然有很多待解决的问题。主要挑战之一来自其内在的复杂性：一个成功的人机交互系统必须准确的定位和识别每个相互作用的实体，包括人物和对象，并且准确预测交互的动作类别。这两个子任务都具有难度，导致HOI识别本身非常复杂。早期的方法（Li Fei－Fei等人）[1－3]主要挖掘结构化模型中的人－物上下

图5-1　人－物交互三元组〈女孩，放，风筝〉

文信息，如贝叶斯推理[4,5]和合成框架[6]的方法。随着近年来神经网络在计算机视觉领域的复兴，基于深度学习的解决方案现在占主导地位。例如，在文献［7］中，探索了一种多分支体系结构来解决人、对象和关系表达的学习；一些研究者重温了经典的图模型[8]，并在一个神经消息传递框架中解决了这个问题。为了学习更有效的人体特征表示，姿势线索已被广泛采用[9-13]。其他一些研究则是利用外部知识解决长尾分布（long - tail distribution）和零次（zero - shot）学习问题[14-16]。所有这些模型都使用单一阶段流程方式（single - stage pipelines）进行推理。

大多数现有的 HOI 检测方法通常将其分解为两部分：目标定位和交互识别。在第一部分中，现有的两阶段式目标检测器能够定位图像中的人和对象实例；在第二部分中，人与对象实例的检测与他们之间交互关系的检测在多源网络结构中被分开处理。也有研究工作尝试通过整合结构信息[17]、注意力和姿态[18]的方式来提高 HOI 检测的准确度。尽管有这些最新的进展，HOI 的检测性能与其他视觉任务（如目标检测和实例分割）相比仍不能令人满意。

当前的 HOI 检测方法倾向于关注人物和对象实例（边界框）的外观特征，这些特征是对人类和对象交互进行评分的核心，从而识别 HOI 三元组。然而，有些容易获得的辅助信息，例如上下文信息，在不同的图像粒度级别被忽略。上下文信息在提高性能方面起着至关重要的作用，在前面的章节中已经多次论述过上下文的作用。对于 HOI 检测来说，相对探索不足，每个候选检测周围的上下文可能为标准包围盒外观特征提供补充信息。全局上下文通过确定特定对象类别的存在与否来提供有价值的图像级信息。例如，当检测到人手拿着书本这个交互类别时，人、手和书本很可能在图像中同时出现，然而对于人手拿着背包这个交互类别，“拿着”的交互动作依然存在，但是上下文信息（书本）变了。除了全局上下文之外，每个人/对象实例附近的信息还提供了额外的线索来区分不同的交互，例如涉及同一对象的各种交互。

（1）以对象检测识别为主要关注点的方法

加州大学伯克利分校的 Gupta 和 Malik 第一次提出了视觉语义角色标注[19]这个问题：给定一张图像，检测人物动作并定位其交互的对象。他们认为经典的行为识别方法对行为进行分类或者对人物行为进行包围盒标定，这种输出结果不能将对象物体与行为联系起来，场景的理解是欠缺或者不完整的。因此他们在这方面提出一系列基本算法和测试标准，并提供了一个基准标注数据集 V - COCO（Verbs in COCO）。

天津大学的 Wang 等人提出了一种基于深度上下文注意机制的人 - 物交互检测方法[20]（图 5-2）。总体框架包括两个阶段：对象定位和交互预测。对象定位即检测并用包围盒标定出对象的范围。当前经典的对象检测方法如 FPN，即可作为检测器来生成一张输入图像中的所有可能的人物和对象的包围盒。以包围盒和输入图像特征输入用于交互预测的多源网络结构，将“人”“物”“交互关系”三个单独模块的分数值进行融合，多源网络结构的输出即为检测得到的〈人物，动作，对象〉三元组。

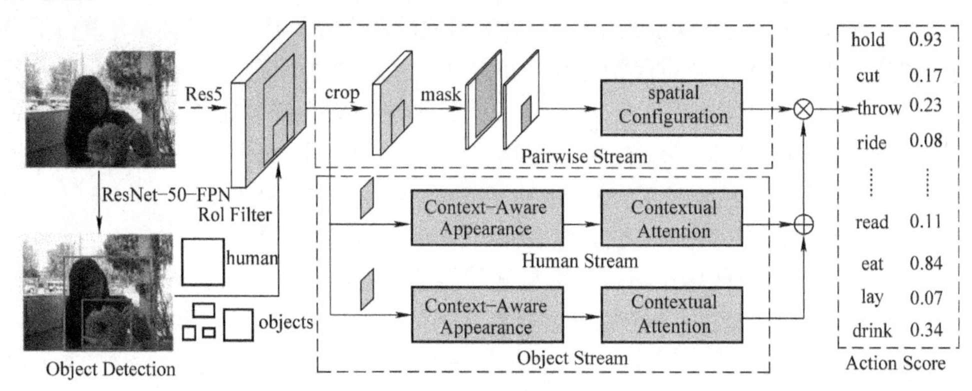

图 5-2　一种基于深度上下文注意机制的人 – 物交互检测方法

在人检测和对象检测两个模块中，增加了基于上下文关注的外观特征 fapp，这些特征被输入上下文注意机制模型中，用来构建全局特征映射来获得特征表达，将这个特征表达进行优化后得到特征向量 fr，将 fapp 与 fr 串联起来合成最终的特征表达，以从人/对象模块获得动作预测。fapp 将外观特征和全局上下文都进行编码嵌入，然而，并不是所有的背景信息对 HOI 都同样有用，整合无意义的背景噪声甚至会降低 HOI 检测性能，因此，需要仔细识别有用的上下文信息。通常，注意力机制常被用来区分突出的有区别性的特征。该方法的上下文注意模块就由自底而上的注意力提取和注意力细化两部分组成。

脸书公司人工智能研究院的 Gkioxari 等人提出了一个以人为中心的新模型[7]（图 5-3）。其依据的假设是，一个人的外表属性（包括他们的姿势、衣着、动作等）是一个强有力的线索，可以用来定位他们与之互动的物体。为了利用这一线索，该模型基于已检测到的人的外表属性学习预测目标物体位置区域的特定动作密度，在 Faster R – CNN 框架下实现了这个以人为中心的识别分支。在与人关联的感兴趣区域（ROI），这一分支对动作的目标对象位置执行动作分类和密度估计。对于每种动作类型，它都对目标对象与人的可能相对位置进行建模。这个以人为中心的识别分支，连同一个标准的目标检测分支（Fast R – CNN）和一个简单的交互分支，形成了一个可以联合优化的多任务学习系统。

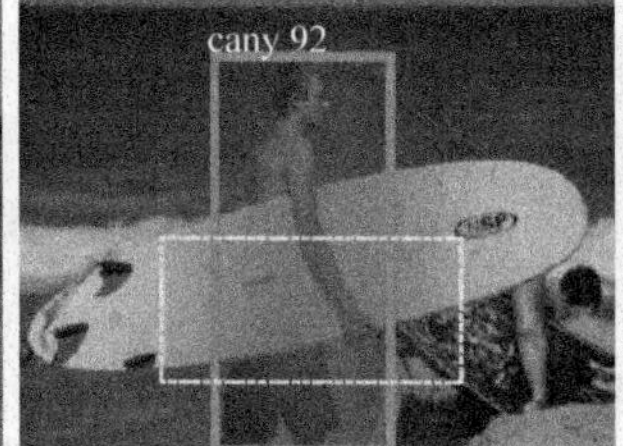

图 5-3　利用人体特征估计目标物体密度

（2）对象检测识别和交互检测识别相互促进的方法

另一方面，也有一些方法关注于将对象检测识别和交互检测识别相互作用、共同促进。加州大学伯克利分校的 Xiao 等人提出一种基于双重注意力网络模型的人 – 物交互推理方法[21]。这种双重注意力网络模型能够使得对象识别和行为识别互相促进，不仅可以发现动作发生的时间和操作的对象，还可以识别所交互的是对象的哪个部分。功能可见性（Affordance）一词是由 James Gibson 提出的，它是指物体的特性，通常是指物体的形状或者材质，决定了该物体应该如何被操作或与之交互。一个物体对象可以承载的动作是受到约束的，例如，我们可以用一个塑料瓶取水或者把水倒进去，也可以挤压它或者旋转它，但是我们不能轻易地把它撕成两块。与之类似，一个动作行为的作用对象也是受到约束的，我们可以轻易地折叠一张纸，但是不能折叠瓶子。然而，对 HOI 的理解不仅是对物体和动作的感知，还涉及如何描述动作和对物体的影响后果之间的关系的推理，即物体的形状或位置是否因其上的动作而改变。

这里以对象作为先验信息指导动作发生的可能性。注意力焦点的热图体现了动作发生在何处或者被操作的对象在何处的概率值。这种注意力焦点图可以有效增强视频的表达，提高动作识别和物体识别的准确度。双重注意力网络的设计方式是以初始输出的动作识别和对象识别作为先验，将动作先验指导后续对象识别，将对象先验指导后续动作识别，通过交叉加权动作和物体的中间特征，使人的动作和对象识别相互作用。这种两步法，用前一阶段的预测结果去增强后一阶段的预测结果，也是级联的一种方式。

采用级联方式进行人 – 物交互识别工作的还有阿联酋人工智能研究所 Zhou 和苏黎世联邦理工学院 Wang 等人[22]（图 5-4）。他们的方法采用多阶段、从粗到精的 HOI 理解。对象实例定位网络逐步完善 HOI 候选区，并将其输入到交互识别网络中。这两个网络都与其各自的前一阶段连接，从而实现跨阶段的信息传播。交互识别网络有两个关键部分：一个用于高质量 HOI 候选选择的关系排序模块；一个用于关系预测的三元组分类器。通过精心设计的以人为中心的关系特征，这两个模块协同工作，实现有效的交互理解。除了包围盒级别的关系检测之外，该方法的框架还能灵活地执行细粒度的像素级关系分割。

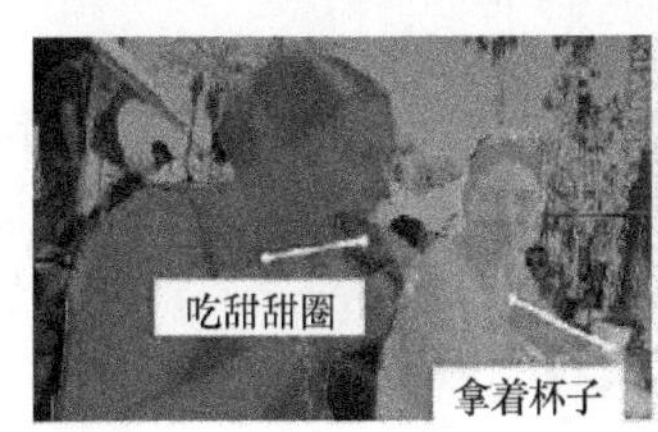

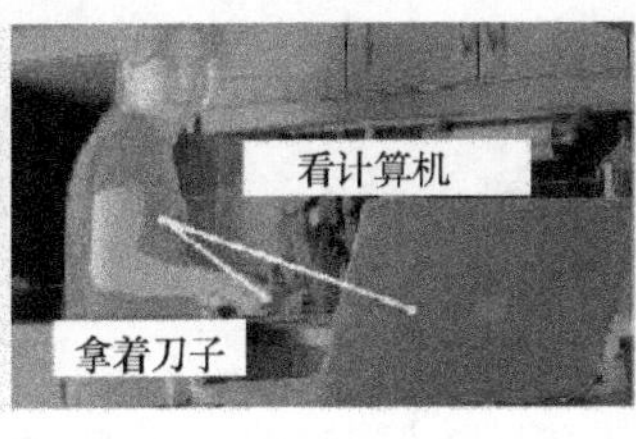

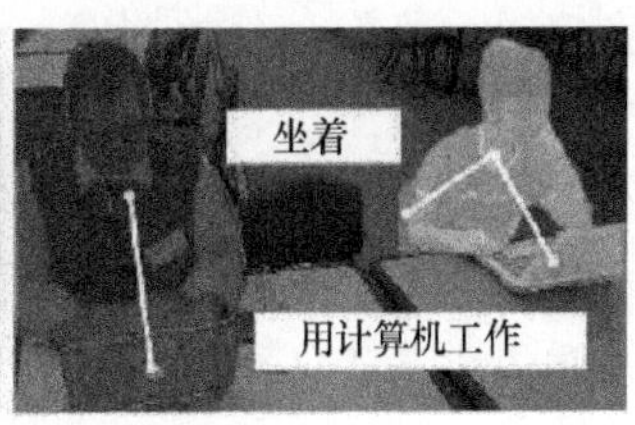

图 5-4　基于级联方式进行人 – 物交互识别及关系分割

5.2 对象级场景理解与自动驾驶系统

自动驾驶系统综合运用了视觉感知、传感通信、人工智能及自动控制等技术，是集感知、规划、决策功能于一体的智能系统，通过在普通车辆上安装传感器（如摄像机、雷达）等装置，借助车载传感器和信息终端进行人、车、路多源信息的交换与互动，使得车辆具备自动分析驾驶状态、自动调控驾驶方向，以达到自主安全行驶的功能，从而代替人力操作。自动驾驶系统是人工智能与计算机视觉技术的重要应用，是一个综合的系统性工程，对系统性能和可靠性的要求极高。近年来，自动驾驶技术和系统取得突飞猛进的发展，许多传统汽车制造行业的公司、互联网/人工智能行业的科创公司以及国内外高等院校都投入到相关的研发中，相关的产品甚至已经投放市场，具有广阔应用前景和巨大发展空间，已经成为世界车辆工程领域研究的热点和汽车工业增长的新动力。自动驾驶涉及多个领域的技术，本节只探讨对象级场景理解在复杂的交通场景和驾驶场景中的视觉感知作用，对于涉及的其他领域技术不作讨论。

对道路环境的感知与理解是自动驾驶系统决策模块的重要支撑。基于计算机视觉的感知在道路环境感知与理解中占据非常重要的地位，涵盖了道路环境、交通信号、交通标识、行人、障碍物等重要信息的检测与识别，数据处理必须达到高精度以保障智能车辆的行驶安全，并且在变化的气候条件以及不同的道路环境下都能具备良好的适应性。其中交通信号识别、交通标识识别、道路检测属于底层图像处理和机器学习的范畴，街景场景的语义分析、行人和车辆的检测识别属于对象识别与理解的范畴。

（1）交通场景中的图像处理与识别

我国的交通标识有上百种，包括交通标识牌以及地面标识。交通标识的检测有三种方法[23]：基于颜色分割、基于形状信息和基于机器学习的方法。基于颜色分割的算法简单快速，但是对于几何形变或者光照变化的适应性较差；基于形状信息（如曲率、拐角）或者颜色与形状结合的方法，在实时性或者性能上不如基于机器学习的方法；基于机器学习的方法主要有神经网络算法、支持向量机算法、遗传算法、模板匹配、分类器等。

城市街道具有清晰的车道线，车道线的检测识别也是道路环境感知的重要部分。现阶段车道线识别的方法主要分以下三类：基于区域（area - based）的方法、基于边缘（edge - based）的方法及基于区域 - 边缘相结合（area - edge combined）的方法。基于区域的方法将车道线识别问题定义为分类问题，即将道路图像分成车道线部分和非车道线部分，其必须克服噪声的存在，如阴影、积水和道路污渍等，且分类器所花费的时间一般较长。基于边缘的方法首先获取道路场景的边缘图，再用预先定义的几何模型对其进行匹配。边缘分布函数（Edge Distribution Function,

EDF）图、Sobel 滤波器、Hough 变换以及方向可调滤波器等，常常被用于检测车道线边缘，在特定的道路场景下通常能获得满意的效果。面对复杂的驾驶环境，检测效果往往不稳定，漏检和误检的情况时有发生。基于区域 - 边缘相结合的方法，结合了两类车道线检测算法的优点，首先将道路图像分成道路部分和非道路部分，然后利用 Canny 边缘检测方法检测道路部分的车道线。

在实际场景中，受到的尺寸、距离的影响，交通信号灯在图像上通常表现为小尺度目标，这为信号灯的准确识别带来了挑战。交通信号灯最显著的特征是颜色和几何形状，同时由于信号灯的尺寸和安装位置一般较为固定，空间位置和结构特征对信号灯的识别也具有辅助作用。有些研究工作结合外观特征与结构特征来实现信号灯的检测与识别，然而此类方法容易受到光照和环境的干扰。另一类方法为融合全球定位系统（GPS）和先验地图的信号灯检测识别[24]，此类方法需要提前采集数据和绘制先验地图，前期工作量大，且当 GPS 定位不准确或车辆偏离正常路线时会降低检测准确率。目前，深度学习理论被广泛应用于交通标识的检测与识别，包括交通信号灯的识别。有针对不同网络结构对识别准确率的实验分析，也有增强神经网络对小尺度目标识别的尝试[25,26]。

（2）交通场景中的对象识别与理解

面向自动驾驶的对象识别与理解主要涉及街景场景的语义分析、行人和车辆的检测识别。街景场景的特点是复杂、多样、动态多变，场景中的对象多具有聚集、遮挡等现象，与自然场景或室内场景有很大的不同。因此，为了让视觉技术更好地理解城市内部交通场景的可变性和复杂性，有学者制定了面向自动驾驶的公共基准数据集。

在过去，自动驾驶系统主要依赖 GPS、激光测距仪、雷达以及非常精确的环境地图，但视觉传感器较少得到利用。2012 年，德国卡尔斯鲁厄理工学院与芝加哥丰田技术研究院的学者提出一个面向自动驾驶相关技术的公共基准数据集 KITTI[27]（图 5-5a）。该数据采集平台配备了四台高分辨率摄像机、一台 Velodyne 激光扫描仪和一套先进的定位系统，经过校准和同步，提供准确的 groundtruth，在城区、农村、高速公路等多个场景中捕获了超过 20 万个 3D 对象标注（每张图像最多可看到 15 辆汽车和 30 个行人）。利用该平台采集的基准数据集可用于立体视觉、光流、即时定位与地图构建（SLAM）、三维目标检测。

另一个面向自动驾驶相关技术的代表性公共基准数据是 Cityscapes[28]（图 5-5b），由戴姆勒公司、马克斯普朗克信息研究所、德国达姆施塔特工业大学和德累斯顿工业大学的学者于 2016 年提出。该数据集由 50 个不同城市街道上录制的大量的、多样的立体视频序列组成，其中 5000 幅图像具有高质量的像素级语义标注，另外 20000 幅图像具有粗略的注释，以支持利用大量弱标记数据的方法（基于弱监督的方法）。除此之外，还有 CamVid[29]、Leuven[30]等街景场景数据集，不再详述。

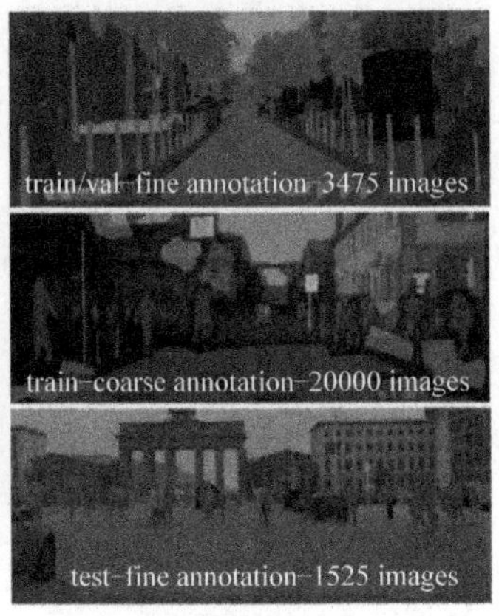

a) KITTI　　b) Cityscapes

图 5-5　面向自动驾驶相关技术的公共基准数据集

在自动驾驶场景中，对象的识别与分割、对象距离的估计，对于自动驾驶的决策是非常重要的，可以避免碰撞，调整其速度，对传感器融合和路径规划给出提示，进行安全驾驶。以包围盒形式表达的对象识别，具有一定的局限性，因为没有将对象的形状信息表达出来。对于一个对象实例的包围盒来说，来自背景或其他对象的一些像素不可避免地包含在其中，尤其是当对象之间存在遮挡时，这种情况更加明显。这时，采用对象实例分割的表达方式能够提供更准确的对象位置信息。有一类流行的方法是基于概率建议（proposal - based）的方法，这类方法大多是两阶段框架，在识别的结果上进行分割效果的优化。有学者利用深度神经网络在特征提取方面的强大计算能力，在基于 CNN 网络模型输出的像素级对象实例标记概率基础上，将全局标记问题建模成一个新的密集连接的马尔科夫随机场，结合 MRF 场结构进行优化，得到自主驾驶环境下的实例分割结果[31]，如图 5-6 所示。另一类流行的方法是无概率建议（proposal - free）的方法，主要基于嵌入损失函数或像素相似性学习。由于这类方法通常实现的是端到端的密集预测，在运行速度上优于两阶段方法，但是效果上通常不如两阶段方法。例如，有学者提出将图像映射到高维特征空间，将现有的网络模型与损失函数结合[32]，在高维空间中聚类实现对象实例分割，适合于实时应用。

值得注意的是，对于没有实例级分割标注基准信息的数据集，利用数据集中的深度信息（Depth）来指导对象实例的标注，完善训练数据，能够有效地避免排列对称性带来的歧义。甚至也有学者利用 3D 点云来优化对象实例的检测与分割[33]。对于每个前景（FG）点，利用深度神经网络模型学习空间嵌入策略（SEs），对对象信息进行编码，包括它的中心、尺寸和方向等。基于 SEs，前景对象的点可以被投射到对应的包围盒中心。通过学习得到的 SEs，可以使用聚类算法轻松地生成实例分割结果。深度信息除了可以用来辅助优化对象实例的检测与分割，还可以用来

图5-6　一种自主驾驶环境下基于密集连接MRF模型的单张图像实例级标记方法

理解场景的三维信息、恢复整个场景的稠密深度图（dense depth maps）。许多研究工作构建了基于有监督的或者无监督的模型来预测给定单目图像的稠密深度图[34,35]，不过对于自动驾驶的视觉感知而言，感知特定物体的距离比感知整个场景的稠密深度图更重要，有助于避免碰撞或融合其他传感器信息。

在对象距离估计方面，以往的许多研究主要集中在建立一个模型来表示图像上的点之间的几何关系以及它们在真实世界坐标系中的物理距离。传统且经典的方法是利用逆透视映射（IPM）算法将图像点转换为相应的鸟瞰视图坐标，对给定物体（给定点或边界框）进行距离估计[36]。首先在图像中的物体上定位一个点，然后利用摄像机参数将定位的点（通常在边界框的下边缘）投影到鸟瞰视图坐标中，最后从鸟瞰视图坐标估计物体的距离。但是当物体相距超过40m或位于弯道上时，逆透视映射算法的性能较差。自动驾驶场景中的物体呈现出非常大的尺度变化和外观特征变化，这对高层次的特征表示提出了很大的挑战，而基于视觉学习的神经网络模型和深度学习算法可以对尺度和外观特征多样性进行有效的提取和表示，成功地应用于其他许多二维视觉感知任务中。但是相对于对象识别与分割方面的显著进步，在对象距离估计方面的研究工作还没有大量展开，其中一个主要原因可能是缺乏能够提供距离信息的数据集，无法为从室外道路场景捕获的图像中的每个对象提供距离。为此，纽约大学的学者Zhu和Fang对KITTI数据集进行了扩充，每一个对象都扩展了距离信息，并提出基于端到端学习的模型来预测图像中给定对象的距离[37]。相对于传统的逆透视映射算法来预测目标距离，Zhu和Fang[37]除了引入一个基于学习的模型外，还设计了一个带有关键点回归的增强模型，利用回归器预测对象的3D坐标位置，利用增强模型的损失函数实现更准确的距离估计，特别是对于靠近摄像机的物体。该方法的部分结果如图5-7所示，在识别每个对象类别的基础上，还标注了该对象的距离信息。

图 5-7　基于端到端学习模型的对象距离估计，从上到下分别是城市场景、公路场景、弯道场景

5.3　对象级场景理解与智能安防

对象级场景理解，可以推动视频监控分析技术在智能安防领域的具体应用，例如在居民社区、校园、医院等对安防有重要需求的地方可以发挥重要作用；亦可应用于刑事侦查，提供辅助线索依据，提高追踪效率；还可以应用于智能交通监控分析，为民众交通出行安全提供保障。不仅如此，在许多需要对象准确定位、识别、分析的场景中，它都可以提供技术支持，例如商场、游乐园、公园等大型公共场所的智能寻人，智能商业场景中的自助超市，甚至家庭服务型机器人的应用等。

对象重识别是智能安防视频分析的重要内容。给定一个感兴趣的对象，重识别的目标是确定这个对象是否在不同的时间出现在不同的摄像机拍摄的另一个地方。对象重识别技术能够在多帧场景中实现特定目标的识别，是在跨场景下对同一个对象的识别与检索，这一工作对于安防工作中的对象识别与追踪具有重要意义。在实际应用场景下，由于各种因素的影响，对象重识别的数据非常复杂。例如，受到遮挡、角度、光照条件、像素分辨率等因素的影响，常用的对象识别技术（如人脸识别）就无法起到较好的效果，对对象重识别算法的有效性提出了很大的挑战。早期的研究主要集中在人体结构的特征构建上或距离度量学习上，随着深度学习的推进，行人重识别（Person Re－Identification，Person Re－ID）在广泛使用的基准上取得了令人鼓舞的成绩，然而，研究性场景与实际应用之间仍存在较大差距。

近年来，行人重识别[38-43]和车辆重识别[44-47]逐渐成为计算机视觉领域的研究热点。一般认为，目标对象的物理外观属性在短时间内不会发生明显变化，在查询图像（query）和检索图像中的同一个对象应该具有相同的外观属性。因此，语义和属性信息对于对象重识别是非常重要的线索。在目前的已有方法中，有些方法利用属性关系[38,43]、上下文关系[39,41]、部件分割[40,47]、姿态视角[45,46]等条件进行行人或车辆的重识别。例如，上海交通大学的Zhao等人提出的基于属性驱动的特征分离与时空重聚[43]，为视频中的行人再识别提出了一种新的解决思路，该方法在属性识别的训练阶段使用了迁移学习的方式。英伟达公司的Tang等人提出基于姿态感知多任务学习机制的车辆重识别方法[45]，该方法的训练数据是大量随机合成数据，减少了标注数据的消耗，在车辆重识别以及属性估计的多任务中，姿态估计发挥了重要作用。

（1）行人重识别的方法

在行人重识别方面，有些学者对已有的方法进行了总结和展望。一般来说，为特定场景构建行人重识别系统需要以下五个主要步骤[48]：

第一步，原始数据采集。所用的这些摄像机通常位于不同环境下的不同位置，而且这些原始数据可能包含了大量复杂而嘈杂的背景噪声。

第二步，包围盒生成。在原始视频数据中提取行人的边界范围，形成包围盒。通常，在大规模应用中，不可能手动标注所有的行人图像，可以使用行人检测或跟踪算法来进行标注。

第三步，训练数据标注。训练数据标注是重识别模型学习的一个重要环节。

第四步，模型训练。

第五步，行人检索。测试阶段进行行人检索，给定一个感兴趣的人（查询）和一个图库集，使用学习得到的重识别模型提取特征表示，通过计算“查询-图库”之间的相似度排序得到排名列表。

可以看出，数据的处理及标注的准确性是重识别系统构建的前提条件，例如，单一模式与异构模式的原始数据处理，基于包围盒的行人检索或是端到端的检索方式，有标注的训练数据或是无标注/少标注的训练数据，这些都会影响着行人重识别的方式和准确性。本节简要介绍常用数据集和行人重识别的方法，其他方面的分析，可以参考一些已有的综述研究。

目前在行人重识别方面常用数据集包括图像数据集（CUHK01-03[49]、Market-1501[50]、DukeMTMC[51]、MSMT17[52]等）和视频数据集（PRID-2011[53]、iLIDSVID[54]、MARS[55]、Duke-Video[56]、LS-VID[57]等）。以CUHK01-03为例，该系列数据集是由香港中文大学科研团队发布，包括CUHK01（图像数量1942、行人数量971）、CUHK02（图像数量7264、行人数量1816）和CUHK03（图像数量13164、行人数量1360）。整个数据集是由六个监控摄像机拍摄的，采集的样本都是混合的，甚至行人在不同的方向行走。每个对象是由两个不相交的摄影机视角所观察，并在每个视角中平均有 4.8 张图像。数据集的图像是从几个月以来录制的一系列视频中获得的，即使在单个摄影机视角中也包括了由天气、太阳方向和阴影分布等引起的光照变化。

通常行人重识别的方法主要关注在三个方面：关注于特征构建策略的特征表达学习、关注于目标函数的度量学习以及关注检索信息的排序优化。特征表达学习主要包括全局特征、局部特征、辅助特征、视频特征。全局特征学习为每个行人图像提取全局特征向量。由于深度神经网络最初应用于图像分类并取得较好效果，因此，早期将深度学习技术集成到行人重识别领域时，全局特征学习是首选。局部特征表示通常学习部件/区域聚集的特征，使其对偏差变化具有鲁棒性，身体部件由人体姿态估计生成或者粗略水平分割生成。现在将全局特征表示和局部特征相结合成为一种主要趋势，除此之外，还有辅助特征如语义属性等和视频帧间时空特征的融合等。在深度学习时代之前，马氏距离函数或投影矩阵是度量学习广泛研究的内容，随后损失函数设计取代了度量学习的作用，用于指导特征表示学习。目前广泛研究的损失函数包括 identity loss（单一类别损失）、verification loss（成对验证损失）和 triplet loss（三元组损失）。在测试阶段，排序优化对提高检索性能起着至关重要的作用。随着深度学习方法的发展，许多基于图像的重识别方法取得了更高的准确率。与基于图像的 Re－ID 相比，基于视频的 Re－ID 受到的关注较少。视频中丰富的外观和时空信息，虽然给多幅图像的视频特征表示学习带来了额外的挑战，但同时也减少了类间外观的视觉歧义性，使得更多人开始关注于基于视频的行人重识别。

现有的许多基于视频的行人重识别方法，都是先考虑帧的整个空间区域提取帧级特征，然后进行时间特征聚集。在有些研究工作中，为了减少遮挡或者背景区域对特征提取的影响，对象的语义信息和姿态属性信息被用来增强特征表达。例如，有学者在共分割（Co－segmentation）的启发下提出多帧相关信息的联合提取[40]，提取图像中与任务相关的区域，这些区域通常对应于行人及其所带附件，将共分割应用于行人重识别领域。南洋理工大学的学者提出一种属性注意网络[38]，将对象识别、身体部件检测和行人属性整合到一个统一的框架中，共同学习一个高区分度的特

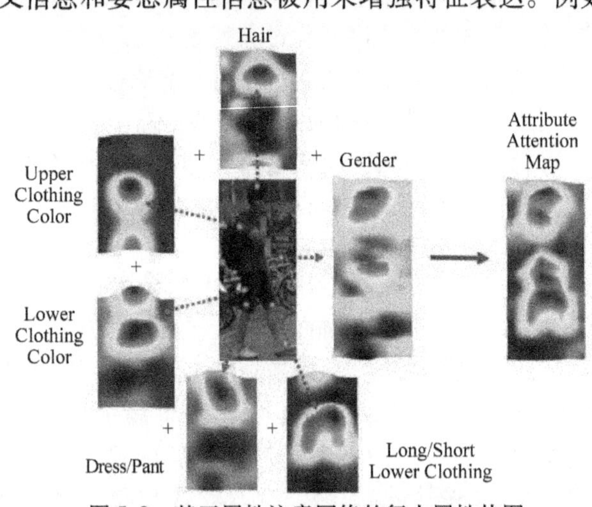

图 5-8　基于属性注意网络的行人属性热图

征空间。将行人属性预测结果组合成属性热图，如图5-8所示，在特定语义类别下的六种属性热图，从而提高行人重识别的效率。

考虑到大规模监控数据标注的困难性，有学者提出使用无监督的方式来解决基于视频的行人重识别，例如使用特定描述符、帧间不变信息等特征或使用标签迁移、聚类等方式。2017年，香港浸会大学的学者提出一种基于动态标记图匹配的无监督视频行人重识别方法[58]。实现重识别任务的标签估计即实现将不同视角下的同一个人用一个标签联系起来，将每个人看作一个图节点时，重识别任务就与图匹配问题是相似的。然而，由于不同摄像机之间外观会发生显著的变化，由直接图匹配估计的标签可能受噪声影响而不准确，此时固定的图结构不能很好地适应这种变化，因此采用了动态图匹配的方式。同时，动态图匹配输出的估计标签可以很容易地与其他有监督的学习方法相扩展，为大规模摄像机网络的实际应用提供了很大的灵活性。

（2）车辆重识别的方法

早期车辆重识别的工作是基于传感器的方式，随后发展出基于混合式的方法、基于视觉的方法的车辆重识别，其中基于视觉的方法又包括基于手工特征（Hand - crafted features）的方法和基于深度特征的方法。在手工特征的方法中常用的颜色、边缘、角点以及外观描述符等判别性的特征，体现了车辆的外观、类型、姿态、光照条件、遮挡等多方面。随着卷积神经网络在特征提取方面的优势逐渐体现，基于深度特征的方法成为了流行的方式，反映了未来趋势。车辆重识别的特点在于：对于同一类型车辆，不同视角可能引起较大的类内变异性，表现在形状、轮廓、外观特征上；另一方面，对于不同生产商生产的车辆，却可能在形状、轮廓、外观特征上具有相似性，只有通过一些局部细节才可以把它们区分清楚。

一个直观的解决方案是通过学习方法缩小相同车辆图像的距离，扩大不同车辆图像的距离。为了更好地度量距离，以前的研究工作主要使用深度度量学习，将原始图像直接嵌入到欧氏空间中，在欧氏空间中距离可以直接作为两辆车之间的相似度得分。虽然这些研究在车辆再识别任务中取得了显著的成功，但当这些车辆之间存在不明显的差异时，往往会产生混淆。为了解决这个问题，最近的研究求助于额外的车牌和时空信息。Liu等人将车牌识别引入到Re - ID任务中。在无约束环境下，由于视点的多样性和光照的变化，车牌识别往往会失败。并且，由于车辆再识别任务中的隐私和安全考虑，车牌信息在公共基准中是不可访问的。此外，其他一些方法依赖于额外的时空信息来探索最终的检索结果。

除了度量学习以外，最近的车辆重识别方法利用特征学习来训练深层神经网络（DNNs）来区分车辆对，也涌现出一些具有代表性或特点的研究，但目前的最先进性能仍远未达到行人重识别的水平。中国科学技术大学的Zhang等人于2017年提出了卷积神经网络的三重态训练[59]。该训练采用查询图像、正样本、负样本的三元组训练数据来获取车辆图像之间的相对相似度，从而学习具有代表性的特征。

Shen 等人在 2017 年提出了一个考虑复杂时空信息的两阶段框架[60]，该方法提取一对具有时空信息的车辆图像。每个图像都与三种类型的信息相关联，即视觉外观、时间戳和相机的地理位置，利用 MRF 模型，生成一条候选的视觉时空路径，其中每个视觉时空状态对应于实际图像及其视觉时空信息。Zhou 等人于 2018 年通过为每个查询图像生成多视角特征来解决车辆重识别问题[61]，该特征可被视为包含来自多视角所有信息的描述性表达。该方法从一幅图像中提取属于一个视角的特征，然后学习变换模型来推断其他视角的特征，最后将多视角的特征融合在一起，利用度量学习训练网络，在从隐藏的视角推断特征时，使用了两种端到端的网络模型。英伟达公司提出一种面向车辆重识别的姿态感知多任务学习框架[45]，利用真实的图像数据和合成的数据作为训练集，将姿态估计中的关键点、热图和分割片段嵌入到车辆 Re - ID 的多任务学习框架中，引导网络模型关注视角相关信息，如图 5-9所示。

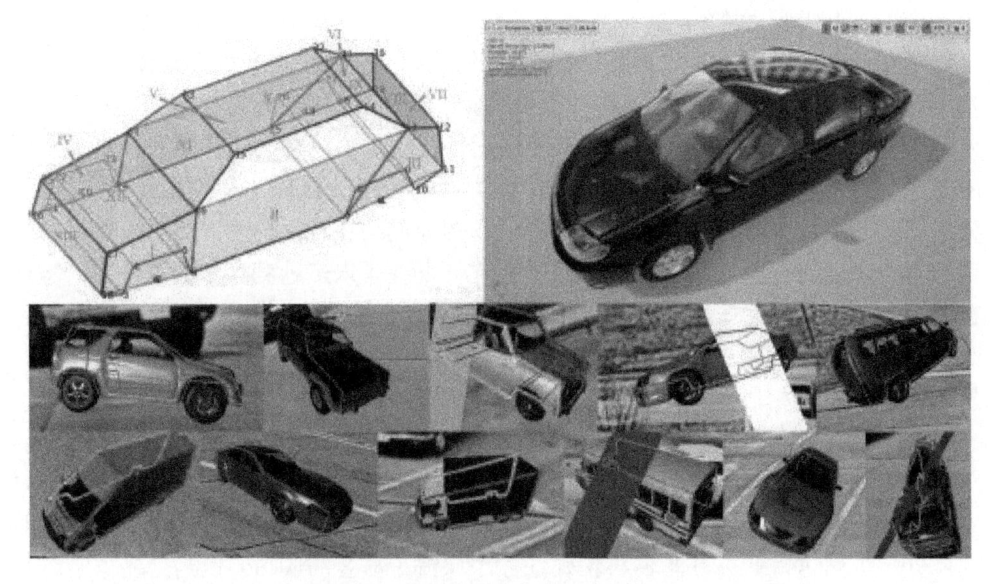

图 5-9　面向车辆重识别的姿态感知多任务学习框架，分割片段、关键点和覆盖了姿态信息的合成数据

目前在车辆重识别方面常用数据集包括 VeRi[62]、VehicleID[63]、CityFlow - ReID[64]等，另外还有基于无人机应用的数据集 VRAI[65]。

VeRi 包含了 776 个车辆实例的约 50000 张图像，这些图像具有丰富的属性标注，例如类型、颜色、品牌、车牌标注和时空关系标注。每辆车都被不同视角的摄像机捕捉到。该数据集的不足之处在于实例的个数相对较少。VehicleID 是一个数据量较大的数据集，共有 221763 张图像、26267 个车辆实例。该数据集由多个不重叠的摄像机捕捉，每个图像都是从前视图或后视图拍摄的。VehicleID 包含 250

个车辆模型，这意味着许多不同的实例共享同一个车型，出现了近似重复的问题。CityFlow－ReID是一个城市规模的交通摄像数据集，由10个十字路口的40个摄像机的超过3h的同步高清视频组成，两个摄像机之间的最长距离为2.5km。该数据集包含超过200K个带注释的边界框，涵盖了广泛的场景、视角、车辆模型和城市交通流条件，并提供摄像机几何和校准信息以辅助时空分析。VRAI数据集是西北工业大学科研人员构建的大规模车辆重识别数据集，其中包含了由无人机摄像机捕获的包含13022个车辆实例的137613张图像。每辆车都被至少两架无人机在不同的位置捕获，包含了多样的视角和飞行高度。该数据集标注了各种车辆属性，包括车型、颜色、天窗、保险杠、备胎和行李架。此外，对于每个车辆图像，还标记了该车辆与其他车辆有区别的部分。

在大量标注数据的基础上，基于深度特征的方法相比其他方法在性能上具有显著的优势，主要原因在于它能够从位于训练数据集中的有限特征序列中生成新特征。一些综述研究工作[66]对不同的方法在多个公共数据集上进行了对比测试和分析，并对车辆重识别中存在的问题与挑战以及未来趋势进行了总结。

参考文献

[1] YAO B P, LI F F. Grouplet: A structured image representation for recognizing human and object interactions [C] //IEEE Conference on Computer Vision and Pattern Recognition (CVPR), San Francisco, CA, USA, June 13－18, 2010. Los Alamitos, CA, USA: IEEE Computer Society, 2010: 9－16.

[2] YAO B P, LI F F. Modeling mutual context of object and human pose in human－object interaction activities [C] //IEEE Conference on Computer Vision and Pattern Recognition (CVPR), San Francisco, CA, USA, June 13－18, 2010. Los Alamitos, CA, USA: IEEE Computer Society, 2010: 17－24.

[3] DELAITRE V, SIVIC J, LAPTEV I. Learning person－object interactions for action recognition in still images [C] //Annual Conference on Neural Information Processing Systems (NIPS), Granada, Spain, December 12－14, 2011. Cambridge, MA, USA: The MIT Press, 2011: 1503－1511.

[4] GUPTA A, DAVIS L S. Objects in action: An approach for combining action understanding and object perception [C] //IEEE Conference on Computer Vision and Pattern Recognition (CVPR), Minneapolis, Minnesota, USA, June 18－23, 2007. Los Alamitos, CA, USA: IEEE Computer Society, 2007.

[5] GUPTA A, KEMBHAVI A, DAVIS L S. Observing human－object interactions: Using spatial and functional compatibility for recognition [J]. IEEE Transactions on Pattern Analysis and Machine Intelligence (PAMI), 2009, 31 (10): 1775－1789.

[6] DESAI C, RAMANAN D. Detecting actions, poses, and objects with relational phraselets [C] // In European Conference on Computer Vision (ECCV), Florence, Italy, October 7－13, 2012. Berlin: Springer, 2012: 158－172.

[7] GKIOXARI G, GIRSHICK R B, DOLLÁR P, et al. Detecting and recognizing human – object interactions [C] //IEEE Conference on Computer Vision and Pattern Recognition (CVPR), Salt Lake City, UT, USA, June 18 – 22, 2018. Los Alamitos, CA, USA: IEEE Computer Society, 2018: 8359 – 8367.

[8] QI S Y, WANG W G, JIA B X, et al. Learning human – object interactions by graph parsing neural networks [C] //European Conference on Computer Vision (ECCV), Munich, Germany, September 8 – 14, 2018. Cham: Springer, 2018: 407 – 423.

[9] FANG H S, CAO J K, TAI Y W, et al. Pairwise body – part attention for recognizing human – object interactions [C] //European Conference on Computer Vision (ECCV), Munich, Germany, September 8 – 14, 2018. Cham: Springer, 2018: 52 – 68.

[10] GUPTA T, SCHWING A G, HOIEM D. No – frills human – object interaction detection: Factorization, layout encodings, and training techniques [C] //IEEE International Conference on Computer Vision (ICCV), Seoul, South Korea, October 27 – November 2, 2019. Los Alamitos, CA, USA: IEEE Computer Society, 2019: 9676 – 9684.

[11] LI Y L, ZHOU S Y, HUANG X J, et al. Transferable interactiveness knowledge for human – object interaction detection [C] //IEEE Conference on Computer Vision and Pattern Recognition (CVPR), Long Beach, CA, USA, June 16 – 20, 2019 . Los Alamitos, CA, USA: IEEE Computer Society, 2019: 3585 – 3594.

[12] WAN B, ZHOU D S, LIU Y F, et al. Pose – aware multi – level feature network for human object interaction detection [C] //IEEE International Conference on Computer Vision (ICCV), Seoul, South Korea, October 27 – November 2, 2019. Los Alamitos, CA, USA: IEEE Computer Society, 2019: 9468 – 9477.

[13] ZHOU P H, CHI M M. Relation parsing neural network for human – object interaction detection [C] //IEEE International Conference on Computer Vision (ICCV), Seoul, South Korea, October 27 – November 2, 2019. Los Alamitos, CA, USA: IEEE Computer Society, 2019: 843 – 851.

[14] GU J X, ZHAO H D, LIN Z, et al. Scene graph generation with external knowledge and image reconstruction [C] //IEEE Conference on Computer Vision and Pattern Recognition (CVPR), Long Beach, CA, USA, June 16 – 20, 2019. Los Alamitos, CA, USA: IEEE Computer Society, 2019: 1969 – 1978.

[15] KATO K, LI Y, GUPTA A. Compositional learning for human object interaction [C] //European Conference on Computer Vision (ECCV), Munich, Germany, September 8 – 14, 2018. Cham: Springer, 2018: 247 – 264.

[16] SHEN L Y, YEUNG S, HOFFMAN J, et al. Scaling human – object interaction recognition through zero – shot learning [C] //IEEE Winter Conference on Applications of Computer Vision (WACV), Lake Tahoe, NV, USA, March 12 – 15, 2018. Los Alamitos, CA, USA: IEEE Computer Society, 2018: 1568 – 1576.

[17] QI S Y, WANG W G, JIA B X, et al. Learning human – object interactions by graph parsing neural networks [C] //European Conference on Computer Vision (ECCV), Munich, Germany, September 8 – 14, 2018. Cham: Springer, 2018: 407 – 423.

[18] XU B J, LI J N, WONG Y K, et al. Interact as you intend: Intention – driven human – object interaction detection [J]. IEEE Transactions on Multimedia, 2020, 22 (6): 1423 – 1432.

[19] GUPTA S, MALIK J. Visual semantic role labeling [D]. Ithaca, NY, USA: Cornell University, 2015.

[20] WANG T C, ANWER R M, KHAN M H, et al. Deep Contextual Attention for Human – Object Interaction Detection [C] //IEEE International Conference on Computer Vision (ICCV), Seoul, South Korea, October 27 – November 2, 2019. Los Alamitos, CA, USA: IEEE Computer Society, 2019: 5693 – 5701.

[21] XIAO T T, FAN Q F, GUTFREUND D, et al. Reasoning About Human – Object Interactions Through Dual Attention Networks [C] //IEEE International Conference on Computer Vision (ICCV), Seoul, South Korea, October 27 – November 2, 2019 . Los Alamitos, CA, USA: IEEE Computer Society, 2019: 3918 – 3927.

[22] ZHOU T F, WANG W G, QI S Y, et al. Cascaded Human – Object Interaction Recognition [C] //IEEE Conference on Computer Vision and Pattern Recognition (CVPR), Seattle, WA, USA, June 13 – 19, 2020. Los Alamitos, CA, USA: IEEE Computer Society, 2020: 4262 – 4271.

[23] 刘佳敏，何宁，杜金航．交通标志牌检测与识别研究综述 [J]. 计算机科学，2018，45 (10A): 210 – 213.

[24] 潘卫国，陈英昊，刘博，等．基于 Faster – RCNN 的交通信号灯检测与识别 [J]. 传感器与微系统，2019，38 (9): 147 – 149.

[25] 董晓玉，孔斌，杨静，等．小尺度交通信号灯的检测与状态识别 [J]. 测控技术，2020，39 (11): 45 – 51.

[26] CHENG P, LIU W, ZHANG Y F, et al. LOCO: local context based faster R – CNN for small traffic sign detection [C] //International Conference on MultiMedia Modeling (MMM), Bangkok, Thailand, February 5 – 7, 2018. Cham: Springer, 2018: 329 – 341.

[27] GEIGER A, LENZ P, URTASUN R. Are we ready for Autonomous Driving? The KITTI Vision Benchmark Suite [C] //In Proceedings of the IEEE Conference on Computer Vision and Pattern Recognition (CVPR), Providence, USA, June 16 – 21, 2012. Los Alamitos, CA, USA: IEEE Computer Society, 2012: 3354 – 3361.

[28] CORDTS M, OMRAN M, RAMOS S, et al. The cityscapes dataset for semantic urban scene understanding [C] //IEEE Conference on Computer Vision and Pattern Recognition (CVPR), Las Vegas, NV, USA, June 27 – 30, 2016. Los Alamitos, CA, USA: IEEE Computer Society, 2016: 3213 – 3223.

[29] BROSTOW G J, FAUQUEUR J, CIPOLLA R. Semantic Object Classes in Video: A High – definition Ground Truth Database [J]. Pattern RecognitionLetters, 2009, 30 (2): 88 – 97.

[30] LEIBE B, CORNELIS N, CORNELIS K, et al. Dynamic 3D scene analysis from a moving vehicle [C] //IEEE Conference on Computer Vision and Pattern Recognition (CVPR), Minneapolis, Minnesota, USA, June 18 – 23, 2007. Los Alamitos, CA, USA: IEEE Computer Society, 2007.

[31] ZHANG Z Y, FIDLER S, URTASUN R. Instance – Level Segmentation for Autonomous Driving

with Deep Densely Connected MRFs [C] //In Proceedingsof the IEEE Conference on Computer Vision and Pattern Recognition (CVPR), Las Vegas, USA, June 27 – 30, 2016 . Los Alamitos, CA, USA: IEEE Computer Society, 2016: 669 – 677.

[32] BRABANDERE B D, NEVEN D, GOOL L V. Semantic Instance Segmentation for Autonomous Driving [C] //IEEE Conference on Computer Vision and Pattern Recognition Workshops (CVPR), Honolulu, HI, USA, July 21 – 26, 2017. Los Alamitos, CA, USA: IEEE Computer Society, 2017: 478 – 480.

[33] ZHOU D F, FANG J, SONG X B, et al. Joint 3D Instance Segmentation and Object Detection for Autonomous Driving [C] //IEEE Conference on Computer Vision and Pattern Recognition (CVPR), Seattle, WA, USA, June 13 – 19, 2020. Los Alamitos, CA, USA: IEEE Computer Society, 2020: 1836 – 1846.

[34] GARG R, KUMAR B G V, CARNEIRO G, et al. Unsupervised cnn for single view depth estimation: Geometry to the rescue [C] //European Conference on Computer Vision (ECCV), Amsterdam, the Netherlands, October 11 – 14, 2016. Cham: Springer, 2016: 740 – 756.

[35] LIU F Y, SHEN C H, LIN G S, et al. Learning depth from single monocular images using deep convolutional neural fields [J]. IEEE Transactions on Pattern Analysis and Machine Intelligence (PAMI), 2016, 38 (10): 2024 – 2039.

[36] REZAEI M, TERAUCHI M, KLETTE R. Robust vehicle detection and distance estimation under challenging lighting conditions [J]. IEEE Transactions on Intelligent Transportation Systems, 2015, 16 (5): 2723 – 2743.

[37] ZHU J, FANG Y. Learning Object – Specific Distance From a Monocular Image [C] //IEEE International Conference on Computer Vision (ICCV), Seoul, South Korea, October 27 – November 2, 2019. Los Alamitos, CA, USA: IEEE Computer Society, 2019: 3838 – 3847.

[38] TAY C P, ROY S, YAP K H. AANet: Attribute Attention Network for Person Re – Identifications [C] //IEEE Conference on Computer Vision and Pattern Recognition (CVPR), Long Beach, USA, June 16 – 20, 2019 . Los Alamitos, CA, USA: IEEE Computer Society, 2019: 7134 – 7143.

[39] LI J N, ZHANG S L, WANG J D, et al. Global – Local Temporal Representations For Video Person Re – Identification [C] //IEEE International Conference on Computer Vision (ICCV), Seoul, Korea (South), October 27 – November 2, 2019. Los Alamitos, CA, USA: IEEE Computer Society, 2019: 3957 – 3966.

[40] SUBRAMANIAM A, NAMBIAR A M, MITTAL A. Co – segmentation Inspired Attention Networks for Video – based Person Re – identification [C] //IEEE International Conference on Computer Vision (ICCV), Seoul, Korea (South), October 27 – November 2, 2019. Los Alamitos, CA, USA: IEEE Computer Society, 2019: 562 – 572.

[41] CHEN Y B, ZHU X T, GONG S G. Instance – Guided Context Rendering for Cross – Domain Person Re – Identification [C] //IEEE International Conference on Computer Vision (ICCV), Seoul, Korea (South), October 27 – November 2, 2019. Los Alamitos, CA, USA: IEEE Computer Society, 2019: 232 – 242.

[42] GU X Q, MA B P, CHANG H, et al. Temporal Knowledge Propagation for Image – to – Video Person Re – identification [C] //IEEE International Conference on Computer Vision (ICCV), Seoul, Korea (South), October 27 – November 2, 2019. Los Alamitos, CA, USA: IEEE Computer Society, 2019: 9646 – 9655.

[43] ZHAO Y R, SHEN X, JIN Z M, et al. Attribute – Driven Feature Disentangling and Temporal Aggregation for VideoPerson Re – Identification [C] //IEEE Conference on Computer Vision and Pattern Recognition (CVPR), Long Beach, USA, June 16 – 20, 2019. Los Alamitos, CA, USA: IEEE Computer Society, 2019: 4913 – 4922.

[44] KHORRAMSHAHI P, KUMAR A, PERI N, et al. A Dual – Path Model With Adaptive Attention For Vehicle Re – Identification [C] //IEEE International Conference on Computer Vision (ICCV), Seoul, Korea (South), October 27 – November 2, 2019. Los Alamitos, CA, USA: IEEE Computer Society, 2019: 6131 – 6140.

[45] TANG Z, NAPHADE M, BIRCHFIELD S, et al. PAMTRI: Pose – Aware Multi – Task Learning for Vehicle Re – IdentificationUsing Highly Randomized Synthetic Data [C] //IEEE International Conference on Computer Vision (ICCV), Seoul, Korea (South), October 27 – November 2, 2019. Los Alamitos, CA, USA: IEEE Computer Society, 2019: 211 – 220.

[46] CHU R H, SUN Y F, LI Y D, et al. Vehicle Re – identification with Viewpoint – aware Metric Learning [C] //IEEE International Conference on Computer Vision (ICCV), Seoul, Korea (South), October 27 – November 2, 2019. Los Alamitos, CA, USA: IEEE Computer Society, 2019: 8281 – 8290.

[47] HE B, LI J, ZHAO Y F, et al. Part – regularized Near – duplicate Vehicle Re – identification [C] //IEEE Conference on Computer Vision and Pattern Recognition (CVPR), Long Beach, USA, June 16 – 20, 2019. Los Alamitos, CA, USA: IEEE Computer Society, 2019: 3997 – 4005.

[48] YE M, SHEN J B, LIN G J, et al. Deep Learning for Person Re – identification: A Survey and Outlook [D]. Ithaca, N Y, USA: Cornell University, 2020.

[49] LI W, ZHAO R, XIAO T, et al. Deepreid: Deep filter pairing neural network for person re – identification [C] //IEEE Conference on Computer Vision and Pattern Recognition (CVPR), Columbus, USA, June 23 – 28, 2014. Los Alamitos, CA, USA: IEEE Computer Society, 2014: 152 – 159.

[50] ZHENG L, SHEN L Y, TIAN L, et al. Scalable person re – identification: A benchmark [C] //IEEE International Conference on Computer Vision (ICCV), Santiago, Chile, December 7 – 13, 2015. Los Alamitos, CA, USA: IEEE Computer Society, 2015: 1116 – 1124.

[51] ZHENG Z D, ZHENG L, YANG Y. Unlabeled samples generated by gan improve the person re – identification baseline in vitro [C] //IEEE International Conference on Computer Vision (ICCV), Venice, Italy, October 22 – 29, 2017. Los Alamitos, CA, USA: IEEE Computer Society, 2017: 3754 – 3762.

[52] WEI L H, ZHANG S L, GAO W, et al. Person transfer gan to bridge domain gap for person re – identification [C] //IEEE Conference on Computer Vision and Pattern Recognition (CVPR),

Salt Lake City, UT, USA, June 18 – 22, 2018. Los Alamitos, CA, USA: IEEE Computer Society, 2018: 79 – 88.

[53] HIRZER M, BELEZNAI C, ROTH P M, et al. Person re – identification by descriptive and discriminative classification [C] //Scandinavian Conference on Image Analysis (SCIA), Ystad, Sweden, May 2011. Berlin: Springer, 2011: 91 – 102.

[54] WANG T Q, GONG S G, ZHU X T, et al. Person re – identification by video ranking [C] //European Conference on Computer Vision (ECCV), Zurich, Switzerland, September 6 – 12, 2014. Cham: Springer, 2014: 688 – 703.

[55] ZHENG L, BIE Z, SUN Y F, et al. Mars: A video benchmark for large – scale person re – identification [C] //European Conference on Computer Vision (ECCV), Amsterdam, the Netherlands, October 11 – 14, 2016. Cham: Springer, 2016: 868 – 884.

[56] WU Y, LIN Y T, DONG X Y, et al. Exploit the unknown gradually: One – shot video – based person re – identification by stepwise learning [C] //IEEE Conference on Computer Vision and Pattern Recognition (CVPR), Salt Lake City, UT, USA, June 18 – 22, 2018 . Los Alamitos, CA, USA: IEEE Computer Society, 2018: 5177 – 5186.

[57] LI J N, ZHANG S L, WANG J D, et al. Global – Local Temporal Representations For Video Person Re – Identification [C] //IEEE International Conference on Computer Vision (ICCV), Seoul, South Korea, October 27 – November 2, 2019. Los Alamitos, CA, USA: IEEE Computer Society, 2019: 3957 – 3966.

[58] YE M, MA A J H, ZHENG L, et al. Dynamic label graph matching for unsupervised video re – identification [C] //International Conference on Computer Vision (ICCV), Venice, Italy, October 22 – 29, 2017. Los Alamitos, CA, USA: IEEE Computer Society, 2017: 5152 – 5160.

[59] ZHANG Y H, LIU D, ZHA Z J. Improving triplet – wise training of convolutional neural network for vehicle re – identification [C] //IEEE International Conference on Multimedia and Expo (ICME), Hong Kong, China, July 10 – 14, 2017 . Los Alamitos, CA, USA: IEEE Computer Society, 2017: 1386 – 1391.

[60] SHEN Y T, XIAO T, LI H S, et al. Learning deep neural networks for vehicle re – id with visual – spatio – temporal path proposals [C] //International Conference on Computer Vision (ICCV), Venice, Italy, October 22 – 29, 2017. Los Alamitos, CA, USA: IEEE Computer Society, 2017: 1918 – 1927.

[61] ZHOU Y, LIU L, SHAO L. Vehicle re – identification by deep hidden multi – view inference [J]. IEEE Transactions on Image Processing (TIP), 2018, 27 (7): 3275 – 3287.

[62] LIU X C, LIU W, MEI T, et al. A deep learning – based approach to progressive vehicle reidentification for urban surveillance [C] // European Conference on Computer Vision (ECCV), Amsterdam, the Netherlands, October 11 – 14, 2016 . Cham: Springer, 2016: 869 – 884.

[63] LIU H Y, TIAN Y H, WANG Y W, et al. Deep relative distance learning: Tell the difference between similar vehicles [C] //IEEE Conference on Computer Vision and Pattern Recognition (CVPR), Las Vegas, NV, USA, June 27 – 30, 2016. Los Alamitos, CA, USA: IEEE Computer Society, 2016: 2167 – 2175.

[64] TANG Z, NAPHADE M, LIU M Y, et al. CityFlow: A city – scale benchmark for multi – target multi – camera vehicle tracking and re – identification [C] //IEEE Conference on Computer Vision and Pattern Recognition (CVPR), Long Beach, CA, USA, June 16 – 20, 2019. Los Alamitos, CA, USA: IEEE Computer Society, 2019: 8797 – 8806.
[65] WANG P, JIAO B L, YANG L, et al. Vehicle Re – identification in Aerial Imagery: Dataset and Approach [C] //IEEE International Conference on Computer Vision (ICCV), Seoul, South Korea, October 27 – November 2, 2019. Los Alamitos, CA, USA: IEEE Computer Society, 2019: 460 – 469.
[66] KHAN S D, ULLAH H. A survey of advances in vision – based vehicle re – identification [J]. Computer Vision and Image Understanding (CVIU), 2019 (182): 50 – 63.

附　　录

计算机视觉相关领域权威学术会议或学术期刊：

国际计算机视觉大会 IEEE International Conference on Computer Vision (ICCV)

欧洲计算机视觉会议 European Conference on Computer Vision (ECCV)

计算机视觉模式识别会议 IEEE Conference on Computer Vision and Pattern Recognition (CVPR)

IEEE 模式分析与机器智能汇刊 IEEE Transactions on Pattern Analysis and Machine Intelligence (PAMI)

ACM 计算机图形学会刊 ACM Transactions on Graphics (TOG)

计算机视觉国际期刊 International Journal of Computer Vision (IJCV)

神经信息处理大会 Annual Conference on Neural Information Processing Systems (NIPS)

常用符号：

条件随机场（Conditional Random Field, CRF）

马尔科夫随机场（Marcov Random Field, MRF）

卷积神经网络（Convolutional Neural Networks, CNN）

支持向量机（Support Vector Machine, SVM）

高斯混合模型（Gaussian Mixed Model, GMM）

吉斯特描述符（GIST）

全卷积网络（Fully Convolutional Networks, FCN）

基准标注（Groundtruth, GT）

重识别（Re - Identification, Re - ID）

图 1-1 《大橡树下的母马和马驹》(乔治·斯塔布斯)[1]

a) b)

图 1-2 图像场景语义分割目标

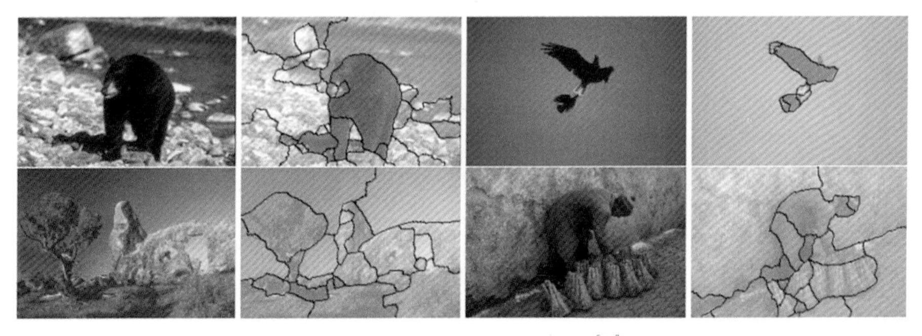

图 1-3 底层图像分割结果[3]

图 1-4　交互式对象提取与区域分割[7-9]

图 1-5　Textonboost 图像场景语义分割和标记[13,14]

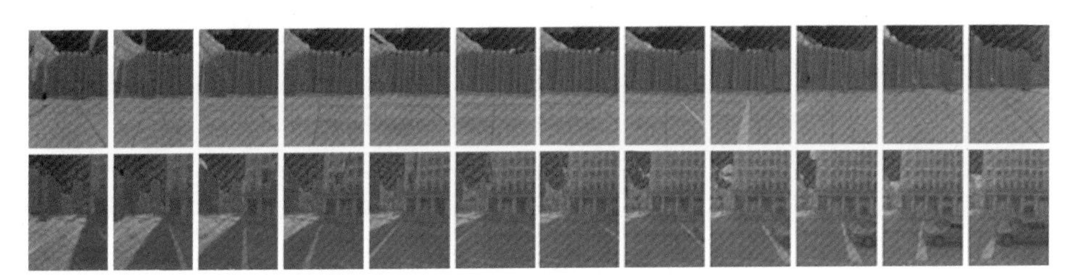

图 1-6　多视角下街景图像的语义分割[15]

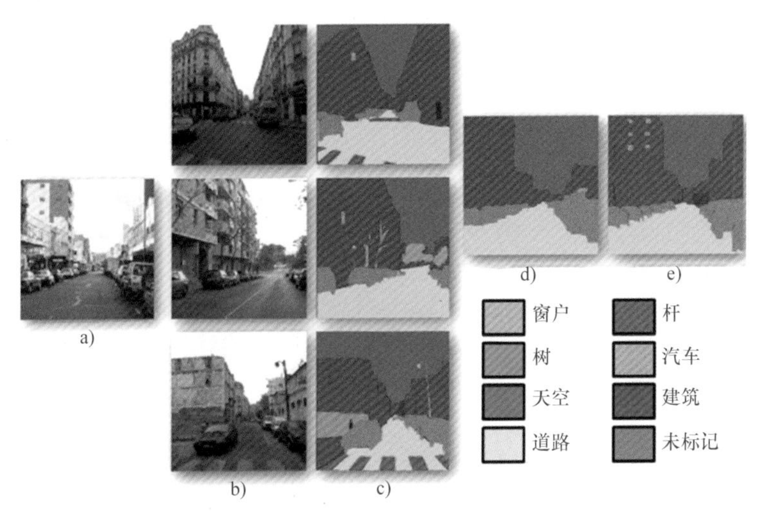

图 1-7　LabelTransfer 图像场景语义迁移结果[17]

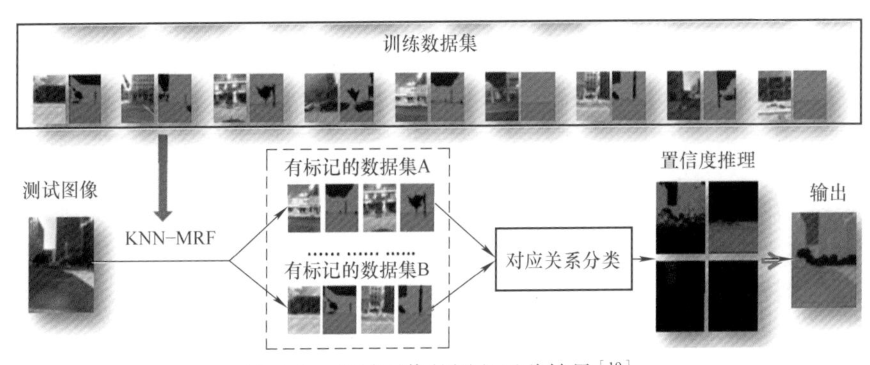

图 1-8　街景图像的语义迁移结果[19]

a) 每张输入图像包含多个重复出现前景对象的子集

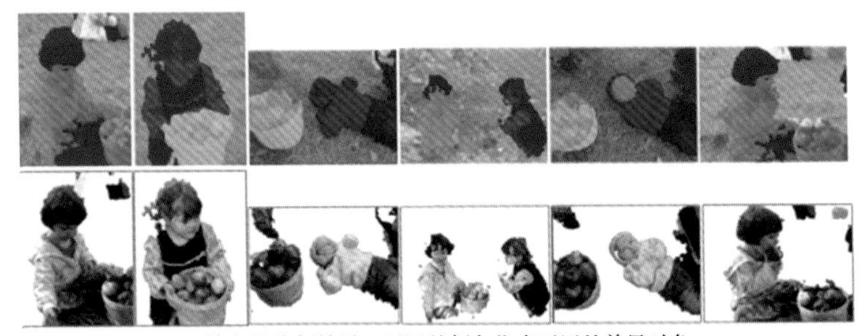

b) 输出共分割结果，不同的颜色代表不同的前景对象

图 1-9　多张图像前景对象共分割结果[25]

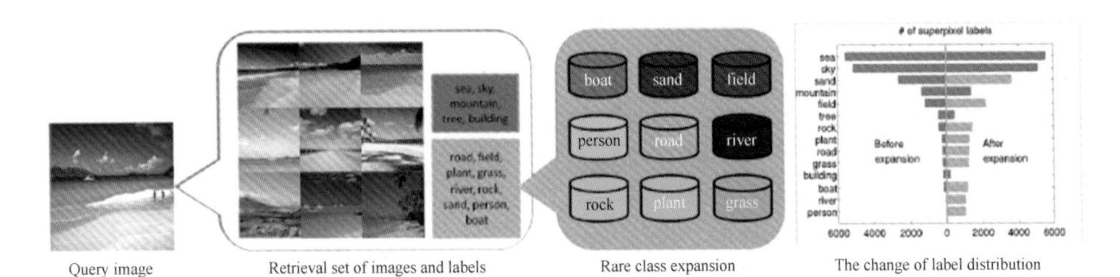

图 1-10　关注于稀少类别的上下文驱动的场景解析方法[26]，蓝色矩形中为普通类别，黄色矩形中为稀少类别，在右边的条形类别分布图中可看到，增强后的稀少类别样本（黄色）比增强前（蓝色）分布更均衡

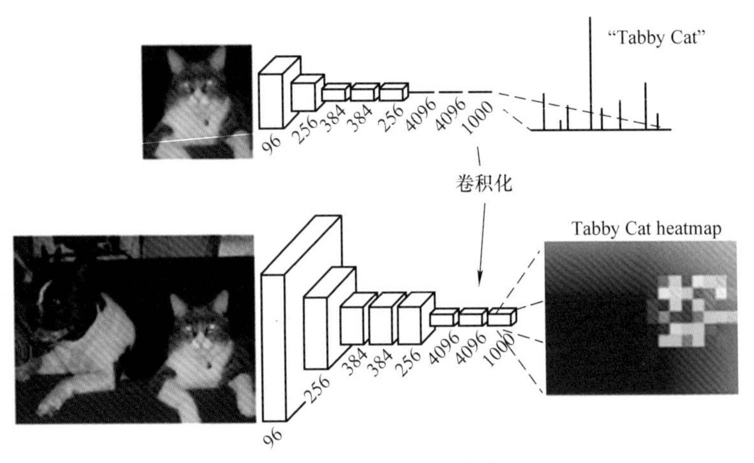

图 1-11　场景语义分割的全卷积网络 FCN[33]，将全连接层转换为卷积层使得分类网络能够输出与图像相同尺寸的热图

图 1-12　基于单幅图像的遮挡边界恢复[41]

图 1-13　基于光流的遮挡边界检测和前／后景划分的方法[49]，左图为输入图像，右图为该方法遮挡边界检测结果，绿色边界表示前景区域，红色边界表示后景区域

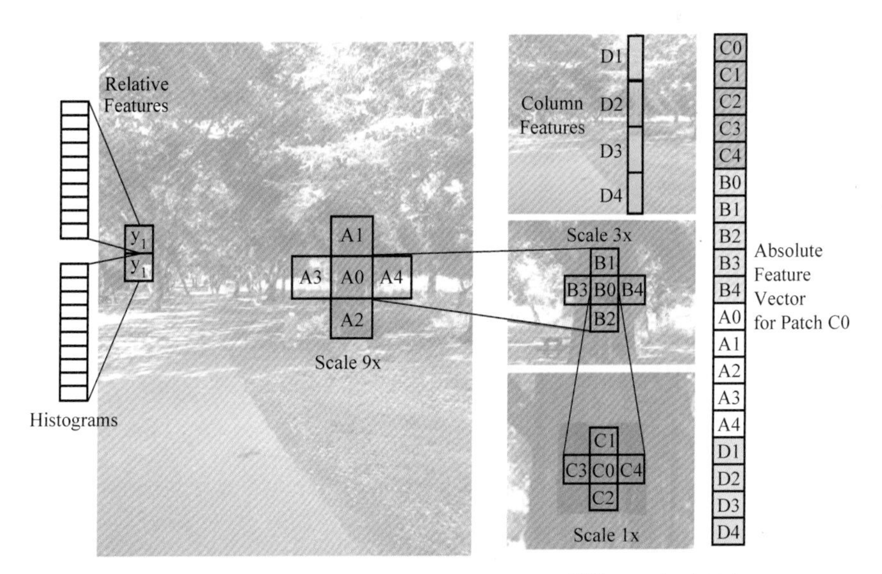

图 1-14　单幅图像场景深度信息估计方法[42]的四邻域特征

图 1-15 单幅图像场景深度信息估计方法结果[43]

图 1-16 基于语义标记预测的单幅图像深度信息估计[44]

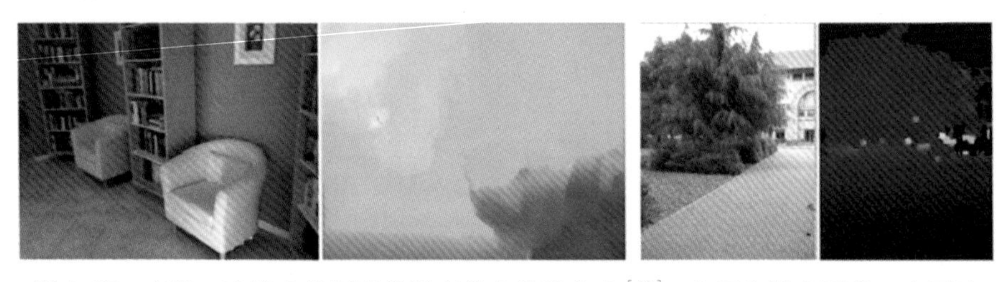

图 1-17 离散 - 连续式单幅图像深度信息估计方法[50]，左图为输入图像，右图为对应的离散 - 连续的深度信息估计结果

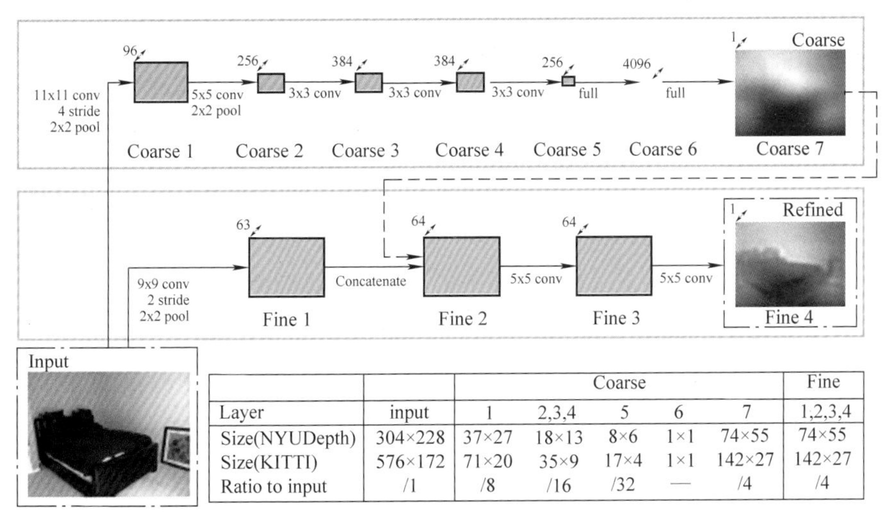

		Coarse					Fine
Layer	input	1	2,3,4	5	6	7	1,2,3,4
Size(NYUDepth)	304×228	37×27	18×13	8×6	1×1	74×55	74×55
Size(KITTI)	576×172	71×20	35×9	17×4	1×1	142×27	142×27
Ratio to input	/1	/8	/16	/32	—	/4	/4

图 1-18 基于多尺度深度网络的单幅图像深度信息估计方法[51]，全局粗略尺度网络包含五个由卷积和最大池化构成的特征提取层以及两个全连接层，局部细化尺度网络则由卷积层构成

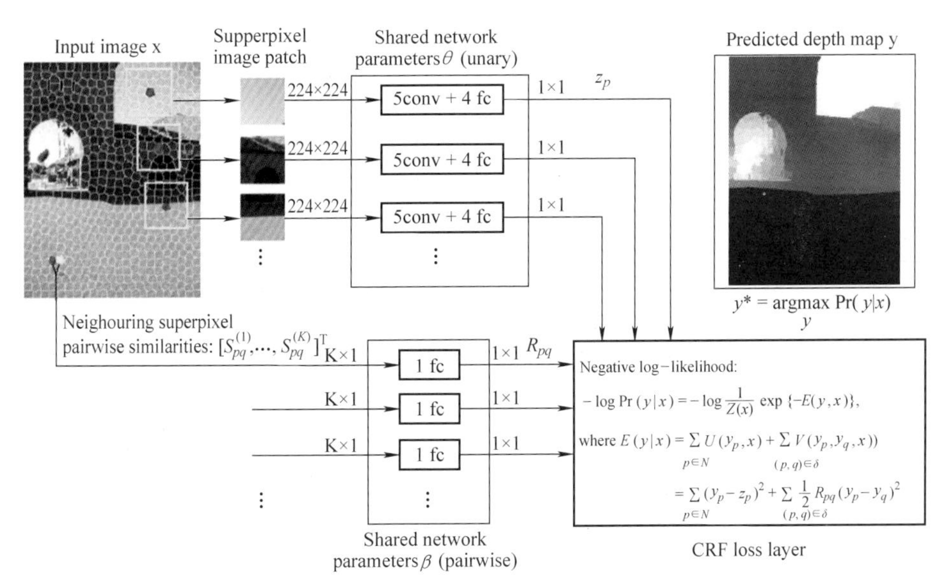

图 1-19 基于 CNN 框架和连续 CRF 结构的深度估计卷积神经场模型[54]

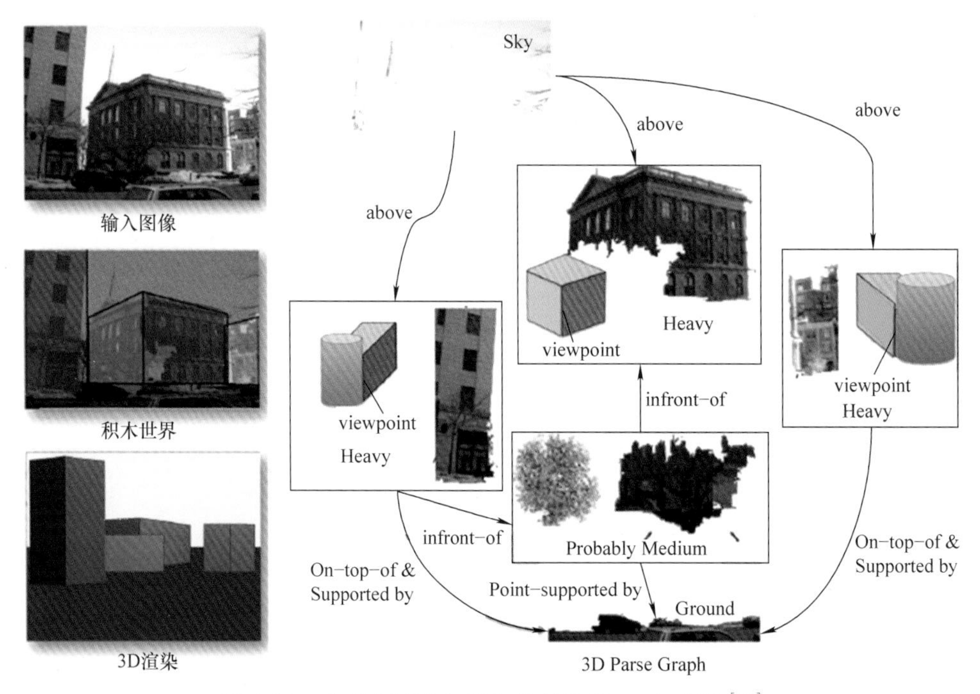

图 1-20　物理规则指导下的单幅图像 3D 解析图[45]

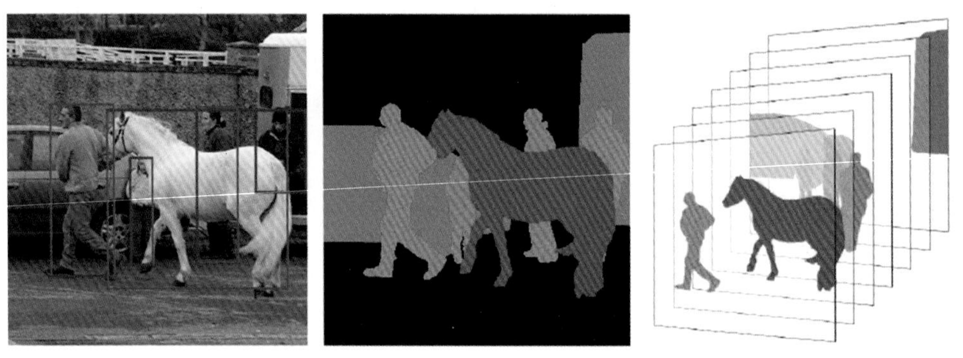

图 1-21　面向图像分割的层次结构估计[46]

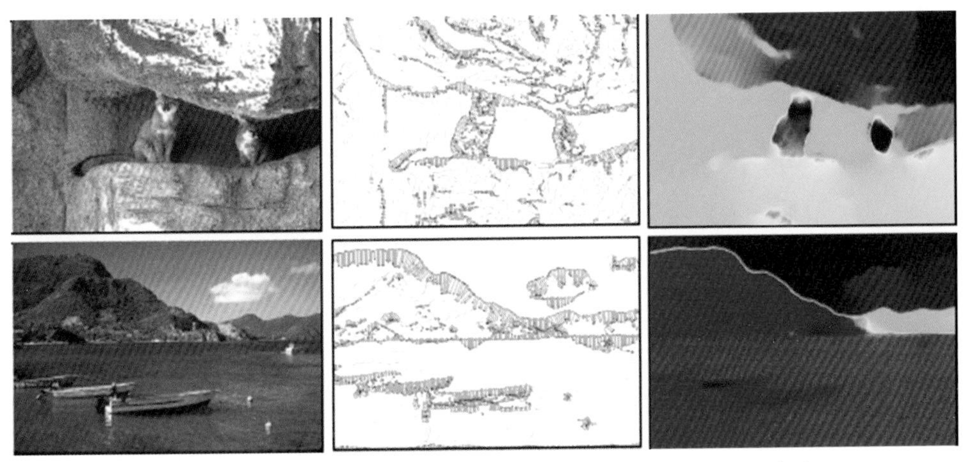

图 1-22　基于嵌入角的图像分割和遮挡边界同时求解结果[47]

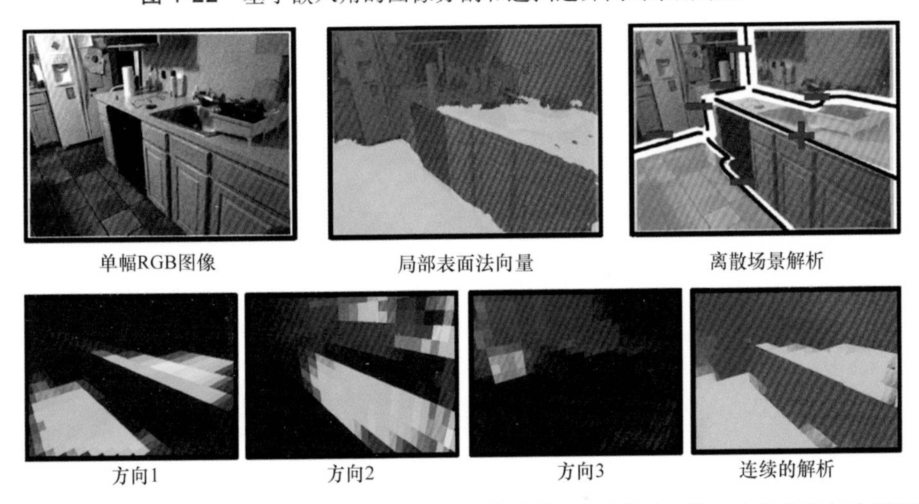

图 1-23　室内折纸世界的展开方法，对于输入图像（第一行左图），该方法估计出每个平面的朝向（第一行中图）以及平面之间边界的凹凸性（第一行右图），“+”表示凸，“-”表示凹

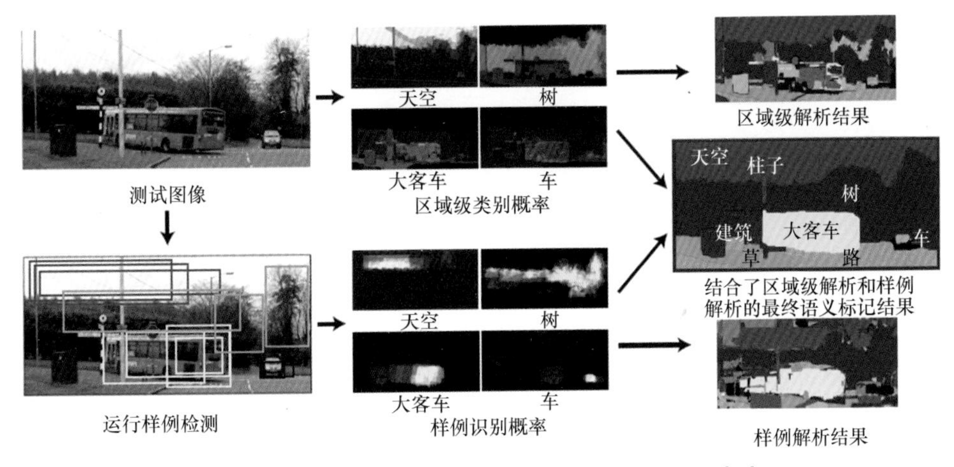

图 1-24　基于样例检测的区域级图像解析方法[66]

图 1-25 自主驾驶环境下基于密集连接 MRF 模型的单张图像实例级标记方法[70]

图 1-26 相对属性的研究[95]：相对属性比绝对属性能够更好地描述图像内容。绝对属性可以描述是微笑的还是没有微笑的，但是对于 b）就难以描述；相对属性能够描述 b）比 c）微笑多，但是比 a）微笑少。对自然场景的理解同样如此

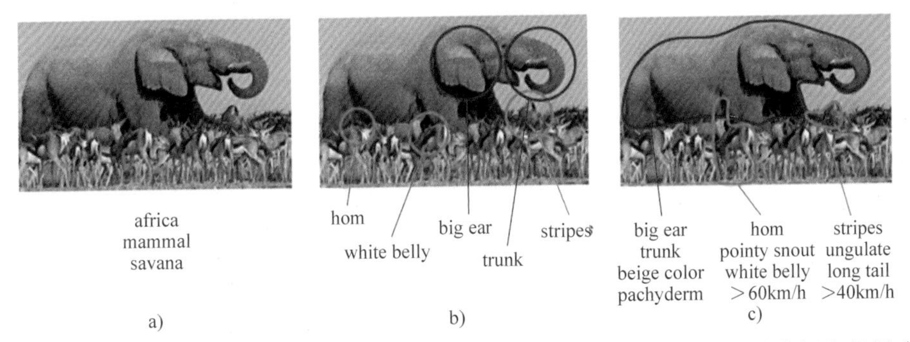

图 1-27 属性辅助对象分割的方法[99]，由于对象遮挡、对象尺度过小或对象视角的影响，以类别为中心的方法较难描述对象属性，而以对象为中心的该方法可以较好地描述对象属性

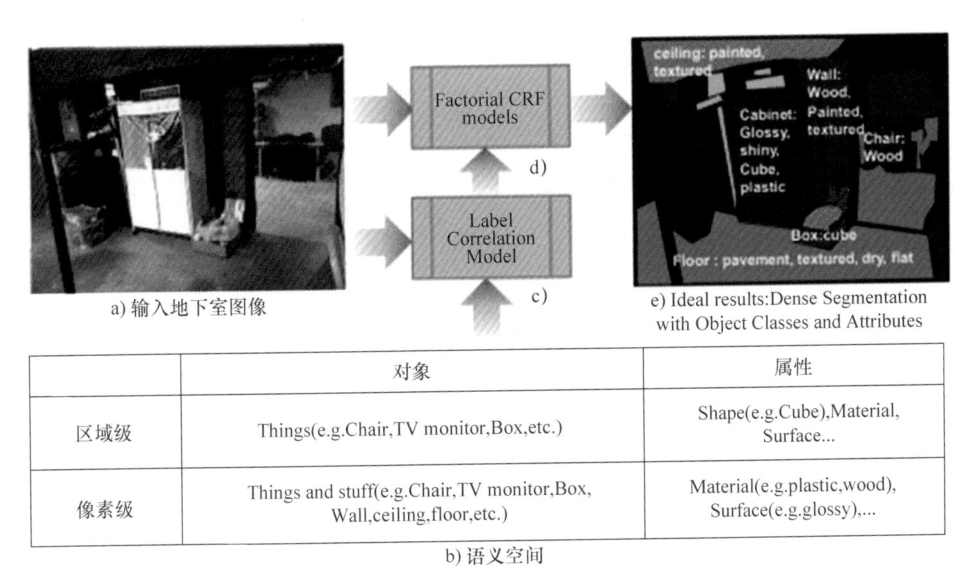

	对象	属性
区域级	Things(e.g.Chair,TV monitor,Box,etc.)	Shape(e.g.Cube),Material, Surface...
像素级	Things and stuff(e.g.Chair,TV monitor,Box, Wall,ceiling,floor,etc.)	Material(e.g.plastic,wood), Surface(e.g.glossy),...

b) 语义空间

图 1-28 一种图像对象和属性的稠密语义分割方法[102]

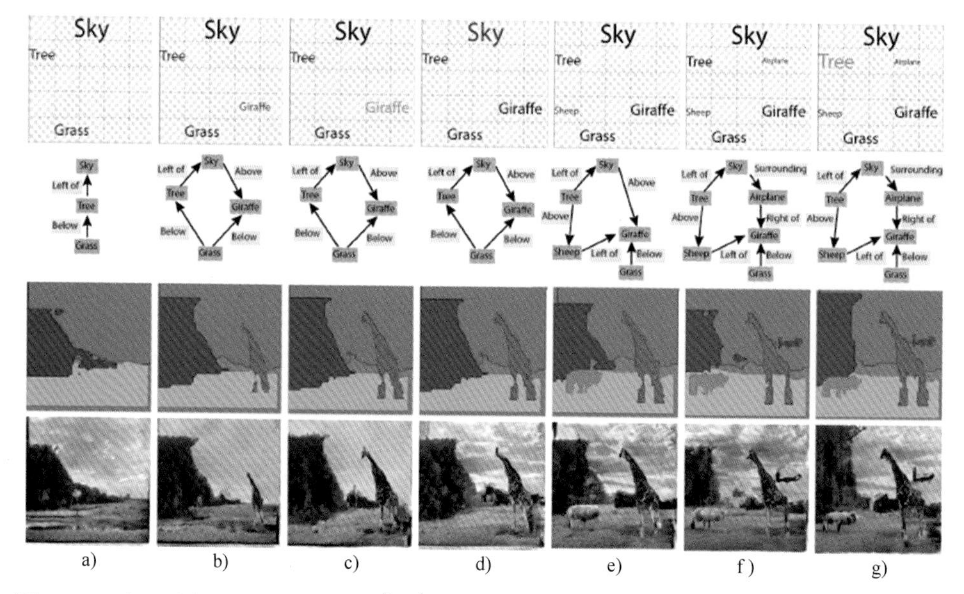

图 1-29 交互式场景生成过程示例[115]：第一行，用户界面的示意图面板，用户在其中排列所需对象，不同颜色代表对象的增加或调整；第二行，根据用户提供的布局自动推断的场景图结构；第三行及第四行，根据图结构生成的场景语义图及场景最终图像

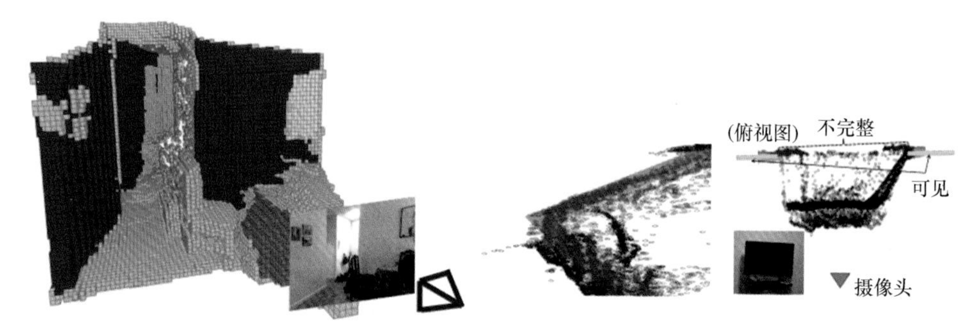

图 1-30 基于 Voxel 单元的图像场景三维结构理解方法[119]，左图显示了该方法利用 Voxel-CRF 模型重建的场景三维结构以及每个 Voxel 的语义标记，右侧图中显示了深度信息的不足和缺失，例如电视机后面墙面的深度信息缺失

图 1-31 基于 RGBD 信息的图像场景全局解析方法[121]，左边为输入图像和对应的深度信息，中间为对象的三维检测识别结果，用带有朝向的立方块来表示，右边为嵌入了场景和对象之间上下文关系的 CRF 模型

图 1-32　面向室内场景空间布局估计的曼哈顿交界点检测方法[123]，
图中显示了 Y、W、T、L、X 几种类型的交界点以及图像场景空间布局估计结果

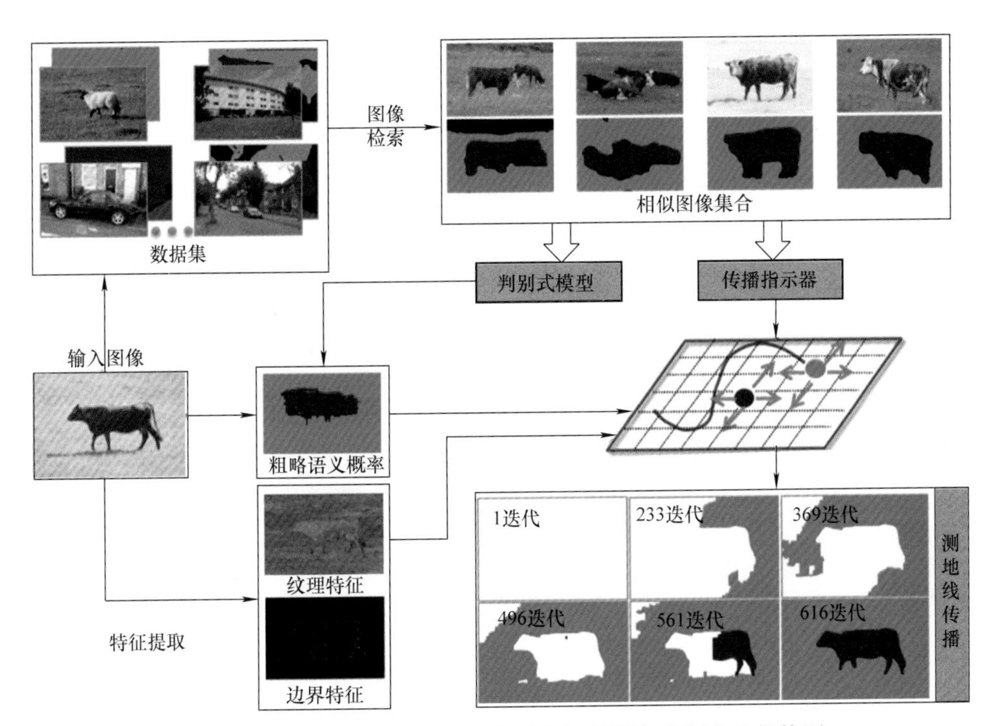

图 2-1　图像场景内容上下文指导的场景语义分割方法架构图

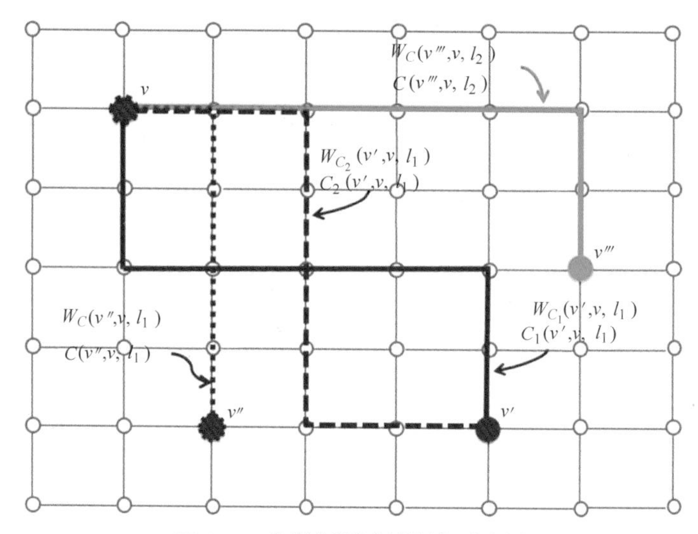

图 2-2　多类别测地线距离示意图

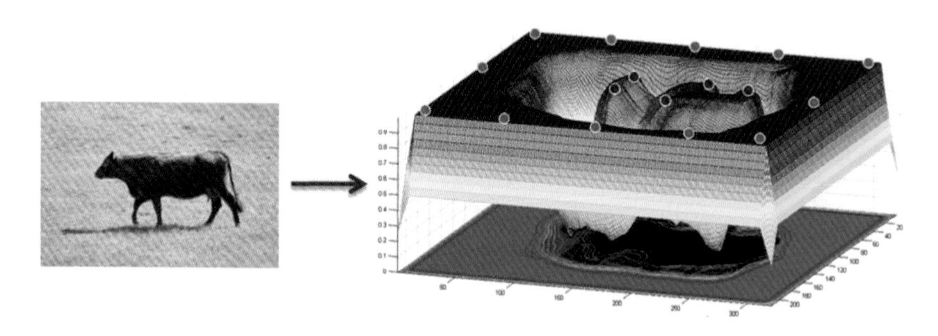

图 2-3　基于粗略语义概率的种子点选择示意图

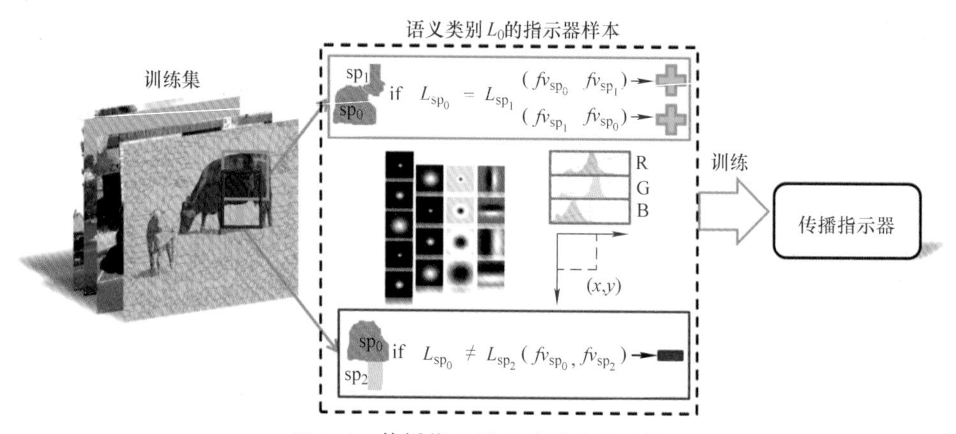

图 2-4　传播指示器训练样本示意图

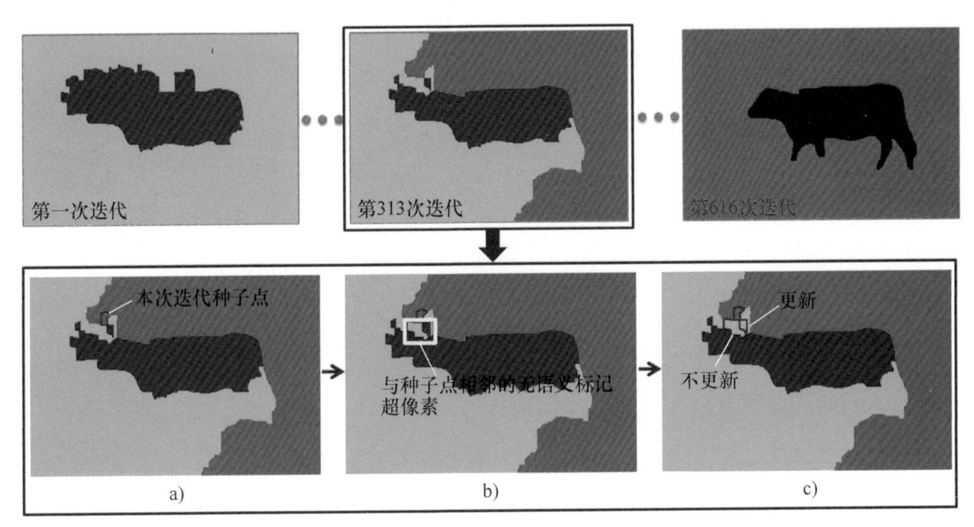

图 2-5　传播指示器作用示意图

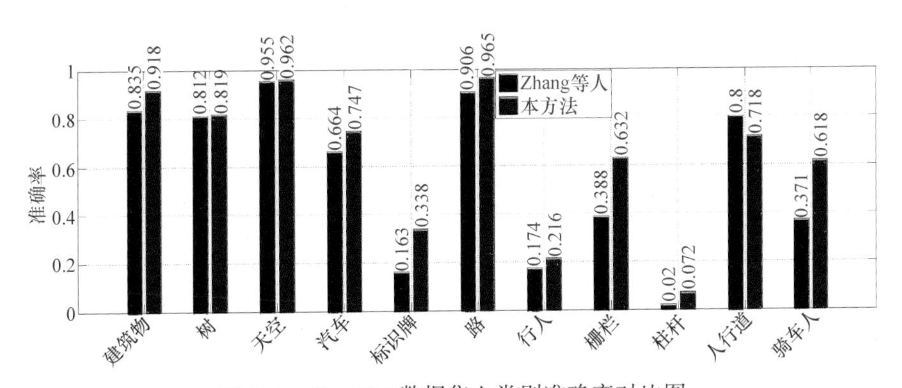

图 2-6　CamVid 数据集上类别准确率对比图

图 2-7　本方法在 CamVid 数据集上的部分实验结果

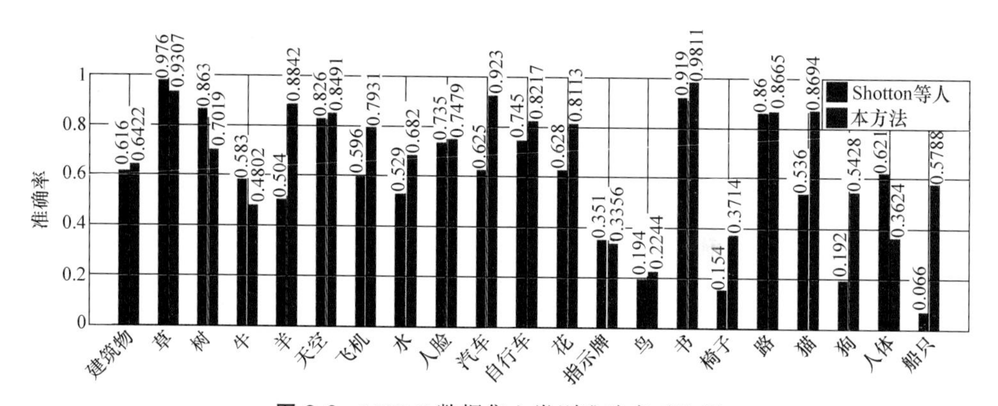

图 2-8　MSRC 数据集上类别准确率对比图

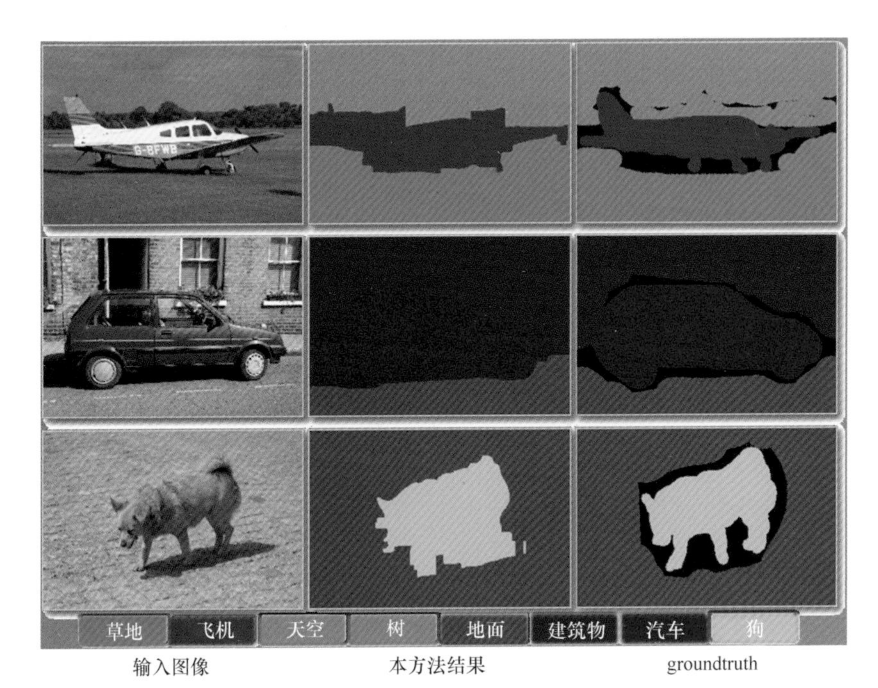

图 2-9　本方法在 MSRC 数据集上的部分实验结果

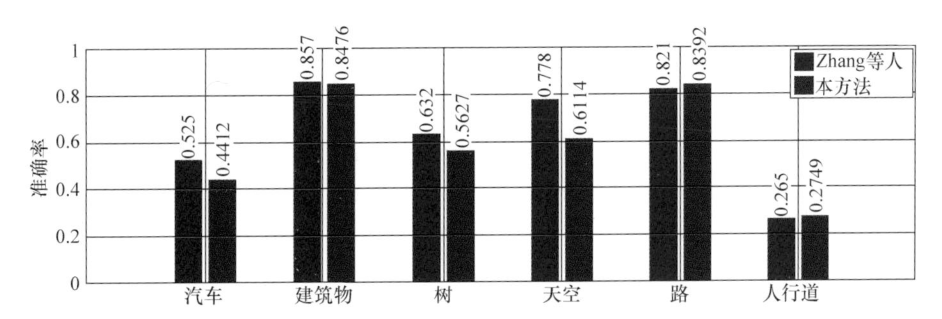

图 2-10　CBCL 数据集上类别准确率对比图

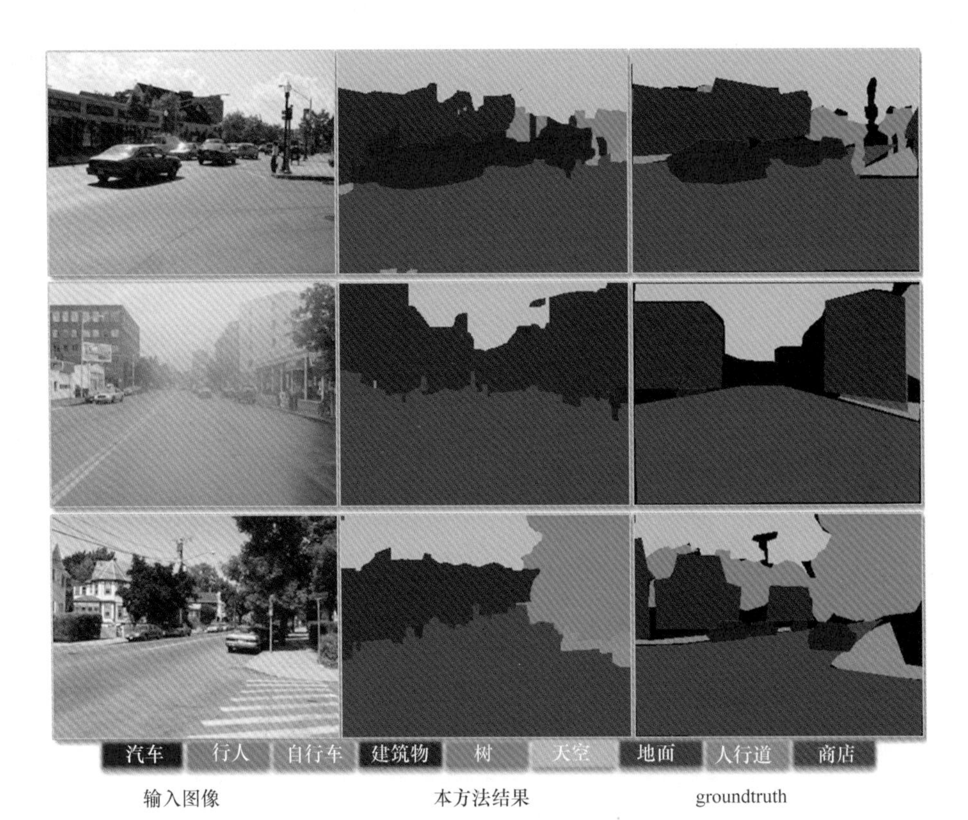

图 2-11　本方法在 CBCL 数据集上的部分实验结果

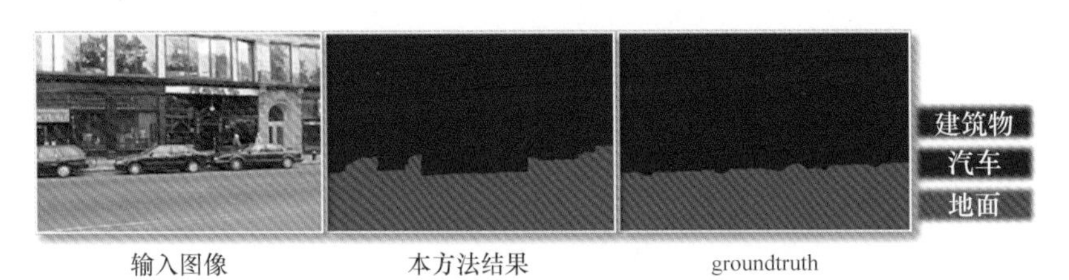

图 2-12　本方法在 LHI 数据集上的部分实验结果

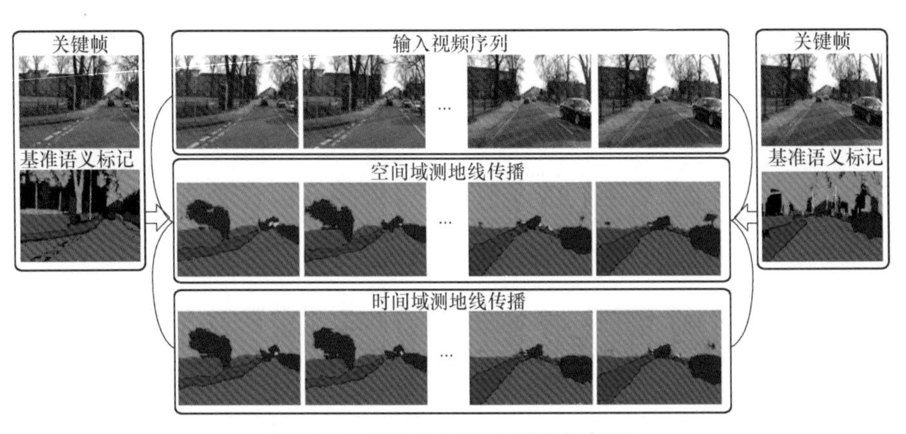

图 2-13　视频场景语义分割框架图

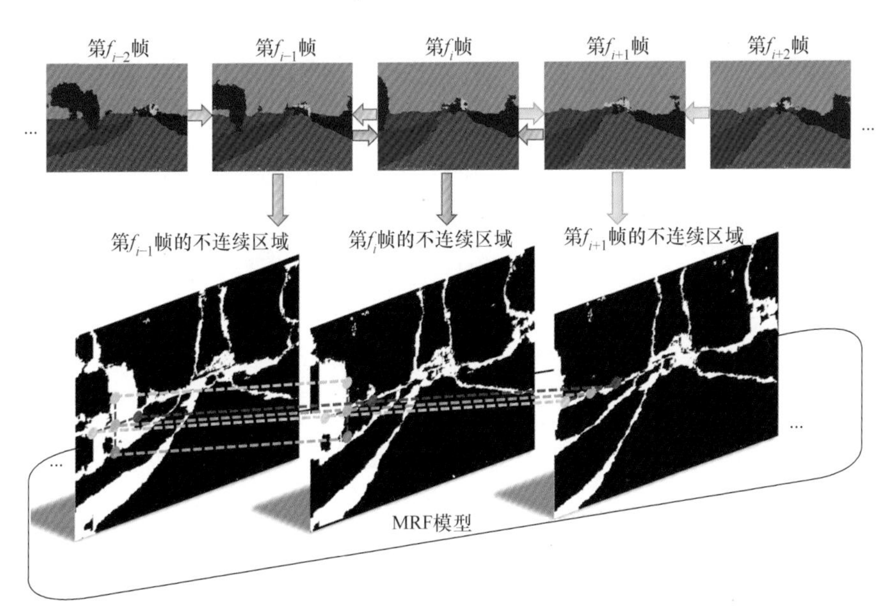

图 2-14　基于测地线的 MRF 模型示意图

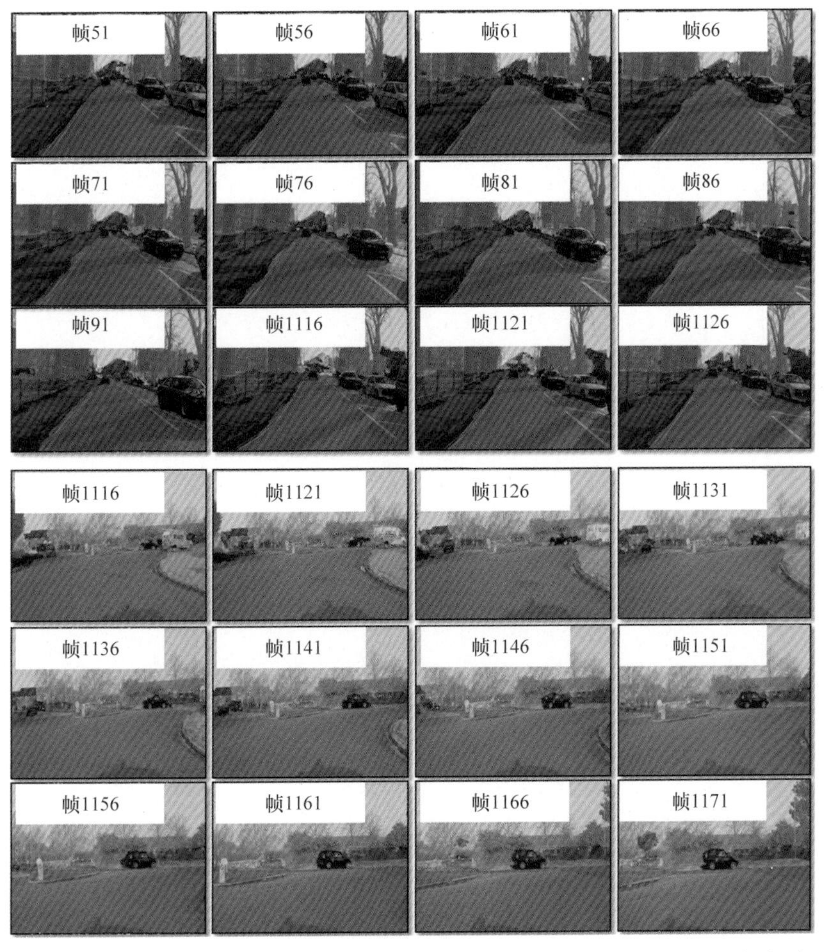

图 2-15　CamVid 视频序列的语义分割实验结果，前三行是 Seq05VD 视频序列的语义分割结果，后三行是 Seq06R0 视频序列的语义分割结果

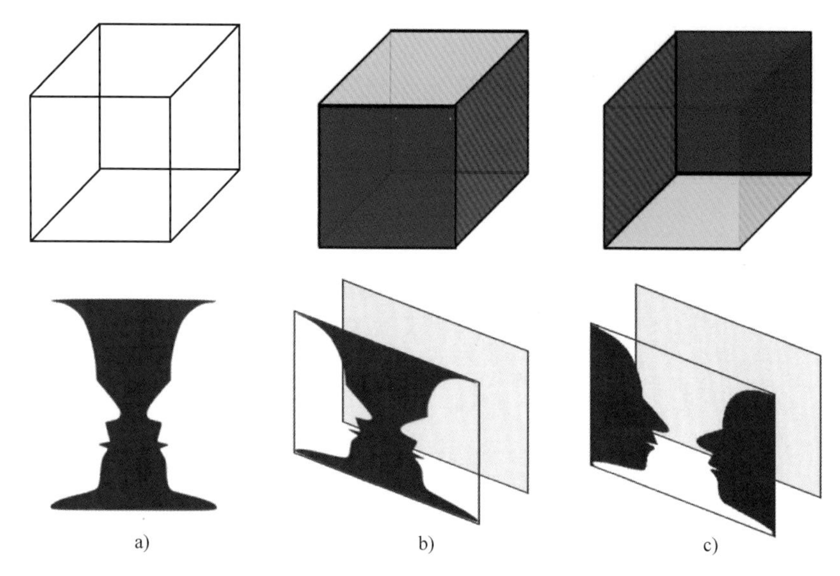

图 3-1　具有歧义的图像空间关系理解示意图，
a）是输入的图像，b）和 c）是对输入图像的不同理解

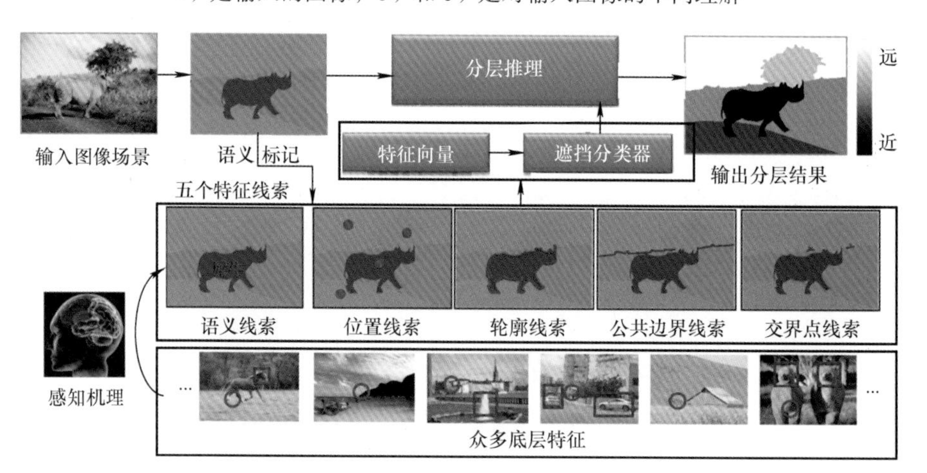

图 3-2　基于层次线索的场景分层框架图

图 3-3　语义线索示意图

图 3-4　位置线索示意图

图 3-5　轮廓线索示意图

图 3-6　公共边界线索示意图

图 3-7　交界点线索示意图

图 3-8　图像内容表达示意图

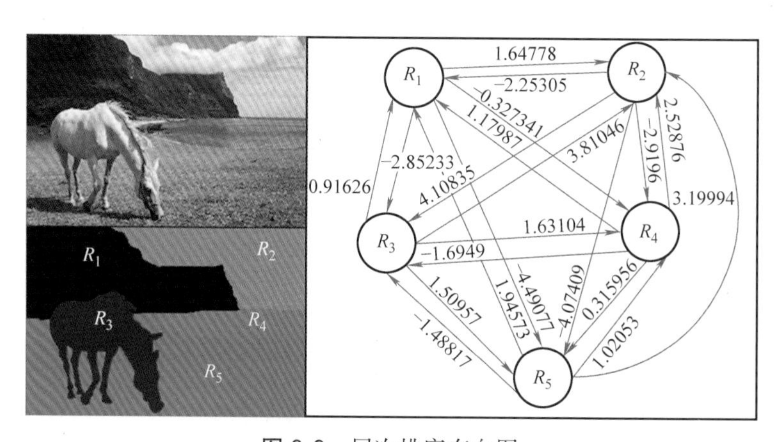

图 3-9　层次排序有向图

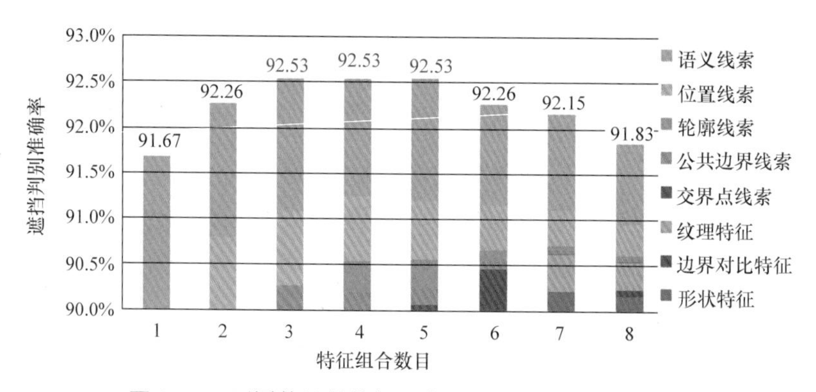

图 3-10　不同数目的特征组合遮挡判别准确率对比图

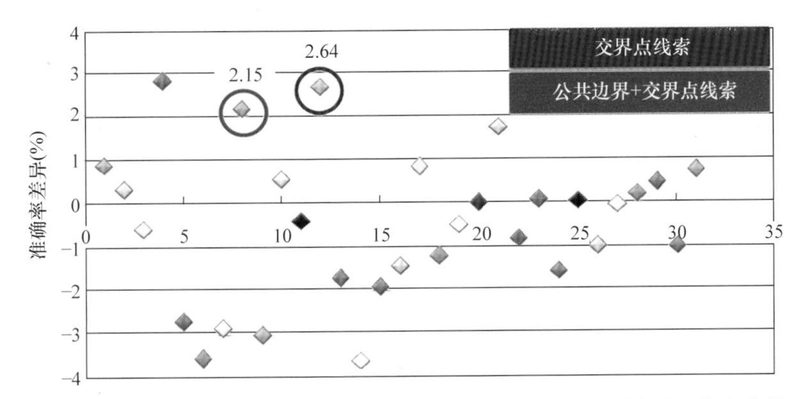

图 3-11　31 种特征组合在相邻区域和不相邻区域的遮挡判别准确率差异

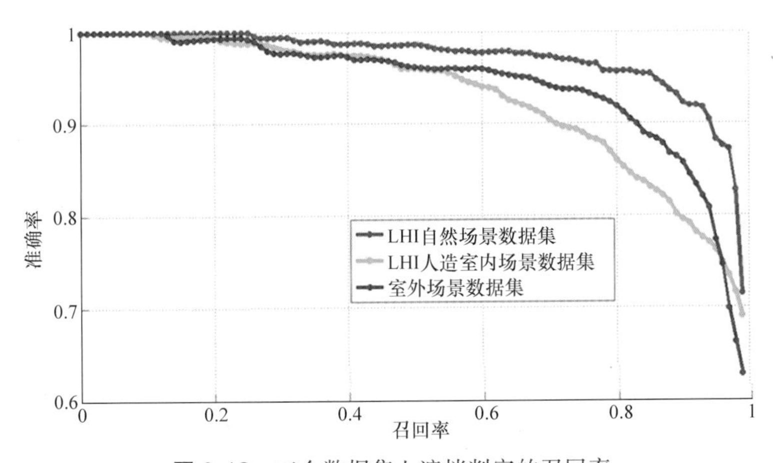

图 3-12　三个数据集上遮挡判定的召回率

图 3-13　LHI 自然场景数据集上场景分层结果

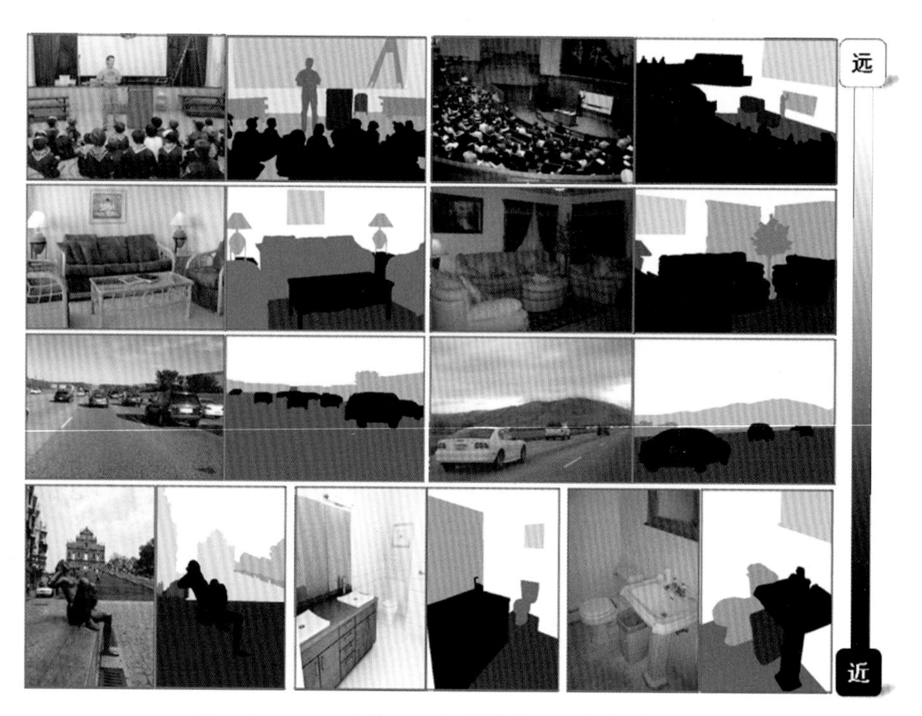

图 3-14　LHI 人造室内场景数据集上场景分层结果

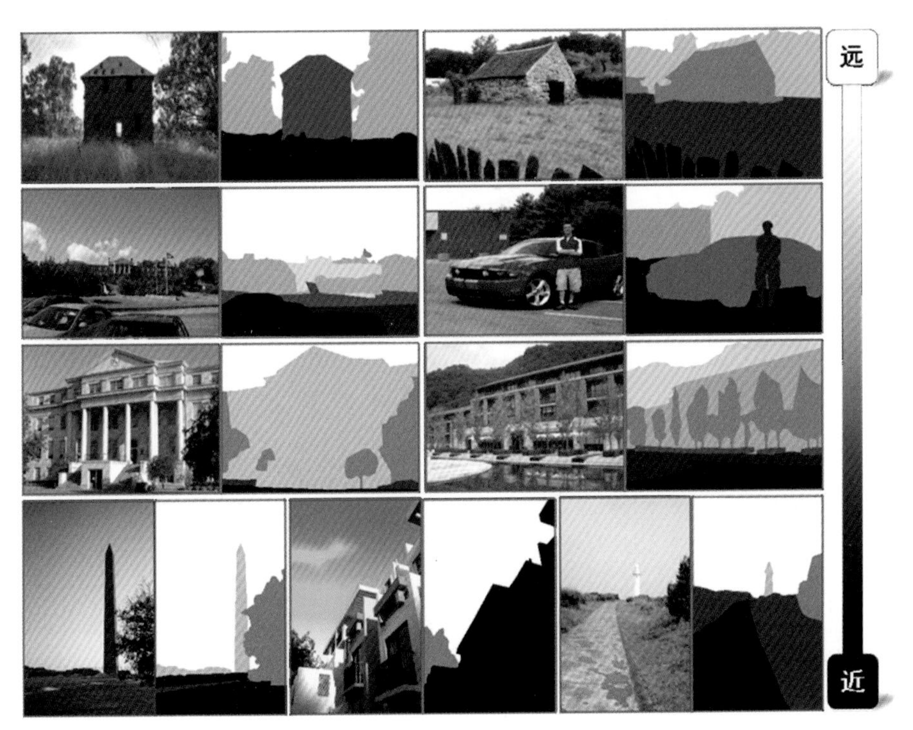

图 3-15　室外场景数据集上场景分层结果图

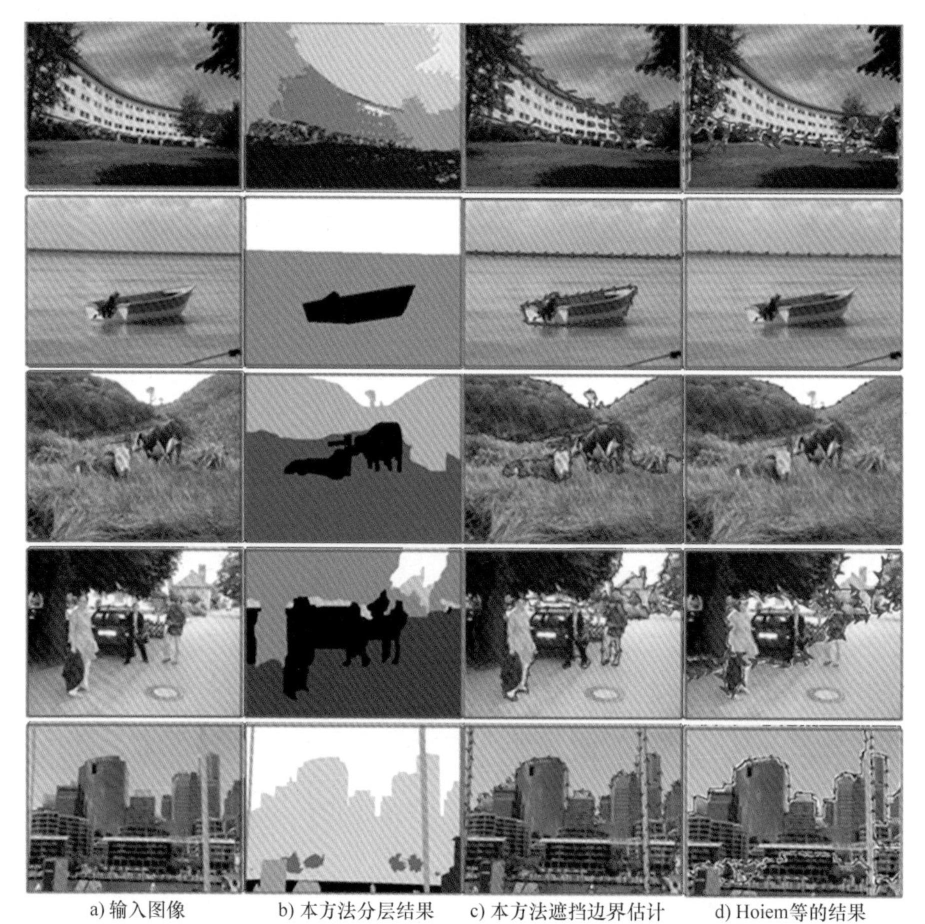

a) 输入图像　b) 本方法分层结果　c) 本方法遮挡边界估计　d) Hoiem等的结果

图 3-16　与 Hoiem 等的遮挡关系判别比较实验

图 4-1　“对象级”的图像内容语义标记、以“对象”为单元的场景布局迁移，左图为图像，右图为三维场景布局生成，将左图的图像场景布局，自动迁移到由三维模型组成的三维场景

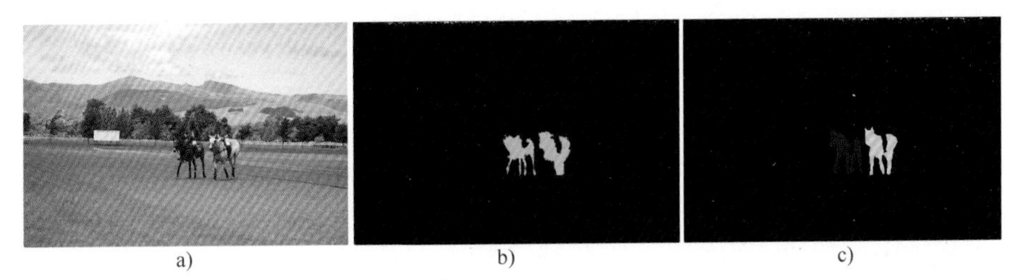

图 4-2　本方法的目标：a）输入图像；b）语义分割目标，不同的颜色代表不同的语义类别，这里只显示了马这种类别（绿色）；c）对象分割目标，不同的颜色代表不同的对象

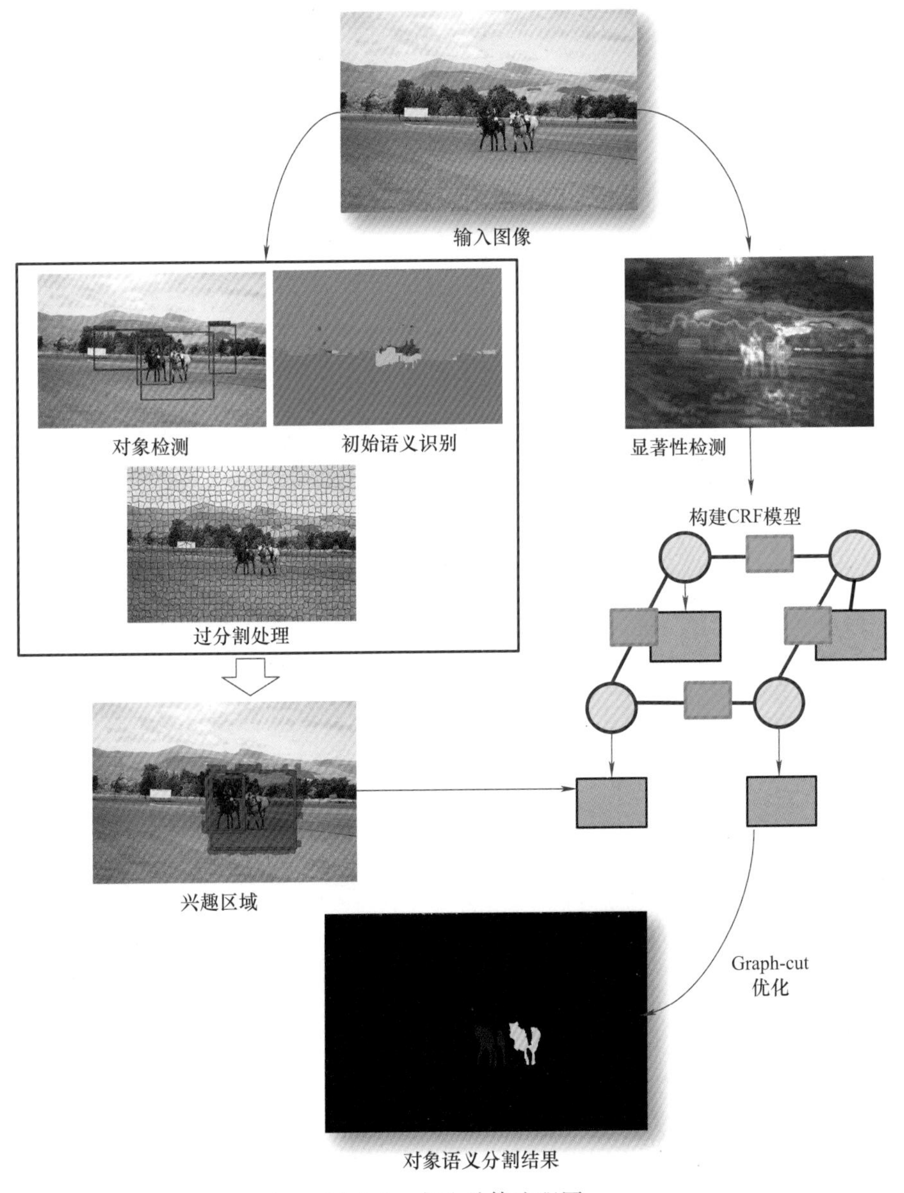

图 4-3　方法总体流程图

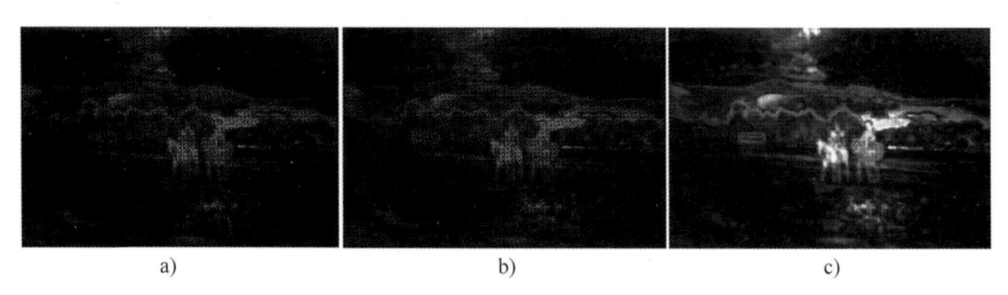

图 4-4　多尺度对象显著性检测示意图，
颜色越浅代表对象显著性越高，颜色越深代表对象显著性越低

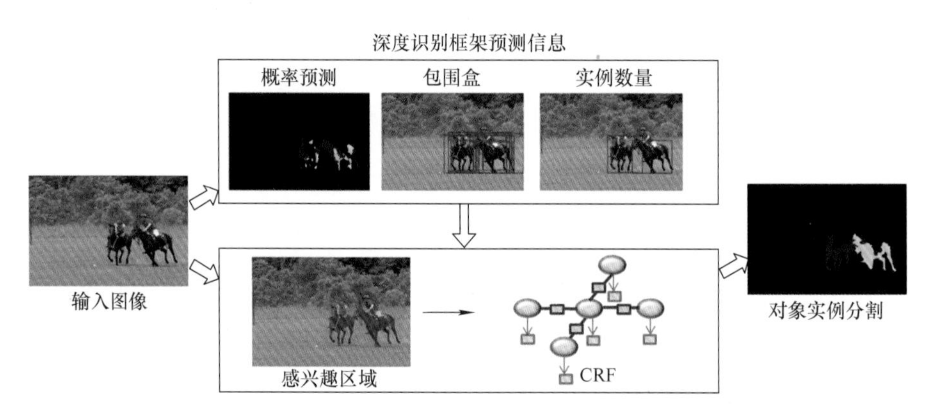

图 4-5　基于深度识别框架的多实例对象分割方法流程图

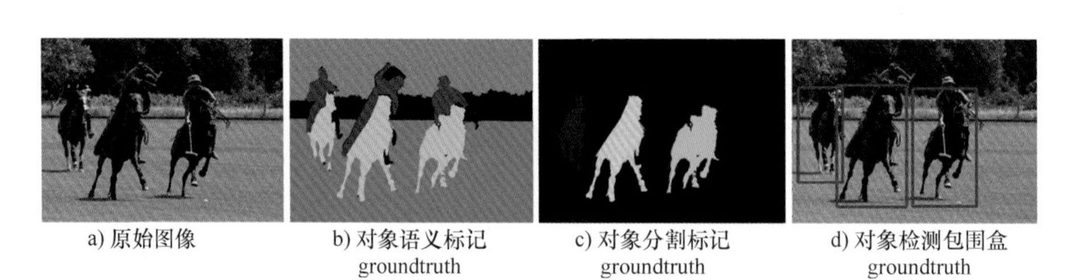

图 4-6　训练集图像标注信息

图 4-7　实验结果图，以“马”这种类别为例，
其他语义类别可视化为黑色背景，不同的颜色表示不同的“马”对象

图 4-8　基于深度识别框架 DRF 的多对象分割方法在 Polo 数据集上的实验结果

图 4-9　基于深度识别框架 DRF 的多对象分割方法在 TUD 数据集上的实验结果

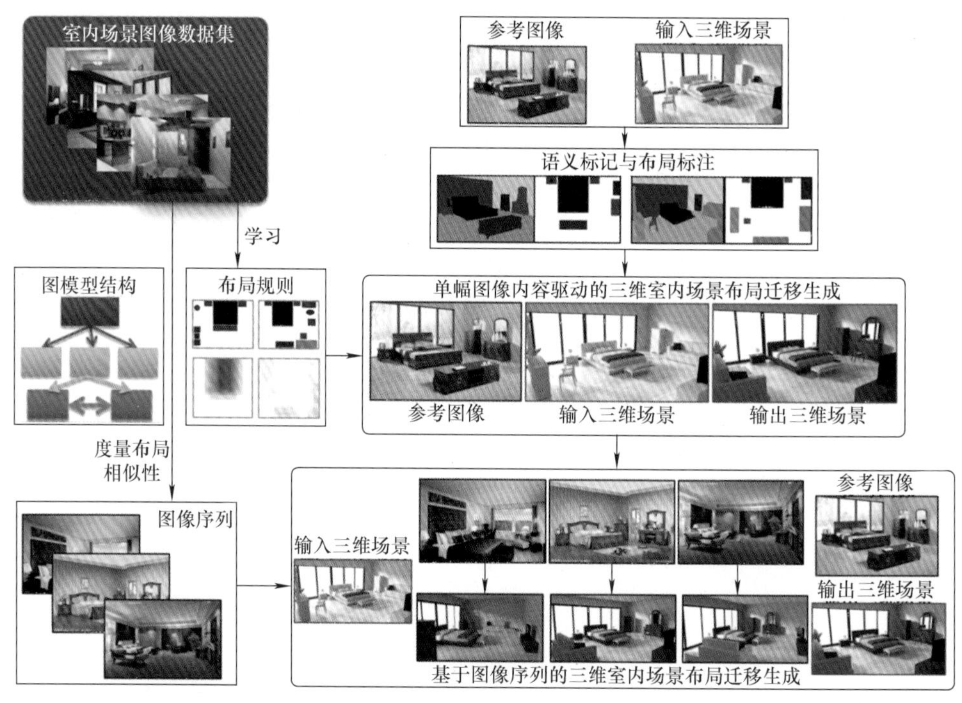

图 4-10　图像内容驱动的室内场景布局迁移方法架构图

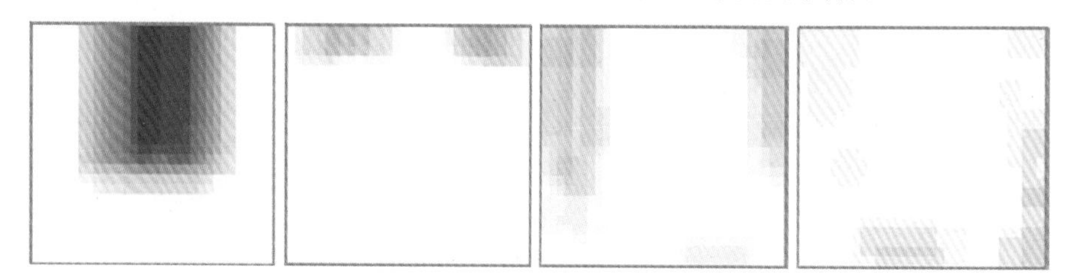

图 4-11　不同类别对象的位置分布可视化，从左至右分别为床、床头柜、柜子、桌子

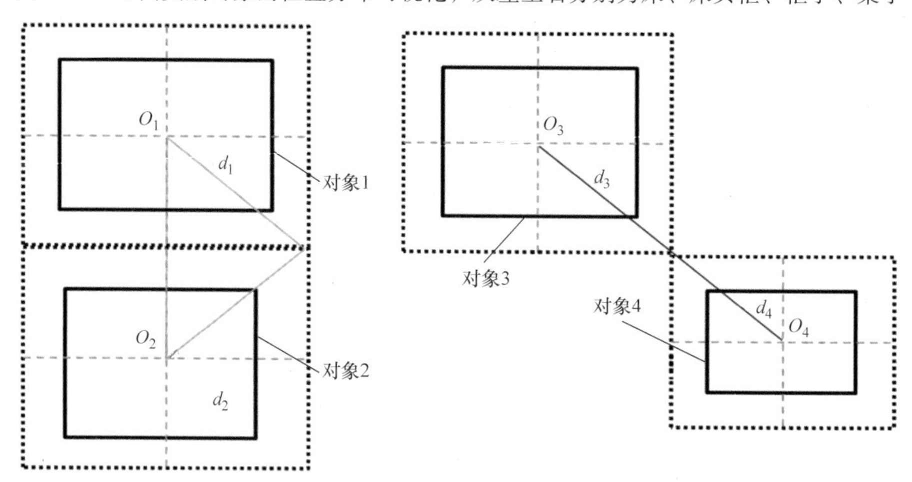

图 4-12　对象距离空间示意图，虚线表示包围盒，d 表示从中心 O 到角落的距离

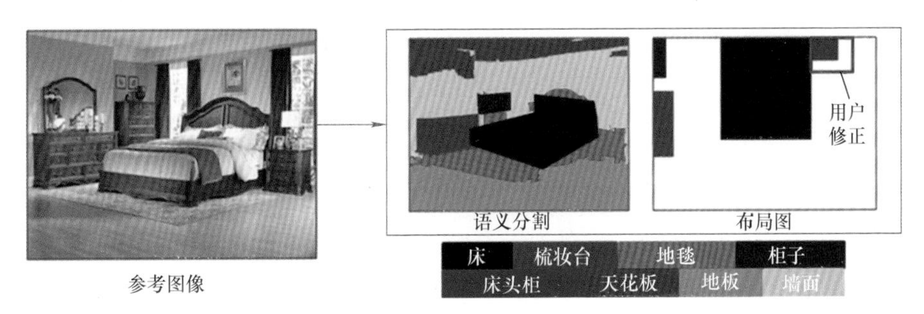

图 4-13 基于用户交互的图像场景语义分割和布局估计

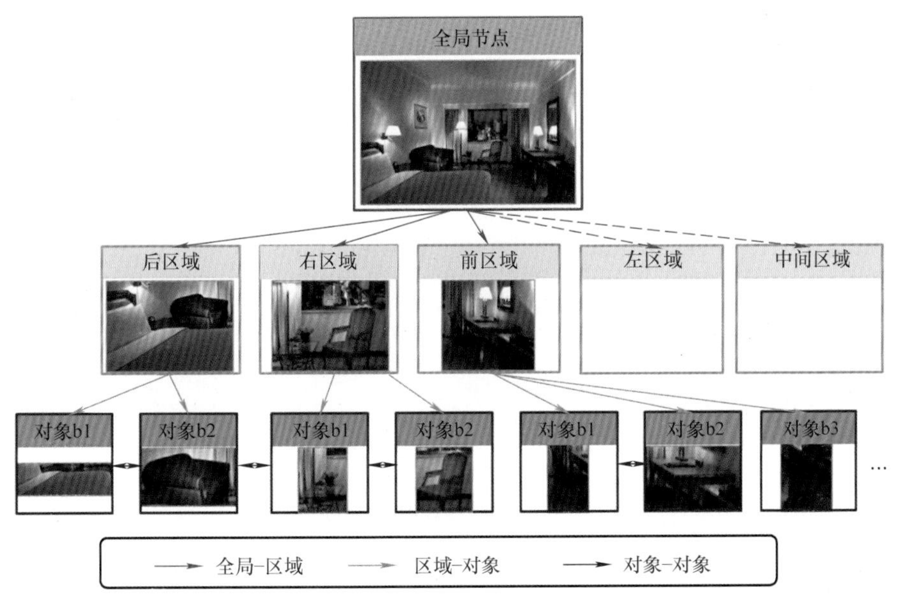

图 4-14 室内场景布局图模型表达，三种边表示三种关系，虚线表示缺少的部分

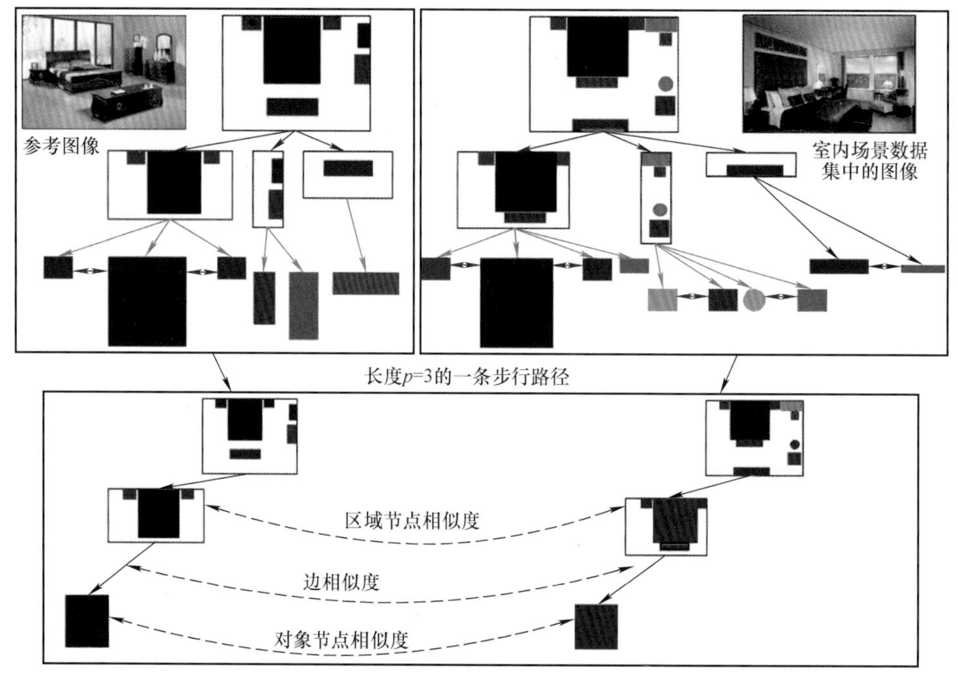

图 4-15　基于图模型结构的布局相似性度量

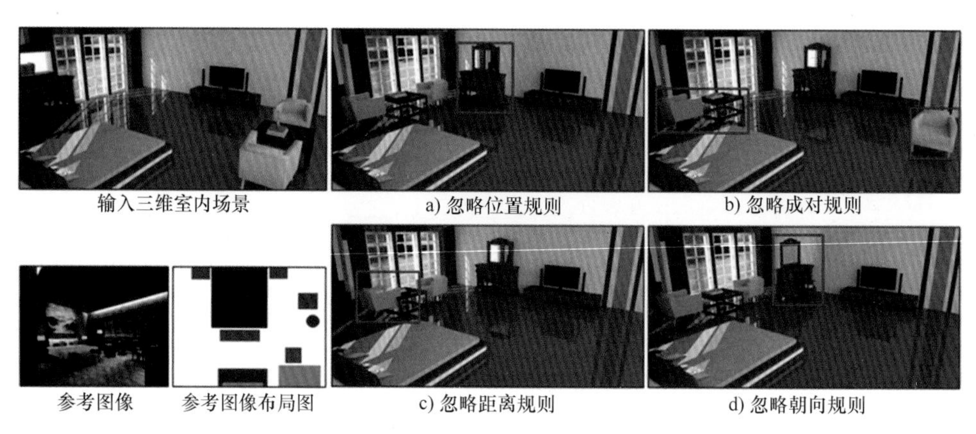

图 4-16　布局规则重要性实验

图 4-17　单幅图像场景布局迁移结果

图 4-18　基于单幅图像的卧室场景布局迁移结果

图 4-19　基于单幅图像的客厅场景布局迁移结果

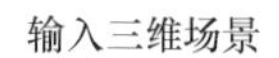

图 4-20　基于布局渐变图像序列集的卧室场景布局迁移实验

图 4-21　基于布局渐变图像序列集的客厅场景布局迁移实验

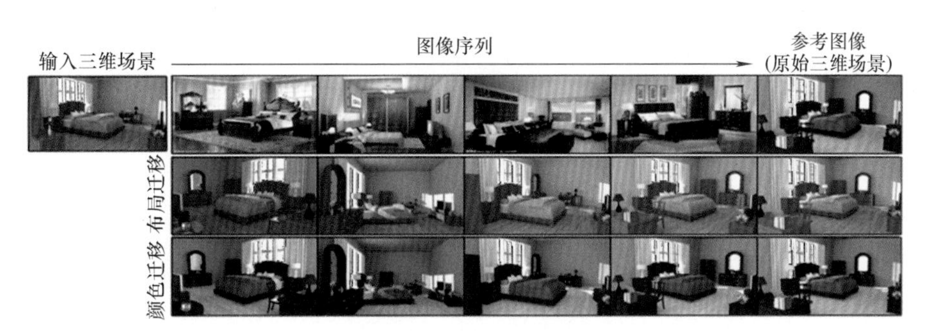

图 4-22　完备性测试实验

图 4-23　布局迁移对比实验

图 5-1　人－物交互三元组〈女孩，放，风筝〉

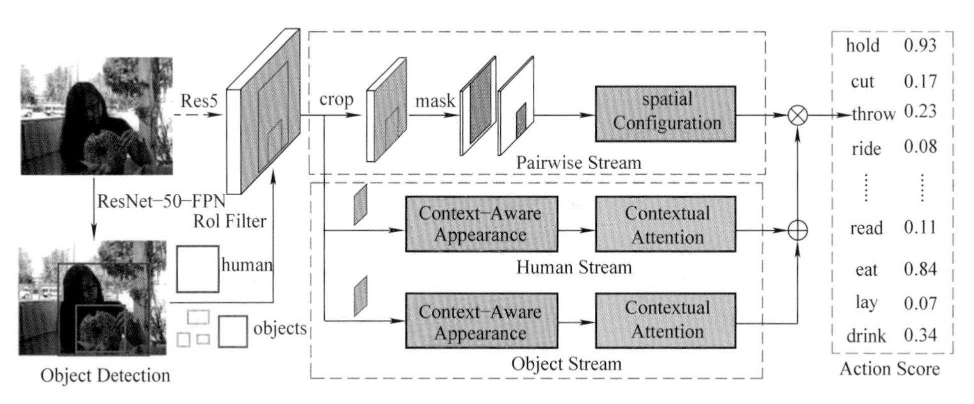

图 5-2　一种基于深度上下文注意机制的人－物交互检测方法

图 5-3　利用人体特征估计目标物体密度

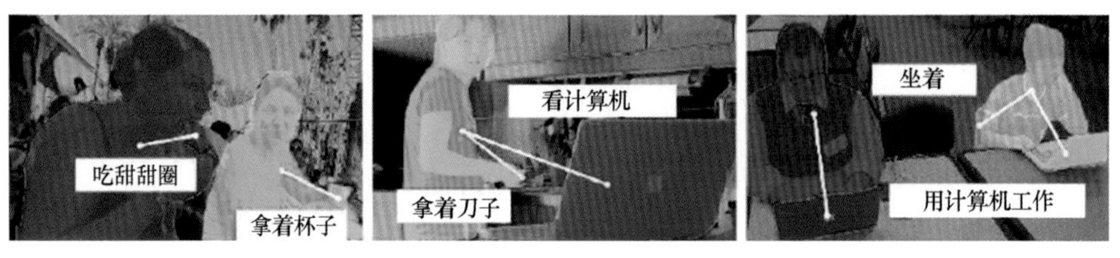

图 5-4　基于级联方式进行人－物交互识别及关系分割

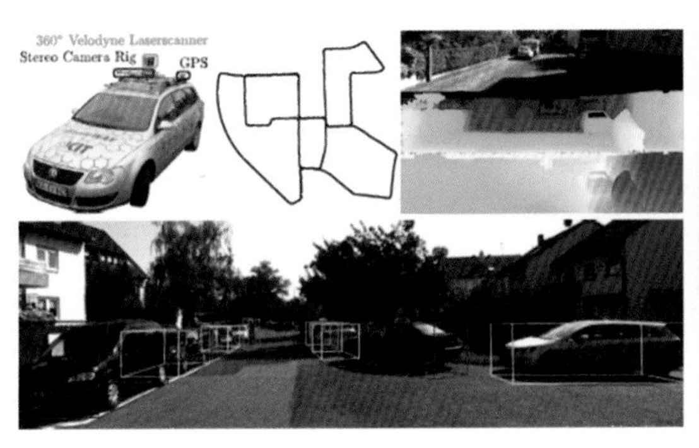

a) KITTI

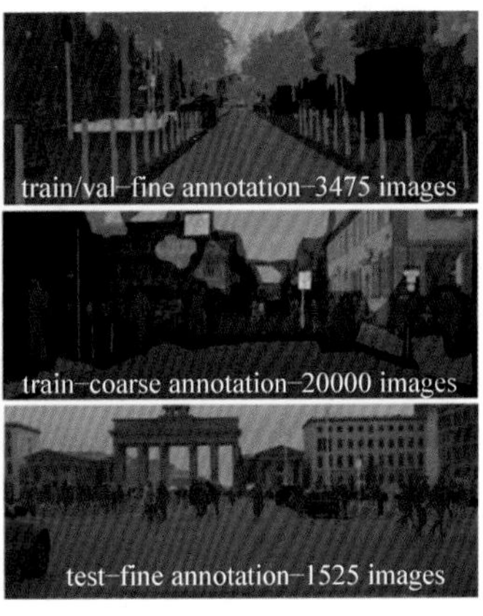

b) Cityscapes

图 5-5 面向自动驾驶相关技术的公共基准数据集

图 5-6 一种自主驾驶环境下基于密集连接 MRF 模型的单张图像实例级标记方法

图 5-7 基于端到端学习模型的对象距离估计，从上到下分别是城市场景、公路场景、弯道场景

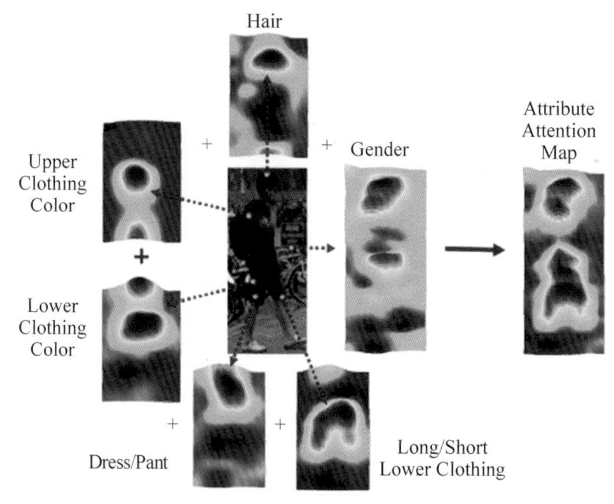

图 5-8　基于属性注意网络的行人属性热图

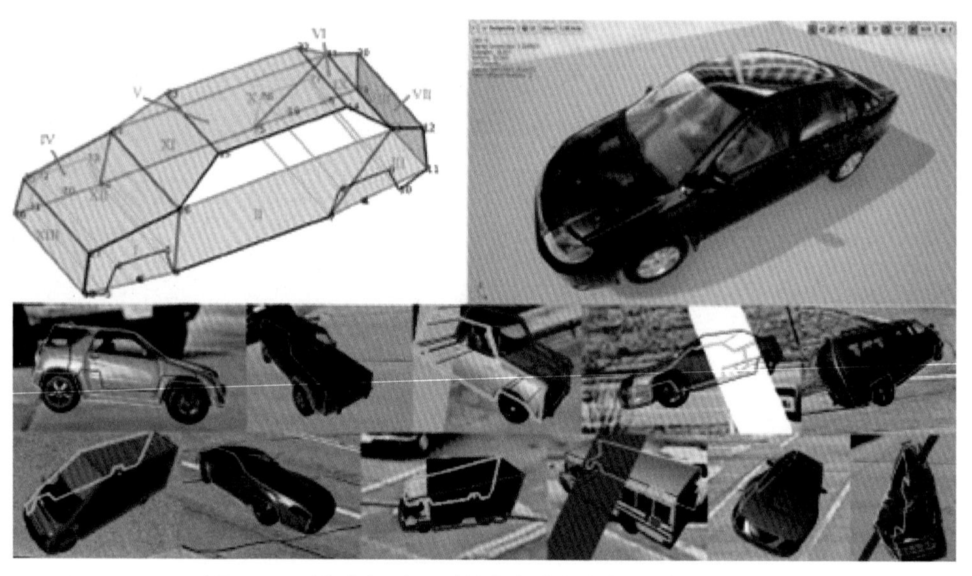

图 5-9　面向车辆重识别的姿态感知多任务学习框架，
分割片段、关键点和覆盖了姿态信息的合成数据